UTB **3493**

Eine Arbeitsgemeinschaft der Verlage

Böhlau Verlag · Wien · Köln · Weimar
Verlag Barbara Budrich · Opladen · Farmington Hills
facultas.wuv · Wien
Wilhelm Fink · München
A. Francke Verlag · Tübingen und Basel
Haupt Verlag · Bern · Stuttgart · Wien
Julius Klinkhardt Verlagsbuchhandlung · Bad Heilbrunn
Mohr Siebeck · Tübingen
Nomos Verlagsgesellschaft · Baden-Baden
Orell Füssli Verlag · Zürich
Ernst Reinhardt Verlag · München · Basel
Ferdinand Schöningh · Paderborn · München · Wien · Zürich
Eugen Ulmer Verlag · Stuttgart
UVK Verlagsgesellschaft · Konstanz, mit UVK/Lucius · München
Vandenhoeck & Ruprecht · Göttingen · Oakville
vdf Hochschulverlag AG an der ETH Zürich

Gerhard Keller

Mathematik in den Life Siences

Grundlagen der Modellbildung und Statistik
mit einer Einführung in die Statistik-Software R

49 Abbildungen

Verlag Eugen Ulmer Stuttgart

Prof. Dr. Gerhard Keller, geboren 1954, studierte Mathematik in Dortmund und Erlangen. 1979 promovierte er in Rennes und 1986 habilitierte er sich in Heidelberg. Seit 1988 lehrt und forscht er als Professor für Mathematik an der Universität Erlangen-Nürnberg mit den Arbeitsschwerpunkten Ergodentheorie, Wahrscheinlichkeitstheorie und Statistik sowie ihren Anwendungen in den Naturwissenschaften.

Bibliografische Information der Deutschen Nationalbibliothek
Die Deutsche Nationalbibliothek verzeichnet diese Publikation in der Deutschen Nationalbibliografie; detaillierte bibliografische Daten sind im Internet über http://dnb.d-nb.de abrufbar.

978-3-8252-3493-5 (UTB)
978-3-8001-2929-4 (Ulmer)

© 2011 Eugen Ulmer KG
Wollgrasweg 41, 70599 Stuttgart (Hohenheim)
E-Mail: info@ulmer.de
Internet: www.ulmer.de
Lektorat: Alessandra Kreibaum
Satz: le-tex publishing services GmbH, Leipzig
Druck und Bindung: Freiburger Graphische Betriebe, Freiburg
Printed in Germany

ISBN 978-3-8252-3493-5 (UTB-Bestellnummer)

Inhaltsverzeichnis

1 Einführung

1.1 Warum Mathematik?

> „Mathematik in den Lebenswissenschaften – muss das denn sein? Das hat doch mit Biologie überhaupt nichts zu tun."

So oder so ähnlich denken Sie vielleicht, wenn Sie zu Beginn ihres Studiums der Biologie oder eines anderen lebenswissenschaftlichen Faches überrascht feststellen, dass auch eine Grundausbildung in höherer Mathematik zum Curriculum gehört. Mit diesem Buch, das aus Kursen an der Universität Erlangen-Nürnberg hervorgegangen ist, möchte ich Sie davon überzeugen, dass Mathematik auch den Lebenswissenschaften einige äußerst nützliche Werkzeuge zur Verfügung stellt, ja in vieler Hinsicht unverzichtbar für sie ist. Dabei unterscheiden sich Inhalte und Darstellungsweise stark von der Mathematik, die Sie in der Schule kennen gelernt haben, und auch von der in vielen anderen Lehrbüchern zur Mathematik für Naturwissenschaftler.

Hier sind drei Beispiele, die zeigen, wie nützlich Mathematikkenntnisse für den Alltag von Biologen und Biologinnen sein können. Die Beispiele wurden mit Hilfe des Statistik- und Grafikprogramms R[1] erstellt, das in diesem Kurs als Hilfsmittel zur Datenbeschreibung und -auswertung durchgängig benutzt wird. Der Anhang enthält eine Einführung durch „Learning by Doing" in den Umgang mit dieser frei verfügbaren Software anhand von Beispielen, die die wesentlichen Themen dieses Buches begleiten.

Beispiel 1.1.1 (Wachstum einer Bakterienkultur)
Eine mit ausreichend Nährstoffen versorgte Bakterienkultur wird im Labor während acht Stunden beobachtet. Zu Beginn und dann nach jeder vollen Stunde wird die Zellzahl der Kultur bestimmt. Die erhobenen Daten sollen grafisch dargestellt und interpretiert werden.

Zeit	0	1	2	3	4	5	6	7	8
Zellzahl	1000	1900	3000	6000	15000	24000	45000	85000	172000

Abbildung 1.1 zeigt die beobachteten Daten und die Kurve $f(t) = 1000 \cdot e^{1.9 \cdot t}$. Es sieht so aus, als würden die Zellzahlen zur Zeit t recht gut – wenn auch nicht ganz exakt – durch die Funktionswerte $f(t)$ beschrieben. Trotzdem bleiben Fragen:

- Warum nimmt man eine e-Funktion zur Beschreibung? Vielleicht würde man mit $f(t) = A \cdot t^2$ ja eine ähnlich gute Beschreibung der Daten erhalten?
- Und auch wenn die Beschreibung durch eine e-Funktion dem Bakterienwachstum angemessen ist – sind der Vorfaktor 1000 und der Exponent 1.9 wirklich die passendsten Werte? Und welche Bedeutung haben diese Zahlen?

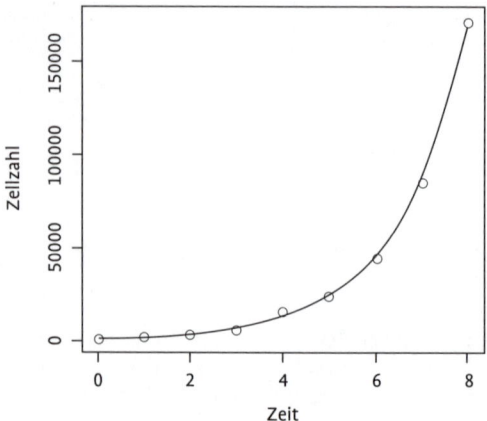

Abb. 1.1 Grafische Darstellung der zeitlichen Entwicklung der beobachteten Zellzahlen und der an die Daten angepassten Kurve $f(t) = 1000 \cdot e^{1.9 \cdot t}$.

Beispiel 1.1.2 (Vergleich von Keimungshäufigkeiten)

Bei vier Testaussaaten einer bestimmten Bohnensorte keimten 79, 88, 86 und 91 von jeweils 100 Bohnen. Muss man so unterschiedliche Ergebnisse erwarten, auch wenn sehr sorgfältig darauf geachtet wurde, dass bei allen vier Testaussaaten die gleichen Bedingungen herrschten? Oder lassen die Unterschiede darauf schließen, dass das nicht der Fall war (zum Beispiel Saatgut unterschiedlicher Qualität, verschiedene Temperaturen, Böden, Feuchtigkeit, . . .)? Bei der Beantwortung dieser Frage helfen statistische Überlegungen – die Rechnungen werden wieder mit R durchgeführt.

```
>  Bohnen=c(100,100,100,100)
[1] 100 100 100 100
>  Keimungen=c(79,88,86,91)
[1] 79 88 86 91
>  prop.test(Keimungen,Bohnen)

        4-sample test for equality of proportions without
        continuity correction

data:  Keimungen out of Bohnen
X-squared = 6.4784, df = 3, p-value = 0.09052
alternative hypothesis: two.sided
sample estimates:
prop 1 prop 2 prop 3 prop 4
  0.79   0.88   0.86   0.91
```

Dabei muss man nur die drei Zeilen eingeben, die mit einem „>" beginnen, der Rest ist die Ausgabe des Programms. Wir werden lernen, warum man aus der Ausgabe „p-value = 0.09052" schließen kann, dass man auch bei identischen Bedingungen für alle vier Testaussaaten mit so unterschiedlichen Ergebnissen rechnen muss.

---

[1]   GNU General Public License, http://www.r-project.org/

Beispiel 1.1.3 (Alignment von Proteinsequenzen) Hier sind, für die Wanderratte (*Rattus norvegicus*) und das Schaf (*Ovis aries*), kodierende Genabschnitte, die Informationen über die Insulin-Produktion tragen:

```
rattus: MALWMRFLPLLALLVLWEPKPAQAFVKQHLCGPHLVEALYLVCGERGFFYTPKSRREV
        EDPQVPQLELGGGPEAGDLQTLALEVARQKRGIVDQCCTSICSLYQLENYCN

ovis:   MALWTRLVPLLALLALWAPAPAHAFVNQHLCGSHLVEALYLVCGERGFFYTPKARREV
        EGPQVGALELAGGPGAGGLEGPPQKRGIVEQCCAGVCSLYQLENYCN
```

In der Genforschung ist es oft wichtig, solche Sequenzen vergleichen zu können und das Ergebnis des Vergleichs zu quantifizieren. Verfahren (sogenannte *Algorithmen*), die einen solchen Vergleich erlauben, werden in Kapitel 13 vorgestellt. Ein Ergebnis kann so aussehen:

```
MALW?R??PLLALL?LW?P?PA?AFV?QHLCG?HLVEALYLVCGERGFFYTPK?RREV
E?PQV??LEL?GGP?AG+++++?LE???QKRGIV?QCC???CSLYQLENYCN
```

Hier hat R die ovis-Sequenz durch Einfügen von Lücken (+) auf dieselbe Länge wie die rattus-Sequenz gebracht und die Stellen, an denen die jetzt gleich langen Sequenzen nicht übereinstimmen, mit einem ? markiert.

Natürlich erfordern nicht alle mathematischen Fragestellungen der Biologie den Einsatz einer so leistungsfähigen Software wie R. Manche Aufgaben lassen sich, wie im folgenden Beispiel, schon mit der Mathematik der Sekundarstufe 1 behandeln, und auch sie finden in diesem Buch ihren Platz.

Beispiel 1.1.4 (Anzahl roter Blutzellen) Eine $20\,\mu\ell$-Blutprobe einer Maus enthält ca. $9 \cdot 10^4$ Erythrozyten (rote Blutzellen). Die Maus habe insgesamt $2.5\,m\ell$ Blut, und der durchschnittliche Rauminhalt eines Erythrozyten sei $9 \cdot 10^{-11}\,\ell$. Berechnen Sie
a) die Anzahl der Erythrozyten pro $m\ell$ Blut,
b) die Gesamtzahl der Erythrozyten in der Maus,
c) den gesamten Rauminhalt der Erythrozyten in der Maus.
Hinweis: $1\,m\ell = 10^{-3}\,\ell$, $1\,\mu\ell = 10^{-6}\,\ell$. Die Lösung finden Sie am Ende dieses Abschnitts, aber Sie sollten in der Lage sein, sie selbst auszurechnen.

1.2   Vorbereitende und ergänzende Literatur

Dieses Buch ist aus mehrjährigen Erfahrungen mit einer einführenden Mathematik- und Statistikvorlesung für Bachelorstudierende der Biologie und der Integrated Life Sciences entstanden. Es setzt daher eine gewisse Vertrautheit mit der Schulmathematik der Sekundarstufe 2 voraus, insbesondere aber einen sicheren Umgang mit der Mathematik der Sekundarstufe 1. Eine kompakte Zusammenfassung der relevanten Themen findet man in Kapitel 2 bis 16 des Buchs *Startwissen Mathematik und Statistik* [4]. Dazu gehören: Zahlen, Brüche, Prozentrechnung, Rechnen mit Wurzeln und Potenzen, Funktionsgraphen, binomische Formeln sowie das Lösen einfacher linearer und quadratischer Gleichungen. Vieles davon wird aber auch in Kapitel 2 des vorliegenden Buchs kurz resümiert.

Da in diesem Buch ein weiter Bogen von der mathematischen Modellbildung über die beschreibende und die schließende Statistik bis zur Arbeit am PC gespannt wird, können viele Themen nur angerissen und nicht mit voller mathematischer Präzision behandelt werden. Will man über ein spezielles Thema mehr und Genaueres erfahren, so ist der Griff zu einem weiterführenden Lehrbuch unerlässlich. Aus der großen Zahl solcher Bücher sollen hier drei erwähnt werden:

- Viel Wissenswertes über Modelle, Daten und Statistik in den Biowissenschaften findet man im Buch *Mathematische Grundlagen der empirischen Forschung* [9].
- Mathematische Modelle aus allen Bereichen der Biologie werden im Buch *Essential Mathematical Biology* vorgestellt und analysiert [2].
- Eine Einführung in die Bioinformatik, die weit über den kurzen Einblick hinausgeht, der im vorliegenden Buch gegeben werden kann, bietet das Buch *Methoden der Bioinformatik – Eine Einführung* [6].

Zum Schluss noch ein sehr ernst gemeinter guter Rat: Wie bei jedem mathematischen und naturwissenschaftlichen Thema gilt auch hier, dass man sich den Lernstoff nur durch eigenes Üben aneignen kann. Deshalb finden sich am Ende jedes Kapitels einige Fragen zum Stoff. Die Antworten darauf bleiben Ihnen nicht vorenthalten, aber Sie sollten sie möglichst nur zur Kontrolle Ihrer eigenen Bemühungen verwenden.

Antworten:
Hier sind die Lösungen zu Beispiel 1.1.4:
a) $50 \cdot 9 \cdot 10^4 = 4.5 \cdot 10^6$,
b) $2.5 \cdot 4.5 \cdot 10^6 = 1.125 \cdot 10^7$,
c) $1.125 \cdot 10^7 \cdot 9 \cdot 10^{-11} \ell = 1.0125 \cdot 10^{-3} \ell = 1.0125 \, \mathrm{m}\ell$.

2   Mathematische Grundbegriffe

Zahlen, Wurzeln, Potenzrechnung, Logarithmen, Vektoren, Matrizen, Zahlenfolgen und Funktionen – das sind die wesentlichen Stichworte dieses Kapitels. Das meiste davon sollte aus dem Schulunterricht bekannt sein, aber zur Eulerschen Zahl e werden Sie sicher Neues erfahren.

2.1   Zahlen

Folgende Zahlenarten sind Ihnen aus dem Mathematikunterricht der Schule vertraut:

$\mathbb{N}$: Die Menge der *natürlichen Zahlen*: $1, 2, 3, \ldots$

$\mathbb{Z}$: Die Menge der *ganzen Zahlen*: $\ldots, -3, -2, -1, 0, 1, 2, 3, \ldots$

$\mathbb{Q}$: Die Menge der *rationalen Zahlen*: Das sind alle Brüche, z. B. $\frac{1}{4}$, $\frac{3}{7}$ und $-\frac{13}{6}$. Sie können auch als Dezimalzahlen geschrieben werden, hier als 0.25, $0.\overline{428571}$ und $-2.1\overline{6}$. Dabei bedeutet z. B. $2.3\overline{71} = 2.371717171\ldots$ *Achtung:* Wir schreiben in diesem Buch immer einen Dezimalpunkt statt eines Dezimalkommas, denn das ist nicht nur in den Naturwissenschaften international so üblich, sondern es ist auch die Regel bei einer Software wie R.

$\mathbb{R}$: Die Menge der *reellen Zahlen:* Das sind alle Zahlen auf der Zahlengeraden, zu denen auch die *irrationalen* Zahlen gehören, also die Zahlen, die sich nicht als Brüche schreiben lassen. Beispiele sind:

a) $\sqrt{2} = 1.14142135623731\ldots$ [1]

b) Die Kreiszahl $\pi = 3.14159265358979\ldots$ Zur Erinnerung: Ein Kreis vom Radius r hat den Umfang $2\pi r$ und die Fläche πr^2.

c) Die Eulersche[2] Zahl $e = 2.71828182845905\ldots$ Diese Zahl kennen Sie aus der Schule vielleicht noch nicht. Sie spielt eine wichtige Rolle in der Mathematik, zum Beispiel bei der Modellierung von Wachstumsvorgängen wie dem Bakterienwachstum aus Beispiel 1.1.1.

Die Präzise Definition von e lautet:

$$e = 1 + \frac{1}{1} + \frac{1}{1 \cdot 2} + \frac{1}{1 \cdot 2 \cdot 3} + \frac{1}{1 \cdot 2 \cdot 3 \cdot 4} + \ldots \tag{2.1}$$

Das ist eine *unendliche* Summe von Brüchen und muss daher keine rationale Zahl sein. Sie kann aber durch endliche Summen $S_n = 1 + \frac{1}{1} + \frac{1}{1 \cdot 2} + \frac{1}{1 \cdot 2 \cdot 3} + \frac{1}{1 \cdot 2 \cdot \ldots \cdot n}$ angenähert werden. Das Produkt $1 \cdot 2 \cdot \ldots \cdot n$ wird übrigens als $n!$ bezeichnet, in Worten „n Fakultät".

---

[1] Die Erkenntnis, dass sich $\sqrt{2}$, also die Länge der Diagonale in einem Quadrat der Seitenlänge 1, nicht als Bruch schreiben lässt, gehört zu den großen Leistungen der klassischen griechischen Mathematik.

[2] *Leonhard Euler* (1707–1783), schweizer Mathematiker und Physiker, wirkte hauptsächlich in St. Petersburg und Berlin.

Man kann zeigen, dass auch die Folge $a_n = (1+\frac{1}{n})^n$ für $n = 1, 2, 3, \ldots$ mit wachsendem n gegen die Zahl e strebt, kurz: $\lim_{n \to \infty} (1 + \frac{1}{n})^n = e$. Zur Illustration dieses Sachverhalts tabellieren wir einige Werte dieser Folge und auch einige Werte von S_n und vergleichen sie mit dem auf 14 Dezimalstellen berechneten Wert von e:

n	S_n	a_n	e
2	2.5	2.25	2.71828182845905
5	2.71666666666667	2.48832	2.71828182845905
10	2.71828180114638	2.59374246010000	2.71828182845905
20	2.71828182845905	2.65329770514442	2.71828182845905

Offensichtlich konvergiert die Summenfolge S_n viel schneller gegen die Zahl e als die Folge $a_n = (1+\frac{1}{n})^n$. Trotzdem werden wir später sehen, dass beide Darstellungen hilfreich sind.

2.2   Rechenregeln

Die Rechenregeln für die Grundrechenarten (Klammerrechnung, Bruchrechnung, usw.) werden hier als bekannt vorausgesetzt. Wiederholt werden die *Potenzrechengesetze*: Zur Erinnerung:

$$a^n = \underbrace{a \cdot \ldots \cdot a}_{n\text{-mal}},$$

zum Beispiel

$$3^5 = 3 \cdot 3 \cdot 3 \cdot 3 \cdot 3 = 243, \quad (-4)^3 = (-4) \cdot (-4) \cdot (-4) = -64.$$

Für positive Zahlen a sind auch Potenzen mit nichtganzzahligen Exponenten definiert, wie zum Beispiel

$$a^{\frac{1}{2}} = \sqrt{a}, \quad a^{\frac{1}{n}} = \sqrt[n]{a}, \quad a^{\frac{2}{3}} = \sqrt[3]{a^2} = \left(\sqrt[3]{a}\right)^2.$$

Allgemeiner kann man a^x für jedes $a > 0$ und jedes $x \in \mathbb{R}$ definieren.

Die wichtigsten Rechenregeln der Potenzrechnung sind:

Regel	Beispiele
$a^0 = 1$	$37^0 = 1, (-13)^0 = 1$
$a^{-1} = \frac{1}{a}$	$3^{-1} = \frac{1}{3}, (-5)^{-1} = -\frac{1}{5}$
$a^m \cdot a^n = a^{m+n}$	$2^3 \cdot 2^5 = 2^8, (-2)^3 \cdot (-2)^5 = (-2)^8$
$(a^m)^n = a^{m \cdot n}$	$(3^2)^4 = 3^8$
$a^{-n} = \frac{1}{a^n}$	$2^{-3} = \frac{1}{2 \cdot 2 \cdot 2} = \frac{1}{8}$
$a^n \cdot b^n = (ab)^n$	$2^3 \cdot 5^3 = 10^3 = 1000$

$$(a+b)^2 = a^2 + 2ab + b^2$$
$$(a-b)^2 = a^2 - 2ab + b^2$$
$$(a+b)(a-b) = a^2 - b^2$$

Diese Regeln gelten auch, wenn m und n nicht ganzzahlig sind. Hier ist ein Beispiel:

$$\sqrt{3} \cdot \sqrt{5} = \sqrt{15}, \text{ denn } \sqrt{3} \cdot \sqrt{5} = 3^{\frac{1}{2}} \cdot 5^{\frac{1}{2}} = (3 \cdot 5)^{\frac{1}{2}} = \sqrt{15}.$$

Zwei weitere wichtige Rechenregeln betreffen die Umwandlung beliebiger Dezimalzahlen in *Exponentialschreibweise*, wie zum Beispiel

$$-127.201 = -1.27201 \cdot 10^2 \quad \text{oder} \quad 0.00315 = 3.15 \cdot 10^{-3},$$

und den *Absolutbetrag* einer Zahl: $|x|$ ist der absolute Wert von x, also z. B. $|-1.3| = |1.3| = 1.3$. [3]

2.3 Zahlen als Messergebnisse

2.3.1 Messgenauigkeit, Runden

Zahlen treten in diesem Buch meistens als Ergebnisse einer Messung, Zählung, usw. auf. Insbesondere sind sie oft nur mit eher geringer Genauigkeit bekannt. Misst man z. B. den Umfang eines Baumstamms (sagen wir, in 1m Höhe über dem Boden) mit einem Maßband, so kann man am Maßband (falls es genau gearbeitet ist) den Umfang prinzipiell bis auf einen Millimeter genau ablesen, aber die Unregelmäßigkeiten der Rinde führen dazu, dass man diesem Wert wohl kaum auf mehr als einen Zentimeter trauen sollte. Deshalb spielt die Unterscheidung zwischen rationalen und irrationalen Zahlen für Messergebnisse keine Rolle.

Je nach wissenschaftlichem Kontext einigt man sich in der Regel darauf, Messergebnisse nur mit einer bestimmten Zahl *signifikanter Stellen* anzugeben, z. B. wird aus 0.032746 bei drei signifikanten Stellen $3.27 \cdot 10^{-2}$, und aus 0.0032951 wird $3.30 \cdot 10^{-3}$. Dabei wurden die üblichen, aus der Schule bekannten Rundungsregeln verwendet. (*Achtung:* Manchmal findet man Rundungen, die nach etwas anderen Regeln durchgeführt wurden.) Beachten Sie insbesondere, dass im zweiten Beispiel nicht auf $3.3 \cdot 10^{-3}$ verkürzt wurde. Die zusätzliche 0 hinter der zweiten 3 deutet an, dass der Wert mit drei (und nicht nur mit zwei) signifikanten Stellen angegeben ist.

Darüberhinaus muss man bei jeder umfangreichen Datenerhebung damit rechnen, dass Fehler bei der Ablesung von Instrumenten, bei der Eintragung in ein Datenblatt, usw. auftreten.

Wir haben also (mindestens) drei Quellen für Messungenauigkeiten:

> Messungenauigkeiten sind unvermeidbar. Sie entstehen durch
>
> - die Art des Messinstruments,
> - Zufälligkeiten des Messprozesses,
> - menschliche Unzulänglichkeit.

---

[3] Achtung: Beim Rechnen mit Variablen gilt aber nicht unbedingt $|-x| = x$, denn wenn x einen negativen Wert annimmt, dann ist $-x > 0$. Wir werden aber kaum mit Absolutbeträgen von variablen Ausdrücken in Berührung kommen.

2.3.2 Maßeinheiten

Anders als in der Mathematik, die mit „reinen" Zahlen umgeht, spielen in allen angewandten Wissenschaften die *Einheiten*, in denen eine Größe gemessen wird, eine entscheidende Rolle. Die Aussage „Diese Strecke hat Länge 7" ist bedeutungslos, wenn man nicht die Einheit angibt, in der die Länge gemessen wird, also z. B. 7 m oder 7 cm. Beim Rechnen mit Messgrößen muss man also immer die Einheiten mitführen.

Beispiel 2.3.1 Wenn jemand 500 s (Sekunden) lang mit einer Geschwindigkeit von $4 \, km \, h^{-1}$ (in Worten: vier Kilometer je Stunde) geht, wie viele Meter hat er sich dann fortbewegt?

$$500 \, s \cdot 4 \, km \, h^{-1} = 2000 \, \frac{km \, s}{h} = \frac{2000}{3600} \, \frac{km \, s}{s} = \frac{5}{9} \, km = 555 \frac{5}{9} \, m$$

Dabei wurden im vorletzten Schritt nicht nur die Zahlen gekürzt, sondern auch die Einheiten (Sekunde gegen Sekunde). Die Darstellung des Endergebnisses ist etwas willkürlich. So hätte man (bei vier signifikanten Stellen) auch $5.556 \cdot 10^2$ m angeben können.

2.3.3 Mol und Molekulargewicht

Die Menge einer chemischen Substanz kann man z. B. in Litern (also durch ihr Volumen) oder in Gramm (also durch ihre Masse) angeben. Da in chemischen Reaktionen aber immer eine bestimmte Anzahl von Molekülen des einen Stoffes mit einer bestimmten Anzahl von Molekülen des anderen Stoffes reagiert (Beispiel: $2H_2 + O_2 \rightarrow 2H_2O$), und da die gleiche Anzahl Moleküle verschiedener Stoffe meistens unterschiedliches Volumen und unterschiedliche Masse haben, ist es oft praktisch, die Menge eines Stoffes durch die Anzahl der vorhandenen Moleküle anzugeben. Nun ist aber die Zahl der Moleküle eines Stoffes in einem Reagenzglas schon astronomisch hoch. Deshalb hat man folgende Festlegung getroffen:

> Die Zahl von Atomen, aus denen 12 g Kohlenstoff-12 bestehen, heißt
> **Avogadro-Konstante.**
> Sie beträgt ungefähr $6.02 \cdot 10^{23}$.

Der genaueste, mit aktuellen experimentellen Methoden bestimmte Wert der Avogadro-Zahl[4] ist $6.0221353 \cdot 10^{23}$. Für viele praktische Zwecke ist nicht so sehr diese Zahl selbst, sondern die folgende Festlegung wichtig:

> Ein **Mol** (in Zeichen: 1 mol) eines Stoffes ist diejenige Menge dieses Stoffes, deren Zahl von Molekülen gerade die Avogadro-Zahl ist.

Das ist eine praktische Mengenangabe, weil nun z. B. bei der Reaktion $2H_2 + O_2 \rightarrow 2H_2O$ gerade 2 mol Wasserstoff und 1 mol Sauerstoff zu 2 mol Wasser reagieren.

---

[4] *Amadeo Avogadro* (1776–1856), italienischer Physiker und Chemiker, wirkte in Turin.

Der Zusammenhang zwischen Mol und Masse wird durch den Begriff *Molekularge-wicht* hergestellt:

> Das **Molekulargewicht** (genauer: die **Molekularmasse**) eines Stoffes ist die Masse (in Gramm) eines Mols dieses Stoffes.
> Die Einheit des Molekulargewichts ist also $g\,mol^{-1}$. Merkregel:
> **Masse = Mol · Molekulargewicht**

Beispiel 2.3.2 Das Molekulargewicht von NaOH ist $40\,g\,mol^{-1}$. Wieviel Mol sind 0.2 g NaOH? Antwort: $\frac{0.2\,g}{40\,g\,mol^{-1}} = 0.005\,mol$. (Beachten Sie, dass auch die Einheiten dabei korrekt gekürzt wurden.)

2.4 Vektoren, Matrizen

Manchmal will man mehrere Zahlen zu einem mathematischen Objekt zusammenfassen. Das geschieht dann oft in Form eines *Vektors*. Beispiele für Vektoren sind:

$$\begin{pmatrix} 2 \\ 5 \end{pmatrix}, \quad \begin{pmatrix} -3 \\ \frac{1}{7} \\ e \end{pmatrix}, \quad \begin{pmatrix} x_0 \\ x_1 \end{pmatrix}, \quad \begin{pmatrix} a \\ b \\ c \\ d \end{pmatrix}.$$

Die Einträge der Vektoren können also sowohl Konstanten als auch Variablen sein. Die Anzahl der Einträge heißt die *Dimension* des Vektors. Unsere Beispiele sind also 2-, 3-, 2- und 4-dimensional. Die Interpretation eines Vektors hängt vom Kontext ab. Beispiele:

- $\begin{pmatrix} -1 \\ 3 \end{pmatrix}$ kann als ein „Pfeil" in der Koordinaten-Ebene interpretiert werden, der um eine Einheit nach links und um drei Einheiten nach oben zeigt. Heftet man den Pfeil am Ursprung des Koordinatensystems an, so zeigt er zum Punkt $(-1|3)$, und oft identifiziert man diesen Punkt mit dem Vektor.

- $\begin{pmatrix} 8 \\ 32 \\ 128 \end{pmatrix}$ könnte ein bei einer Reihenuntersuchung von Schulkindern aufgenommener Datenvektor sein, in dem Alter, Gewicht und Körpergröße (in geeigneten Einheiten) aufgezeichnet sind.

> Die Menge aller d-dimensionalen **Vektoren mit reellen Einträgen** (auch: **Koeffizienten**) wird mit $\mathbb{R}^d$ bezeichnet.

Später werden wir noch weitere Interpretationen von Vektoren kennenlernen, bei denen die Koeffizienten nicht unbedingt reelle Zahlen sein müssen.

Ordnet man die Zahlen nicht senkrecht sondern waagerecht an, z. B. $(2\ -5\ 0)$, so spricht man von einem *Zeilenvektor*. (Analog werden Vektoren manchmal auch als *Spaltenvektoren* bezeichnet.)

Schließlich ist es manchmal notwendig, mehrere Zahlen zweidimensional anzuordnen, z. B.

$$\begin{pmatrix} -3 & 5 \\ 2 & 1 \\ 7 & -2 \end{pmatrix} \quad \text{oder} \quad \begin{pmatrix} a_{11} & a_{12} & a_{13} \\ a_{21} & a_{22} & a_{23} \\ a_{31} & a_{32} & a_{33} \end{pmatrix}.$$

Ein solches Objekt heißt eine *Matrix*. Im ersten Fall spricht man von einer 3×2-Matrix (3 Zeilen, 2 Spalten), im zweiten Fall von einer 3×3-Matrix. Das zweite Beispiel verdeutlicht auch die Indizierungsregel für Matrixeinträge: a_{32} bezeichnet das Element in der 3. Zeile und 2. Spalte.

Mit diesen Konventionen kann man einen 4-dimensionalen Vektor als 4×1-Matrix und einen 3-dimensionalen Zeilenvektor als 1×3-Matrix bezeichnen.

Allgemein bezeichnet man eine Matrix A mit m Zeilen und n Spalten als $m \times n$-Matrix mit den Einträgen a_{ij} für $i = 1, \ldots, m$ und $j = 1, \ldots, n$. Aus einer solchen Matrix A erhält man die *transponierte Matrix* A^T durch „Vertauschen von Zeilen und Spalten", d. h. A^T ist die $n \times m$-Matrix mit Einträgen $a_{ij}^T = a_{ji}$ für $i = 1, \ldots, n$ und $j = 1, \ldots, m$. Zwei Beispiele:

$$\begin{pmatrix} -3 & 5 \\ 2 & 1 \\ 7 & -2 \end{pmatrix}^T = \begin{pmatrix} -3 & 2 & 7 \\ 5 & 1 & -2 \end{pmatrix}, \qquad \begin{pmatrix} 7 \\ 0 \\ -2 \end{pmatrix}^T = \begin{pmatrix} 7 & 0 & -2 \end{pmatrix}.$$

Aus Spaltenvektoren werden durch Transposition also Zeilenvektoren und umgekehrt.

Zwei Vektoren von gleicher Dimension kann man addieren, indem man die einzelnen Einträge addiert. Man kann einen Vektor mit einer reellen Zahl multiplizieren, indem

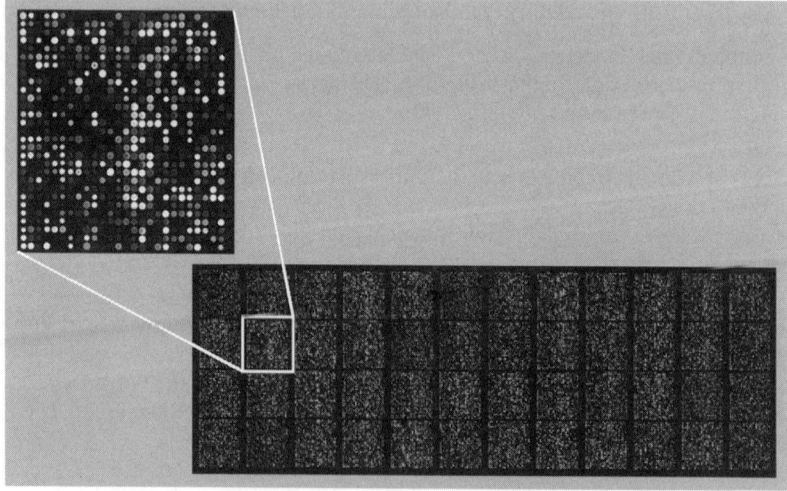

Abb. 2.1 Grauwertdarstellung der Intensitätsmatrix eines Genchips

man jeden Eintrag des Vektors mit der Zahl multipliziert. Beispiele:

$$\begin{pmatrix} 3 \\ x \\ -2 \end{pmatrix} + \begin{pmatrix} e \\ -5 \\ 6 \end{pmatrix} = \begin{pmatrix} 3+e \\ x-5 \\ 4 \end{pmatrix}, \qquad \sqrt{3} \cdot \begin{pmatrix} -\sqrt{3} \\ x_2 \\ \sqrt{2} \end{pmatrix} = \begin{pmatrix} -3 \\ \sqrt{3}x_2 \\ \sqrt{6} \end{pmatrix}$$

In der Biologie werden Matrizen oft auch zur Organisation von Daten herangezogen. Zum Beispiel zeigt Abbildung 2.1 eine grafische Darstellung einer Matrix, die Daten aus einem Microarray-Experiment zusammenfasst. Mehr dazu erfahren Sie in Kapitel 4.

2.5 Matrizenmultiplikation

Das Produkt einer Matrix A und eines Vektors v schauen wir uns zunächst an einem Beispiel an. Gegeben sind

$$A = \begin{pmatrix} 1 & 2 & -3 \\ -4 & 5 & 6 \end{pmatrix} \quad \text{und} \quad v = \begin{pmatrix} 11 \\ 22 \\ 33 \end{pmatrix}.$$

Dann ist das Produkt $A \cdot v$ der Vektor

$$A \cdot v = \begin{pmatrix} 1 \cdot 11 + 2 \cdot 22 - 3 \cdot 33 \\ -4 \cdot 11 + 5 \cdot 22 + 6 \cdot 33 \end{pmatrix} = \begin{pmatrix} -44 \\ 264 \end{pmatrix}$$

Allgemein gilt:

Multiplikation von Matrix und Vektor

Ist v der Vektor mit den Komponenten $v_1, \ldots, v_n$ und A die $m \times n$-Matrix mit den Einträgen a_{ij} $(i = 1, \ldots, m; j = 1, \ldots, n)$, so ist $A \cdot v$ der Vektor mit den Komponenten

$$(Av)_i = a_{i1}v_1 + a_{i2}v_2 + \cdots + a_{in}v_n = \sum_{j=1}^{n} a_{ij}v_j \quad (i = 1, \ldots, m).$$

Nun kann man auch das Produkt zweier „zueinander passender" Matrizen A und B definieren.

Produkt zweier Matrizen

- Das Produkt $A \cdot B$ der $l \times m$-Matrix A und der $m \times n$-Matrix B ist eine $l \times n$ - Matrix.
- Ihre erste Spalte ist das Produkt von A mit der ersten Spalte von B, ihre zweite Spalte ist das Produkt von A mit der zweiten Spalte von B usw..
- Als ausführliche Formel: Für $i = 1, \ldots, l$ und $k = 1, \ldots, n$ ist

$$(A \cdot B)_{ik} = a_{i1}b_{1k} + a_{i2}b_{2k} + \cdots + a_{im}b_{mk} = \sum_{j=1}^{m} a_{ij}b_{jk}$$

Beispiel 2.5.1

$$\begin{pmatrix} 2 & -3 \\ 1 & 4 \end{pmatrix} \cdot \begin{pmatrix} -1 & 0 \\ 4 & 3 \end{pmatrix} = \begin{pmatrix} 2 \cdot (-1) + (-3) \cdot 4 & 2 \cdot 0 + (-3) \cdot 3 \\ 1 \cdot (-1) + 4 \cdot 4 & 1 \cdot 0 + 4 \cdot 3 \end{pmatrix} = \begin{pmatrix} -14 & -9 \\ 15 & 12 \end{pmatrix}$$

Man beachte, dass in der Regel $A \cdot B \neq B \cdot A$, auch wenn beide Produkte, wie in diesem Beispiel, wohldefiniert sind, da gleich große quadratische Matrizen in jeder Reihenfolge „zueinander passen". Tatsächlich ist hier

$$\begin{pmatrix} -1 & 0 \\ 4 & 3 \end{pmatrix} \cdot \begin{pmatrix} 2 & -3 \\ 1 & 4 \end{pmatrix} = \begin{pmatrix} (-1) \cdot 2 + 0 \cdot 1 & (-1) \cdot (-3) + 0 \cdot 4 \\ 4 \cdot 2 + 3 \cdot 1 & 4 \cdot (-3) + 3 \cdot 4 \end{pmatrix} = \begin{pmatrix} -2 & 3 \\ 11 & 0 \end{pmatrix}$$

und das ist verschieden vom vorherigen Produkt.

Man sagt: Die Matrizenmultiplikation ist nicht *kommutativ*! Sie ist aber *assoziativ*, das heißt: Sind A, B und C „zueinander passende" Matrizen, so ist $(A \cdot B) \cdot C = A \cdot (B \cdot C)$.

Die recht mühsame Multiplikation von (großen) Matrizen kann R für uns übernehmen. Die Schreibweise ist etwas gewöhnungsbedürftig: Das Produkt der Matrizen A und B ist `A%*%B`. Mit `A*B` erhält man nur das koeffizientenweise Produkt. Näheres dazu erfahren Sie in Unterabschnitt R6.1.

2.6 Zahlenfolgen

Beispiele für Zahlenfolgen $(x_1, x_2, x_3, \dots)$ sind:

a) $(2, 4, 6, 8, 10, \dots)$
b) $(2, 4, 8, 16, 32, \dots)$
c) $(-1, 1, -1, 1, -1, \dots)$
d) $\left(\frac{1}{2}, \frac{2}{3}, \frac{3}{4}, \frac{4}{5}, \frac{5}{6}, \dots\right)$
e) $\left(1, \frac{2}{3}, \frac{4}{9}, \frac{8}{27}, \frac{16}{81}, \dots\right)$
f) $(1, -0.8, 0.64, -0.512, 0.4069, -0.32768, \dots)$

Bei diesen Beispielen fällt es nicht schwer, ein Bildungsgesetz zu erkennen:

a) $x_n = 2n$ für $n = 1, 2, 3, \dots$,
b) $x_n = 2^n$ für $n = 1, 2, 3, \dots$,
c) $x_n = (-1)^n$ für $n = 1, 2, 3, \dots$,
d) $x_n = \frac{n}{n+1}$ für $n = 1, 2, 3, \dots$,
e) $x_n = \left(\frac{2}{3}\right)^n$ für $n = 0, 1, 2, 3, \dots$,
f) $x_n = (-0.8)^n$ für $n = 0, 1, 2, 3, \dots$.

In den letzten beiden Beispielen haben wir uns die Freiheit genommen, die Nummerierung bei 0 und nicht erst bei 1 zu beginnen.

Der allgemeine Index wird zwar oft mit n bezeichnet, muss aber nicht unbedingt so heißen. Bezeichnen $0, 1, 2, 3, \dots$ z. B. Zeitpunkte, zu denen die Größe einer Population mit Werten $x_0, x_1, x_2, x_3, \dots$ bestimmt wurde, so schreibt man auch $(x_t)_{t=0,1,2,\dots}$.

Oft interessiert bei Folgen das Verhalten für große Indizes. Wird der Index als Zeit interpretiert, geht es also um das Langzeitverhalten. Wir schauen uns obige Beispiele noch einmal an:

a,b) x_n *strebt gegen unendlich*, kurz: $x_n \to \infty$.

c) x_n *oszilliert* zwischen -1 und 1.

d) x_n strebt (auch: *konvergiert*) gegen 1, kurz: $x_n \to 1$ oder $\lim_{n \to \infty} x_n = 1$.

e,f) x_n strebt (auch: *konvergiert*) gegen 0, kurz: $x_n \to 0$ oder $\lim_{n \to \infty} x_n = 0$.

In diesen Beispielen ist das recht offensichtlich. In den Übungen haben Sie Gelegenheit, sich solche Folgen zu veranschaulichen, und das sollte Ihnen ein ausreichendes Gefühl für Fragen der Konvergenz geben. Deshalb wollen wir hier auf eine präzise Definition verzichten. [5]

Eine wichtige Klasse von Folgen, der wir noch oft begegnen werden, sind die *geometrischen Folgen* $x_n = a^n$, wo a eine feste reelle Zahl ist. Obige Beispiele legen schon die folgende Beobachtung nahe:

Das Verhalten geometrischer Folgen:

- $a^n \to 0$, wenn $-1 < a < 1$,
- $a^n \to \infty$, wenn $a > 1$
- $|a^n| \to \infty$, wenn $a < -1$.

Zahlenfolgen müssen aber kein mehr oder weniger offensichtliches Bildungsgesetz haben. Zum Beispiel ist auch eine endlose Aneinanderreihung von zufällig gezogenen Lottozahlen eine Zahlenfolge!

2.7   Funktionen

Eine *Funktion* f ist, grob gesprochen, eine Vorschrift, die jeder Zahl x eines Definitionsbereichs D eine Zahl $f(x)$ (oft als y bezeichnet) zuordnet. Kurz:

$$f : D \to \mathbb{R}, \quad x \mapsto y = f(x) \, .$$

Die Begriffe *Funktion* und *Abbildung* werden oft synonym verwandt.

Der *Graph* einer Funktion f kann veranschaulicht werden als die Menge aller Punkte in der x-y-Ebene mit Koordinaten $(x \,|\, f(x))$ für $x \in D$.

Beispiele 2.7.1 a) $y = f(x) = mx + b$, $D = \mathbb{R}$. Der Graph dieser Funktion ist die Gerade mit Steigung m und y-Achsenabschnitt b. Ist $(x_0 \,|\, y_0)$ ein beliebiger Punkt auf der Geraden, so kann man das auch als

$$y = f(x) = y_0 + m(x - x_0) \qquad \text{(Punkt-Steigungs-Form)} \qquad (2.2)$$

schreiben. Sie sollten selbst in der Lage sein herauszufinden, dass das dasselbe wie $y = mx + b$ mit $b = y_0 - mx_0$ ist.

b) $y = f(x) = ax^2 + bx + c$, $D = \mathbb{R}$. Der Graph dieser Funktion ist eine Parabel.

---

[5] Für die, die es genau wissen möchten: Eine Folge $(x_n)_{n=1,2,\ldots}$ konvergiert gegen den Grenzwert a, falls für jede noch so nahe bei 0 liegende Zahl $\varepsilon > 0$ nur endlich viele Folgenglieder x_n existieren, für die $|x_n - a| > \varepsilon$.

c) $y = f(x) = \sqrt{x}$, $D = [0, \infty)$. Das ist die Umkehrfunktion des rechten Zweiges der Normalparabel. Der Graph von $y = \sqrt{x}$ geht aus dem von $y = x^2$ durch Spiegelung an der Hauptdiagonalen hervor, siehe Abbildung 2.2.

d) $y = f(x) = e^{\lambda x}$. Das ist die Exponentialfunktion (auch: e-Funktion) mit Exponent λ. Man schreibt auch $\exp(\lambda x)$ an Stelle von $e^{\lambda x}$. (λ, gesprochen: „lambda", steht hier, wie vorher m, n, a, b, c, als Platzhalter für eine Zahl.)

e) $y = f(x) = \ln(x)$, der *natürliche Logarithmus*. Das ist die Umkehrfunktion der e-Funktion (siehe Abbildung 2.3), d. h. zum Beispiel $\ln(7) = 1.946\ldots$, da $e^{1.946\ldots} = 7$. Hier sind weitere Beispiele: $\ln(e^5) = 5$, $e^{\ln(5)} = 5$. *Achtung:* Manchmal wird der natürliche Logarithmus auch mit log bezeichnet. Das ist insbesondere bei R der Fall.

f) $D = \{0, 1, \ldots, 8\}$, $f(t) = $ Zellzahl der Bakterienkolonie in Beispiel 1.1.1 zur Zeit t.

Der Graph einer **Funktion** und ihrer **Umkehrfunktion** gehen durch Spiegelung an der Hauptdiagonalen ineinander über.

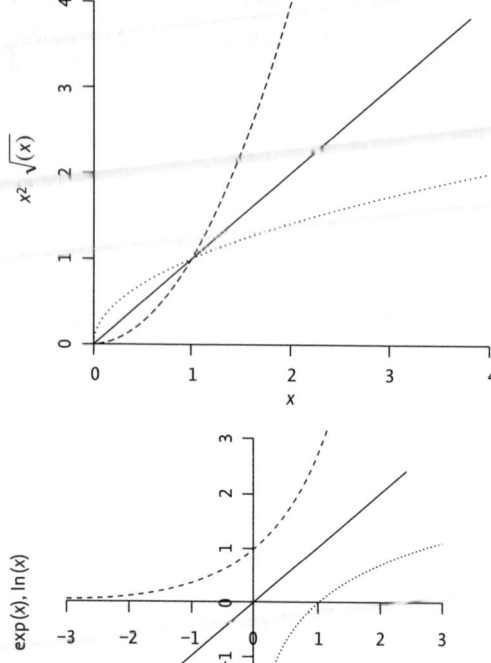

Abb. 2.2 Der rechte Zweig der Normalparabel (gestrichelt) und ihre Umkehrfunktion, die Quadratwurzel (gepunktet).

Abb. 2.3 e-Funktion (gestrichelt) und natürlicher Logarithmus (gepunktet).

2.8   Bemerkungen zum Rechnen mit Logarithmen

Wir haben eben gesehen, dass

$$y = e^x \text{ genau dann, wenn } x = \ln(y).$$

Ist nun a eine beliebige positive Zahl, so lässt sich auch zur Funktion $f(x) = a^x$ die Umkehrfunktion bilden. Sie heißt *Logarithmus zur Basis* a, geschrieben $y = \log_a(x)$, also

$$y = a^x \text{ genau dann, wenn } x = \log_a(y).$$

Mit dieser Notation ist daher $\ln(y) = \log_e(y)$. Allgemeiner gilt[6]:

$$\log_a y = \frac{\ln y}{\ln a}.$$

Dabei wurden die Klammern um die Argumente y und a „eingespart". Das ist durchaus üblich – nicht nur bei Logarithmusfunktionen, solange dadurch keine Unklarheiten entstehen.

Die Logarithmusfunktionen erben Rechenregeln von der Exponentialfunktion. So folgt zum Beispiel die Regel $\ln(a \cdot b) = \ln a + \ln b$ durch Anwendung des natürlichen Logarithmus auf beide Seiten der Gleichung $a \cdot b = e^{\ln a} \cdot e^{\ln b} = e^{\ln a + \ln b}$. Ähnlich leitet man weitere Regeln her.

Regel	Beispiele
$\log_a(1) = 0$	$\ln(1) = 0, \log_{10}(1) = 0$
$\log_a(a) = 1$	$\ln(e) = 1$
$\log_a \frac{1}{x} = -\log_a x$	$\ln \frac{1}{3} = -\ln 3, \log_{10} \frac{1}{1+x} = -\log_{10}(1+x)$
$\log_a(x \cdot y) = \log_a(x) + \log_a(y)$	$\ln 6 = \ln 2 + \ln 3, \log_{10}(20) = \log_{10} 2 + \underbrace{\log_{10}(10)}_{=1}$
$\log_a(x^n) = n \cdot \log_a x$	$\log_{10}(1000) = \log_{10}(10^3) = 3 \cdot \log_{10}(10) = 3$

2.9   Fragen und Aufgaben ✓

1. Wie groß sind Umfang und Fläche eines Kreises mit Radius 0.5 cm?
2. Wie groß ist der Radius eines Kreises mit Fläche $10 \, \text{m}^2$?
3. Vereinfachen Sie folgende Ausdrücke: a) $2a^3 a^4$, b) $(2x^2)^3$, c) $\sqrt{25p^4}$, d) 2^{-3},
   e) $(-2)^{-3}$, f) 3^{-2}, g) $(-3)^{-2}$ (ohne Taschenrechner!)

---

[6]   Dazu muss man zeigen, dass $y = a^{\frac{\ln y}{\ln a}}$, und das sieht man folgendermaßen ein: Aus $a = e^{\ln a}$ folgt nach den Regeln der Potenzrechnung $a^{\frac{\ln y}{\ln a}} = e^{\ln a \cdot \frac{\ln y}{\ln a}} = e^{\ln y} = y$, und das ist gleichbedeutend mit $\log_a y = \frac{\ln y}{\ln a}$.

4. Sei

$$A = \begin{pmatrix} 2 & 7 & -3 \\ 1 & 0 & 5 \\ -2 & 8 & 4 \end{pmatrix}.$$

Bestimmen Sie die Koeffizienten a_{13} und a_{32}.

5. Bestimmen Sie das Verhalten der Folgen 1.3^n, $(-0.7)^n$, $(-1)^n$, $\frac{n^2+1}{10n}$ und $\frac{3n}{n^2-1}$ für große n.

6. Lösen Sie die folgenden Gleichungen nach der Variablen u auf: a) $3u - 5a = 9$, b) $6 - \frac{2}{3}u = 8x$, $7y - 2u = 5u$.

7. Formen Sie die Gleichung $2y - 5x = 4$ in eine Geradengleichung der Form $y = f(x)$ um und bestimmen Sie die Steigung und den y-Achsenabschnitt der Geraden.

8. Vereinfachen Sie $\log_2(8)$, $\log_{10}(0.01)$, $e^{3\ln(2)}$, $(3^2)^{-3}$, $(2^{-3})^3$ (ohne Taschenrechner!)

9. Runden Sie a) $\frac{7}{13}$, b) 37.503, c) 0.03296 auf jeweils drei signifikante Stellen und geben Sie das Ergebnis in der Form $a.bc \cdot 10^d$ an.

10. Harnstoff hat ein Molekulargewicht von $60.06\,\text{g mol}^{-1}$. Wieviel mg Harnstoff ergeben gerade 0.03 mol?

11. Bestimmen Sie die Gleichung der Geraden durch die Punkte $(-1|3)$ und $(5|1)$.

12. Bestimmen Sie die Gleichung der Geraden mit Steigung $m = 2.7$ durch den Punkt $(2|-3)$.

Antworten:
1) Umfang: 3.141 cm, Fläche: $0.785\,\text{cm}^2$.
2) Radius: 1.784 m.
3) a) $2a^7$, b) $8x^6$, c) $5p^2$, d) $\frac{1}{8}$, e) $-\frac{1}{8}$, f) $\frac{1}{9}$, g) $\frac{1}{9}$.
4) $a_{13} = -3$, $a_{32} = 8$.
5) Gegen ∞, gegen 0, oszillierend zwischen -1 und 1, gegen ∞, gegen 0.
6) a) $u = \frac{5}{3}a + 3$, b) $u = -12x + 9$, c) $u = y$.
7) $y = \frac{5}{2}x + 2$, also Steigung: $\frac{5}{2}$, y-Achsenabschnitt: 2.
8) 3, -2, 8, $\frac{1}{729}$, $\frac{1}{512}$.
9) a) $5.38 \cdot 10^{-1}$, b) $3.75 \cdot 10^1$, $3.30 \cdot 10^{-2}$.
10) $60.06\,\text{g mol}^{-1} \cdot 0.03\,\text{mol} = 1.8018\,\text{g} = 1801.8\,\text{mg}$.
11) $y = -\frac{1}{3}x + \frac{8}{3}$.
12) $y = 2.7x - 8.4$.

3 Differenzieren, Ableitung

Die geometrische Bedeutung der Ableitung als Tangentensteigung und die damit gegebene Möglichkeit, eine glatte Funktion lokal annähernd durch eine Gerade zu beschreiben, werden in diesem Kapitel herausgearbeitet. Auch der Begriff der partiellen Ableitung wird erläutert.

3.1 Ableitung von Funktionen einer Variablen

Ableitungen werden in den folgenden Kapiteln eine ganz wichtige Rolle spielen. Dabei gehe ich davon aus, dass Sie alle in der Schule gelernt haben, was die Ableitung einer Funktion ist, wie man die Ableitungsregeln anwendet, usw. Vieles von dem, was Sie dort gelernt haben, insbesondere die Kurvendiskussion, spielt in diesem Buch aber keine große Rolle. Das Hauptaugenmerk liegt hier nicht auf der Berechnung und Auswertung von Ableitungen, sondern auf ihrer geometrischen Interpretation, denn die ist die Grundlage für die mathematische Modellierung vieler Vorgänge in der Natur. Trotzdem sollte man natürlich in der Lage sein, „einfache" Funktionen selbst zu differenzieren. Am Ende dieses Kapitels finden Sie einige Aufgaben dazu.

Ist D ein Intervall reeller Zahlen und $f : D \to \mathbb{R}$ eine ausreichend glatte[1] Funktion, so wird die *Ableitung $f'(x_0)$ von f an einer Stelle* $x_0 \in D$ definiert als

$$f'(x_0) = \lim_{h \to 0} \frac{f(x_0 + h) - f(x_0)}{h} . \tag{3.1}$$

Dabei sollten Sie sich nicht „an den Buchstaben festhalten", sondern Sie sollten diese Formel inhaltlich zu verstehen suchen. Wichtig ist dabei, dass man die geometrische Bedeutung des Bruchs versteht: Im Zähler steht die Differenz zweier Funktionswerte von f (an den Stellen $x_0 + h$ und x_0), und im Nenner steht die Differenz der beiden Argumente (denn $h = (x_0 + h) - x_0$). Man sieht der Abbildung 3.1 leicht an, dass der Wert des Bruchs in Gleichung (3.1) gerade die Steigung der dort eingezeichneten Sekante ist: Das Steigungsdreieck hat die Eckpunkte $(x_0|f(x_0))$, $(x_0 + h|f(x_0))$ und $(x_0 + h|f(x_0 + h))$. Je kleiner h ist, d. h. je näher $x_0 + h$ bei x_0 ist, desto stärker nähert sich die Sekante der ebenfalls eingezeichneten Tangente an.

Es wird sich als nützlich erweisen, mit der Notation etwas flexibler umzugehen. Bezeichnet man den Punkt $x_0 + h$ mit x und die Differenz $x - x_0$ mit Δx, so ist $h = (x_0 + h) - x_0 = x - x_0 = \Delta x$, und man kann die Ableitung auch auf folgende Arten schreiben:

$$f'(x_0) = \lim_{x \to x_0} \frac{f(x) - f(x_0)}{x - x_0} = \lim_{\Delta x \to 0} \frac{f(x_0 + \Delta x) - f(x_0)}{\Delta x}$$

---

[1] „ausreichend glatt" wird dadurch definiert, dass der Limes in Gleichung (3.1) existiert. Wenn das der Fall ist, sagt man, dass die Funktion f an der Stelle x_0 *differenzierbar* ist.

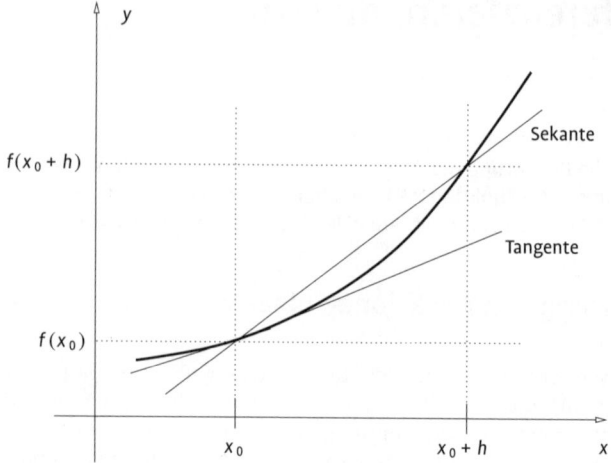

Abb. 3.1 Tangente und Sekante in einem Punkt x_0

Nun kommen wir zur für uns wichtigen *Interpretation* dieser Formeln. Man kann den Limes folgendermaßen verstehen:

Approximation einer Funktion durch eine Tangente

Wenn x nahe bei x_0 ist, d. h. wenn Δx klein ist, dann gilt ungefähr $f'(x_0) \approx \frac{f(x)-f(x_0)}{x-x_0}$. Das kann man auflosen zu

$$f(x) \approx f(x_0) + f'(x_0)(x-x_0) . \tag{3.2}$$

Vergleichen wir das mit der Punkt-Steigungs-Form der Geradengleichung (2.2), so sehen wir, dass der Graph von f für x nahe bei x_0 ungefähr die Form einer Geraden mit Steigung $f'(x_0)$ durch den Punkt $(x_0|f(x_0))$ hat, und das heißt, dass er sehr nahe zur Tangente an f im Argument x_0 ist. Das bestätigt unseren Eindruck aus Abbildung 3.1. Die wichtige Erkenntnis aus dieser Diskussion ist:

Approximation einer Funktion durch eine Tangente (in Worten)

Ein „glatter" Funktionsgraph stimmt in der Nähe des Arguments x_0 beinahe mit der Geraden mit Steigung $f'(x_0)$ durch den Punkt $(x_0|f(x_0))$ überein. Man kann daher in vielen Rechnungen den Wert $f(x)$ durch $f(x_0) + (x-x_0) f'(x_0)$ ersetzen ohne einen großen Fehler zu machen (falls x nahe bei x_0 ist!), und nennt das ganze eine **lineare Approximation** von f bei x_0.

Später werden auch Situationen betrachtet, in denen die Funktion x heißt und die unabhängige Variable t, also Ausdrücke der Form $x(t)$. Die Variable t wird dann als Zeit interpretiert, und statt $x'(t)$ schreibt man oft $\dot{x}(t)$. Die Definition der Ableitung könnte dann so aussehen:

$$\dot{x}(t) = \lim_{\Delta t \to 0} \frac{x(t + \Delta t) - x(t)}{\Delta t},$$

und die Formel für die lineare Approximation so:

$$x(t + \Delta t) \approx x(t) + \dot{x}(t) \cdot \Delta t. \tag{3.3}$$

Hier haben wir das „feste" Argument t genannt (oben hieß es x_0) und das Argument nahe bei t heißt hier $t + \Delta t$.

Oft wird auch folgende Notation für die Ableitung benutzt:

$$\frac{d}{dx} f(x) \text{ für } f'(x) \quad \text{und} \quad \frac{d}{dt} x(t) \text{ für } \dot{x}(t).$$

Ist die abgeleitete Funktion $f'(x)$ selbst wieder „glatt", so dass man auch ihre Ableitung bilden kann, dann schreibt man für diese *zweite Ableitung* $f''(x)$ oder $\frac{d^2}{dx^2} f(x)$ oder $\frac{d^2 f}{dx^2}(x)$. Analog schreibt man $f'''(x) = \frac{d^3}{dx^3} f(x) = \frac{d^3 f}{dx^3}(x)$ für die Ableitung von $f''(x)$, usw.

3.2 Ableitungsregeln

Wie schon am Anfang dieses Abschnitts erwähnt, gehe ich davon aus, dass Sie einfache Funktionen ableiten können. Deshalb werden die wichtigsten Formeln hier nur kurz zusammengestellt.

$$\frac{d}{dx} x^n = n\, x^{n-1} \qquad \textbf{für beliebige } n \in \mathbb{R}$$

$$\frac{d}{dx} \ln(x) = \frac{1}{x}$$

$$\frac{d}{dx} e^{px} = p\, e^{px} \qquad \textbf{für beliebige } p \in \mathbb{R}$$

$$\frac{d}{dx} \sin(x) = \cos(x)$$

$$\frac{d}{dx} \cos(x) = -\sin(x).$$

Wendet man die erste Regel z. B. auf $n = -1$ an, so folgt insbesondere

$$\frac{d}{dx} \frac{1}{x} = \frac{d}{dx} x^{-1} = -x^{-2} = -\frac{1}{x^2}.$$

Für $n = \frac{1}{2}$ erhält man

$$\frac{d}{dx} \sqrt{x} = \frac{d}{dx} x^{\frac{1}{2}} = \frac{1}{2} \cdot x^{-\frac{1}{2}} = \frac{1}{2\sqrt{x}},$$

und für $n = 0$ ergibt diese Regel auch

$$\frac{d}{dx}1 = \frac{d}{dx}x^0 = 0 \cdot x^{-1} = 0.$$

Letzteres ist auch geometrisch klar: Der Graph einer konstanten Funktion ist eine waagerechte Gerade, hat also überall Steigung 0.

Mit Hilfe von aus der Schule bekannten Ableitungsregeln, von denen hier die wichtigsten angeführt werden, kann man sich aus obigen Formeln die Ableitungen vieler zusammengesetzter Funktionen herleiten. Sind $f, g : D \to \mathbb{R}$ differenzierbare Funktionen und sind a, b reelle Zahlen, so gelten folgende Regeln:

$$\frac{d}{dx}(af(x) + bg(x)) = af'(x) + bg'(x) \qquad \textbf{(Linearität)}$$

$$\frac{d}{dx}(f(x) \cdot g(x)) = f'(x) \cdot g(x) + f(x) \cdot g'(x) \qquad \textbf{(Produktregel)}$$

$$\frac{d}{dx}\left(\frac{f(x)}{g(x)}\right) = \frac{f'(x)g(x) - f(x)g'(x)}{g(x)^2} \qquad \textbf{(Quotientenregel)}$$

$$\frac{d}{dx}f(g(x)) = f'(g(x)) \cdot g'(x) \qquad \textbf{(Kettenregel)}$$

Ein Beispiel für die Anwendung der Kettenregel (mit $f(x) = \frac{1}{x}$ und $g(t) = 1 - 2e^{-rt}$) ist

$$\frac{d}{dt}\frac{1}{1 - 2e^{-rt}} = -\frac{1}{(1 - 2e^{-rt})^2} \cdot (-2) \cdot (-r) \cdot e^{-rt} = \frac{-2re^{-rt}}{(1 - 2e^{-rt})^2}.$$

In diesem Buch wird das Differenzieren als „handwerkliche Technik" nicht systematisch geübt. Zwar sollte man einfache Ausdrücke „von Hand" differenzieren können, aber in schwierigen Fällen gibt es mathematische Software (Maple, Mathcad, Mathematica, Maxima usw.), die einem diese fehleranfällige Arbeit abnimmt. Wichtig bleibt es aber, die geometrische Bedeutung der Ableitung als Tangentensteigung und ihre Rolle als *lineare Approximation* zu verstehen, wie sie in den Gleichungen (3.2) und (3.3) beschrieben wurden.

Trotzdem soll die Rolle der Ableitung bei der Bestimmung lokaler Extrema nicht unterschlagen werden:

Nullstellen der Ableitung und Lokale Extrema

Sei $f : D \to \mathbb{R}$ differenzierbar. Hat f an einer Stelle x_0 ein **lokales Extremum**, so muss $f'(x_0) = 0$ sein. Ist außerdem $f''(x_0) > 0$ (bzw. < 0), so liegt ein **lokales Minimum (bzw. Maximum)** vor.

Beispiel 3.2.1 (Lokale Minima und Maxima) Wir betrachten die Funktion

$$f(x) = \frac{e^x - x^3}{1 + x^2}$$

und ihre Ableitungen $f'(x)$ und $f''(x)$. Die sollten Sie unter Anwendung der obigen Regeln ausrechnen können; insbesondere die zweite Ableitung ist allerdings recht länglich.

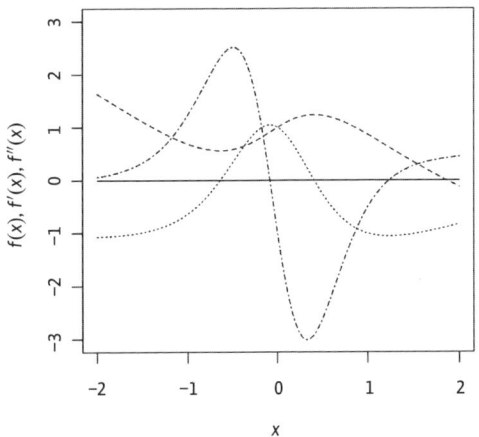

Abb. 3.2 Die Funktionen f (gestrichelt), f' (gepunktet) und f'' (gestrichpunktet).

Die Lösung finden Sie in der Fußnote [2]. Man sieht in Abbildung 3.2 sehr schön, dass f' bei den beiden lokalen Extrema von f jeweils eine Nullstelle hat, und dass f'' beim lokalen Minimum von f positiv und beim lokalen Maximum von f negativ ist.

Beispiel 3.2.2 (Mittelwert und kleinste quadratische Fehler) Bei n wiederholten Messungen einer experimentell zu bestimmenden Größe unter konstant gehaltenen Versuchsbedingungen werden aufgrund nicht zu kontrollierender Einflüsse leicht variierende Werte $x_1, \ldots, x_n$ gemessen. Gesucht ist der Wert $\bar{x}$, der $x_1, \ldots, x_n$ im Sinn der Minimierung des *quadratischen Fehlers*

$$S^2 := \sum_{i=1}^{n} (x_i - \bar{x})^2$$

am besten repräsentiert. Fassen wir nun S^2, bei gegebenen $x_1, \ldots, x_n$, als Funktion von $\bar{x}$ auf, so erhalten wir folgende Terme für die erste und die zweite Ableitung von S^2:

$$\frac{d}{d\bar{x}} S^2 = \sum_{i=1}^{n} 2(x_i - \bar{x}) \cdot (-1) = -2 \left(\sum_{i=1}^{n} x_i - n\bar{x} \right) , \quad \frac{d^2}{d\bar{x}^2} S^2 = 2n > 0 .$$

Also ist $\frac{d}{d\bar{x}} S^2 = 0$ falls $\sum_{i=1}^{n} x_i = n\bar{x}$, d. h. falls

$$\bar{x} = \frac{1}{n} \sum_{i=1}^{n} x_i ,$$

und da $\frac{d^2}{d\bar{x}^2} S^2 > 0$, ist der gesuchte Wert $\bar{x}$ gerade der Mittelwert der Einzelmessungen.

---

[2] $f'(x) = \frac{e^x (1-x)^2 - 3x^2 - x^4}{(1+x^2)^2}, f''(x) = \frac{e^x (x^4 - 4x^3 + 8x^2 - 4x - 1) - 6x + 2x^3}{(1+x^2)^3}.$

3.3 Integral und Stammfunktion

Ist D ein Intervall reeller Zahlen und ist $F : D \to \mathbb{R}$ eine Funktion mit Ableitung f, so nennt man F eine *Stammfunktion* zu f. Ist umgekehrt f gegeben, und sucht man eine dazu passende Stammfunktion F, so lehrt der *Hauptsatz der Differenzial- und Integralrechnung* wie man die findet: Man bezeichnet mit t_0 den linken Endpunkt von D (eventuell also $t_0 = -\infty$) und definiert

$$F(t) := \int_{t_0}^{t} f(x)\, dx.$$

Dabei steht $\int_{t_0}^{t} f(x)\, dx$ für die zwischen t_0 und t liegende Fläche zwischen dem Funktionsgraphen von f und der x-Achse. Das wird in Abbildung 3.3 am Beispiel der Funktion $g(x) = \frac{1}{\sqrt{2\pi}} e^{-x^2/2}$ (auch *Gauß'sche Glockenkurve* [3] genannt) illustriert. Ihre Stammfunktion wird oft mit $\Phi(t)$ bezeichnet (gesprochen „Phi von t"), also $\Phi(t) = \frac{1}{\sqrt{2\pi}} \int_{-\infty}^{t} e^{-x^2/2}\, dx$. Aus der Definition von $\Phi(t)$ folgt leicht, dass tatsächlich $\Phi'(t) = g(t)$, denn $\Phi(t+h) - \Phi(t)$ ist gerade die Fläche zwischen t und $t+h$ unter der Glockenkurve, und die hat ungefähr die Größe „Breite × Höhe" $\approx h \cdot g(t)$, so dass

$$\Phi'(t) = \lim_{h \to 0} \frac{\Phi(t+h) - \Phi(t)}{h} = g(t)$$

Φ ist also eine *Stammfunktion zu g*. Sie wird in späteren Kapiteln als *Verteilungsfunktion der Normalverteilung* eine zentrale Rolle spielen.

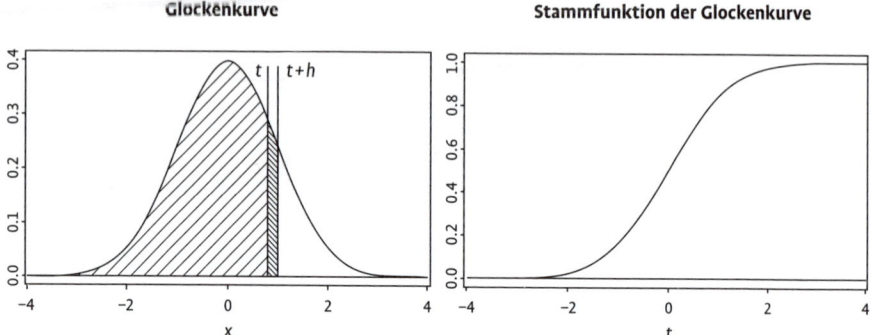

Glockenkurve   **Stammfunktion der Glockenkurve**

Abb. 3.3 *Links:* Glockenkurve, die schraffierte Fläche links von t hat die Größe $\Phi(t)$. *Rechts:* Stammfunktion $\Phi(t)$ der Glockenkurve.

---

[3] *Carl Friedrich Gauß* (1777–1855), deutscher Mathematiker, Physiker und Astronom.

3.4 Partielle Ableitungen

Hängt eine Funktion von mehreren Variablen ab, z. B. $f(x,y) = xy\,e^{-x}$, so kann man sie entweder bei festgehaltenem y nach x ableiten und schreibt dafür $\frac{\partial f}{\partial x}$, oder man hält x fest und leitet sie nach y ab, kurz $\frac{\partial f}{\partial y}$. In unserem Beispiel erhält man

$$\frac{\partial f}{\partial x}(x,y) = y\,e^{-x} - xy\,e^{-x}, \qquad \frac{\partial f}{\partial y}(x,y) = x\,e^{-x}.$$

Ein physikalisches Beispiel für eine solche Situation ist die Abhängigkeit des Drucks eines Gases von Volumen und Temperatur: $P = P(T, V)$.

Ähnlich wie die gewöhnliche Ableitung können auch die partiellen Ableitungen als lokale lineare Approximationen einer Funktion interpretiert werden:

$$f(x + \Delta x, y + \Delta y) \approx f(x,y) + \Delta x \cdot \frac{\partial f}{\partial x}(x,y) + \Delta y \cdot \frac{\partial f}{\partial y}(x,y)$$

oder mit der Abkürzung $\Delta f := f(x + \Delta x, y + \Delta y) - f(x,y)$ für die Änderung von f bei Änderung von x und y um Δx bzw. Δy:

$$\Delta f \approx \Delta x \cdot \frac{\partial f}{\partial x}(x,y) + \Delta y \cdot \frac{\partial f}{\partial y}(x,y).$$

Betrachtet man z. B. obige Funktion $f(x,y) = xye^{-x}$ an der Stelle $x = 2, y = 1$, und will man wissen, wie sich der Funktionswert bei kleiner Änderung von x und y verändert, so rechnet man aus:

$$\Delta f \approx \Delta x \cdot \frac{-1}{e^2} + \Delta y \cdot \frac{2}{e^2} = -0.135\,\Delta x + 0.2701\,\Delta y.$$

Der Funktionswert reagiert auf Änderungen von y also nicht nur doppelt so stark wie auf Änderungen von x, sondern die Änderungen haben auch entgegengesetztes Vorzeichen.

Ähnlich wie im Fall von Funktionen einer Variablen spielen die partiellen Ableitungen bei Funktionen von zwei (oder mehr) Variablen eine wichtige Rolle bei der Bestimmung von Extremwerten. Es gilt:

> **Lokale Minima und Maxima von Funktionen zweier Variablen:**
> Ist die Funktion $f(x,y)$ in ihrem Definitionsbereich differenzierbar und hat f an der Stelle (x_0, y_0) ein lokales Minimum oder Maximum, so ist
> $$\frac{\partial f}{\partial x}(x_0, y_0) = 0 \quad \text{und} \quad \frac{\partial f}{\partial y}(x_0, y_0) = 0.$$

Im nächsten Kapitel lernen wir eine wichtige Anwendung dieser Regel kennen.

3.5   Fragen und Aufgaben ⌄

1. Wie lauten die Ableitungen der Funktionen

$$g(x) = e^{-3x+2}, \quad u(y) = \frac{1}{1+y^2}, \quad F(z) = \sin(5z) \quad \text{und} \quad f(t) = \frac{1}{5+e^{-2t}}?$$

2. Bestimmen Sie die partiellen Ableitungen der Funktion $f(u,v) = u^2 \, e^{u-v}$.

3. Für welchen Wert von u nehmen die folgenden Ausdrücke den kleinsten Wert an?

   a) $(3-u)^2 + (-5-u)^2 + (4-u)^2 + (2-u)^2$

   b) $(2+u)^2 + (3-u)^2 + u^2 + (7-u)^2 + (-8-u)^2$

4. Sei $f(x) = x^3 - 5x + 1$. a) Begründen Sie, warum der Punkt $(1|-3)$ zum Graphen von f gehört. b) Bestimmen Sie diejenige Gerade, die den Graphen von f in der Nähe des Punkts $(1|-3)$ am besten approximiert. c) Vergleichen Sie die Werte von $f(1+\Delta x)$ und $f(1) + \Delta x \cdot f'(1)$ für $\Delta x = 0.1, 0.01, 0.001$. Was fällt Ihnen auf?

5. Bestimmen Sie Stammfunktionen $F(x)$ zu folgenden Funktionen $f(x)$:

   a) $f(x) = -x^3 + 7x^2 + 5$

   b) $f(x) = \frac{1}{2} e^{-2x}$

   c) $f(x) = \frac{1}{1+x}$

Antworten:

1) $g'(x) = -3e^{-3x+2}$, $u'(y) = \frac{-2y}{(1+y^2)^2}$, $F'(z) = 5\cos(5z)$, $\dot{f}(t) = 2e^{-2t}/(5+e^{-2t})^2$.

2) $\frac{\partial f}{\partial u}(u,v) = 2u\,e^{u-v} + u^2\,e^{u-v} = u(2+u)\,e^{u-v}$, $\frac{\partial f}{\partial v}(u,v) = -u^2\,e^{u-v}$.

3) Für a) $u = \frac{1}{4}(3-5+4+2) = 1$, b) $\frac{1}{5}(-2+3+0+7-8) = 0$. Erklärung zu b): Der Ausdruck kann als $(-2-u)^2 + (3-u)^2 + (0-u)^2 + (7-u)^2 + (-8-u)^2$ geschrieben werden.

4) a) $(1|-3)$ gehört zum Graphen von f, weil $f(1) = -3$. b) Das ist die Tangente an f im Punkt $(1|-3)$, die durch die Geradengleichung $y = f'(1)(x-1) - 3 = -2(x-1) - 3 = -2x - 1$ beschrieben wird. c) $\Delta x = 0.1$: -3.169 und -3.2, $\Delta x = 0.01$: -3.019699 und -3.02, $\Delta x = 0.001$: -3.001996999 und -3.002. Es fällt auf, dass die Approximation bei $\Delta = 10^{-k}$ bis auf $2k$ signifikante Stellen genau ist.

5) a) $F(x) = -\frac{1}{4}x^4 + \frac{7}{3}x^3 + 5x$, b) $F(x) = -\frac{1}{4}e^{-2x}$, c) $F(x) = \ln(1+x)$.

4 Grafische Darstellung von Daten und beschreibende Statistik

In diesem Kapitel werden zunächst Methoden vorgestellt, Datensätze grafisch darzustellen und wichtige Eigenschaften der Daten durch einige wenige Kenngrößen zu charakterisieren. Dann wird die Methode der kleinsten Quadrate eingeführt, um Regressionsgeraden zu bestimmen, und schließlich wird diese Technik angewandt, um Daten auszuwerten, die einen allometrischen Zusammenhang beschreiben.

4.1 Datenvektoren und Datenmatrizen

Zu den Herausforderungen heutiger Naturwissenschaften gehört die Auswertung großer Mengen experimenteller Befunde, also großer Datenmengen. Bei der Organisation solcher Datenmengen greift man oft auf die mathematischen Konzepte *Vektor* und *Matrix* zurück. Dabei wollen wir hier nicht zwischen Zeilen- und Spaltenvektor unterscheiden, sondern einen Vektor einfach als endliche Folge von Koeffizienten betrachten. Diese Koeffizienten müssen nicht unbedingt Zahlen sein. Hier ist ein Beispiel aus der Bioinformatik.

Beispiel 4.1.1 (DNA-Sequenzen als Vektoren) Sei $\Sigma_{\text{Nuk}} = \{A, G, C, T\}$ die Menge der Symbole A, G, C und T, die die vier Nukleotidbausteine (Adenin, Guanin, Cytosin, Thymin) von DNA-Sequenzen repräsentieren sollen. Eine DNA-Sequenz der Länge m kann dann als m-dimensionaler Vektor $u = (u_1, \ldots, u_m)$ mit Koeffizienten $u_1, \ldots, u_m \in \Sigma_{\text{Nuk}}$ dargestellt werden, z. B. stellen wir $ACGTTA$ als $u = (A, C, G, T, T, A)$ dar, also mit den Koeffizienten $u_1 = A, u_2 = C, u_3 = G, u_4 = T, u_5 = T, u_6 = A$.

Entsprechend kann man natürlich auch mit dem 20-buchstabigen *Aminosäurenalphabet* $\Sigma_{\text{AS}} = \{A, R, N, \ldots, W, Y, V\}$ verfahren und Proteinsequenzen als Vektoren über Σ_{AS} darstellen.

Zu den Grundaufgaben der Bioinformatik gehört der systematische Vergleich von DNA- oder Proteinsequenzen o.ä. Zur strukturierten Beschreibung solcher Vergleiche führt man das *äußere Produkt zweier Vektoren* ein. Das ist eine Matrix, die aus den Einträgen der beiden Vektoren aufgebaut wird. Wir illustrieren das am Beispiel zweier hypothetischer DNA-Sequenzen, die als Vektoren $u = (u_1, \ldots, u_m)$ und $v = (v_1, \ldots, v_n)$ mit Koeffizienten aus Σ_{Nuk} dargestellt sind. Sie sollen koeffizientenweise verglichen werden. Im einfachsten Fall kann man einen solchen Vergleich mathematisch durch eine Funktion f beschreiben, die jedem Paar von Symbolen $X, Y \in \Sigma_{\text{Nuk}}$ einen Zahlwert $f(X, Y)$ durch

$$f(X, Y) = \begin{cases} 1 & \text{falls } X = Y \\ 0 & \text{falls } X \neq Y \end{cases}$$

zuordnet. [1]

---

[1] f ist also eine Abbildung von $\Sigma_{\text{Nuk}} \times \Sigma_{\text{Nuk}}$ nach $\{0, 1\}$. Dabei bezeichnet $\Sigma_{\text{Nuk}} \times \Sigma_{\text{Nuk}}$ die Menge aller Symbolpaare (U, V) mit $U, V \in \Sigma_{\text{Nuk}}$.

Dann erhält man als **äußeres Produkt der Vektoren u und v über der Verknüpfung** f folgende $m \times n$-Matrix A, deren Koeffizienten nur 0 oder 1 sind:

$$a_{ij} = f(u_i, v_j)\,,\ \text{also } a_{ij} = 1, \text{ falls } u_i = v_j \text{ und } a_{ij} = 0, \text{ falls } u_i \neq v_j.$$

Man schreibt dafür auch $A = u \circ v$, oder, wenn man die Rolle der Vergleichsfunktion f hervorheben will: $A = u \circ_f v$.

Beispiel 4.1.2 (Sequenzvergleich als äußeres Produkt)
Sei $u = (A, C, G, A, T, C)$ und $v = (A, C, C, G, T, A, G)$. Dann ist

$$u \circ v = \begin{pmatrix} 1 & 0 & 0 & 0 & 0 & 1 & 0 \\ 0 & 1 & 1 & 0 & 0 & 0 & 0 \\ 0 & 0 & 0 & 1 & 0 & 0 & 1 \\ 1 & 0 & 0 & 0 & 0 & 1 & 0 \\ 0 & 0 & 0 & 0 & 1 & 0 & 0 \\ 0 & 1 & 1 & 0 & 0 & 0 & 0 \end{pmatrix}$$

Für längere realistische Sequenzen findet man auf einem Blatt Papier allerdings kaum den Platz, eine solche Matrix darzustellen. Man benutzt zur Bestimmung der Matrix daher einen Rechner und stellt die Matrix dann als *Dotplot* dar, d. h. man plottet statt einer 1 einen kleinen Punkt („dot") und statt jeder „0" gar nichts. Abbildung 4.1 zeigt ein Beispiel einer solchen Matrix, die aus dem Vergleich zweier Proteinsequenzen gewonnen wurde. Ein schwarzer Punkt an Koordinate (i, j) heißt, dass die i-te Aminosäure der ersten Sequenz mit der i-ten der zweiten Sequenz übereinstimmt. Da fast alle Punkte auf der Diagonalen $i = j$ schwarz sind, erkennt man, dass die beiden Sequenzen an den meisten Stellen übereinstimmen. Wie man die Ähnlichkeit zweier Sequenzen quantitativ beschreiben kann, wird in Kapitel 13 beschrieben.

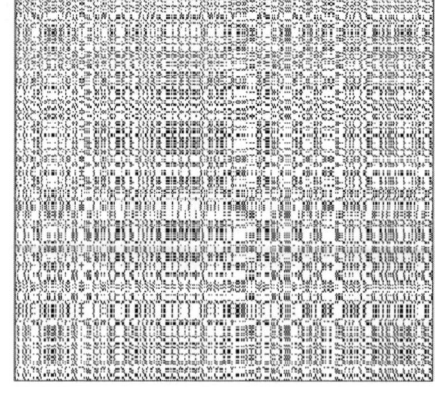

GTR8_HUMAN

GTR8_MOUSE

Abb. 4.1 Dotplot zweier Proteinsequenzen. Man beachte die auffällige Diagonale.

4.2   Beschreibende Statistik – Grundbegriffe

Die *beschreibende* Statistik (auch *deskriptive* Statistik) stellt grafische Methoden und mathematische Hilfsmittel bereit, um Datenmaterial übersichtlich darzustellen und durch wenige, aber möglichst aussagekräftige Kenngrößen zu beschreiben. Wir beginnen mit einigen Grundbegriffen:

Bei statistischen Untersuchungen werden an geeignet ausgewählten *Beobachtungseinheiten* (auch *Versuchseinheiten* genannt) jeweils die Werte von gewissen *Merkmalen* festgestellt. Die möglichen Werte eines Merkmals heißen seine *Ausprägungen*. Hier sind zwei Beispiele:

i) Bei vier Testaussaaten einer bestimmten Bohnensorte keimten 79, 88, 86 und 91 von jeweils 100 Bohnen, siehe Beispiel 1.1.2. Hier sind die einzelnen Bohnen die Beobachtungseinheiten, das beobachtete Merkmal ist die Keimung, und die Merkmalsausprägungen sind „ja" und „nein".

ii) Bei je 11 Männern der Altersgruppen „jung" (20–30 Jahre) und „alt" (40–50 Jahre) wurde die Cholesterinkonzentration im Blut gemessen. Hier ist jeder der untersuchten Patienten eine Beobachtungseinheit, die Merkmale sind Altersgruppe und Cholesterinkonzentration. Die Altersgruppe hat wieder nur zwei Ausprägungen („jung" und „alt"), die Cholesterinkonzentration ist dagegen eine beliebige Zahl (in physiologisch sinnvollen Grenzen). In R werden diese Daten, die in einem Datensatz Cholesterin zusammengefasst sind, so dargestellt:

```
> Cholesterin
     Chol Alter
1     222  jung
2     251  jung
3     269  jung
4     235  jung
5     386  jung
6     173  jung
7     135  jung
8     260  jung
9     252  jung
10    352  jung
11    156  jung
12    294   alt
13    254   alt
14    346   alt
15    239   alt
16    277   alt
17    286   alt
18    336   alt
19    208   alt
20    311   alt
21    172   alt
22    264   alt
```

Merkmale, von denen es nur wenige, diskrete Ausprägungen gibt (wie Keimung oder Altersgruppe oder „A,G,C,T"), heißen *nominal*, solche, deren Ausprägungen Messwerte auf einer Skala sind (wie Cholesterinkonzentration), heißen *metrisch*. Erfasst man allerdings das exakte Alter (z.B. in Jahren), so wird man auch das Alter eher als ein metrisches Merkmal ansehen.

Im Fall der Cholesterinwerte kann man außerdem darüber streiten, ob „alt" und „jung" wirklich Messwerte sind, d.h. ob man das Merkmal Alter in einer zufällig zusammengesetzten Stichprobe bei jedem Patienten „gemessen" hat, oder ob es eher ein Klassifikationsmerkmal für zwei Teilstichproben ist, d.h. ob gezielt 11 „junge" und 11 „alte" Männer für die Untersuchung ausgewählt wurden. Im letzten Fall nennt man dieses Merkmal auch einen *Faktor*. Diese Sichtweise ist in R Standard, wie die folgende Ausgabe zeigt, mit der R die Eigenschaften des Datensatzes `Cholesterin` beschreibt (siehe auch Unterabschnitt R2.3 für den R-Befehl `ls.str()`):

```
> ls.str(pat="Chol")
Cholesterin : 'data.frame':        22 obs. of  2 variables:
 $ Chol : int   222 251 269 235 386 173 135 260 252 352 ...
 $ Alter: Factor w/ 2 levels "alt","jung": 2 2 2 2 2 2 2 2 2 2 ...
```

4.3   Eindimensionale Stichproben

Wir betrachten zunächst den Fall, dass die Ausprägung nur eines Merkmals an N Beobachtungseinheiten festgestellt wird. Die erhaltene Folge von Beobachtungswerten $x_1, x_2, \ldots, x_N$ nennen wir eine *eindimensionale Stichprobe vom Umfang N*.

4.3.1   Nominale Merkmale

Hat das beobachtete Merkmal M Ausprägungen $A_1, \ldots, A_M$, so bestimmt man die Häufigkeiten dieser Ausprägungen:

$$n_1 := \sum_{i=1}^{N} 1_{[x_i = A_1]} = \text{Anzahl der Beobachtungen mit Merkmalwert } A_1$$

$$n_2 := \sum_{i=1}^{N} 1_{[x_i = A_2]} = \text{Anzahl der Beobachtungen mit Merkmalwert } A_2$$

$$\vdots$$

$$n_M := \sum_{i=1}^{N} 1_{[x_i = A_M]} = \text{Anzahl der Beobachtungen mit Merkmalwert } A_M$$

Der Ausdruck $1_{[x_i = A]}$ nimmt also den Wert 1 an, wenn $x_i = A$, und den Wert 0 sonst. Die Quotienten

$$\frac{n_1}{N}, \ldots, \frac{n_M}{N}$$

werden als *relative Häufigkeiten* der Merkmale $A_1, \ldots, A_M$ in der Stichprobe bezeichnet. Visualisieren kann man diese Häufigkeiten z.B. mit *Balkendiagrammen* oder mit *Tortendiagrammen*, wie wir im folgenden Beispiel sehen werden.

Beispiel 4.3.1 Gegeben ist eine kodierende DNA-Sequenz, die in R in der Variablen DNA1 als ein Vektor von Einzelbuchstaben gespeichert ist. Zunächst bestimmen wir die Häufigkeiten von A, C, G und T in der Sequenz mit Hilfe von R:

```
> HK=table(DNA1)
DNA1
   A    C    G    T
  57  106  109   61
> 100*HK/sum(HK)
DNA1
         A         C         G         T
  17.11712  31.83183  32.73273  18.31832
> barplot(HK, xlab="DNA1", ylab="Häufigkeit")
> pie(HK, xlab="DNA1", ylab="Häufigkeit")
```

Mit dem Befehl table() wird die Häufigkeitstabelle HK erzeugt, der nächste Befehl errechnet die relativen Häufigkeiten, und die beiden nächsten Befehle erzeugen die Grafiken aus Abbildung 4.2, ein Balken- und ein Tortendiagramm.

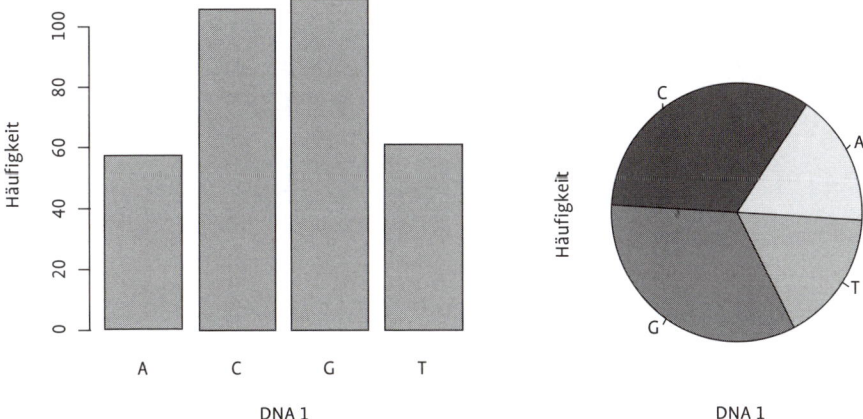

Abb. 4.2 Balken- und Tortendiagramm der Häufigkeiten von A, C, G, T in einer kodierenden DNA-Sequenz

4.3.2 Metrische Merkmale

Um eine Stichprobe für ein metrisches Merkmal zu visualisieren, bedient man sich bei größeren Stichprobenumfängen N am besten eines *Histogramms*: Man unterteilt das Zahlenintervall, in dem die Merkmalswerte liegen, in nicht zu viele Teilintervalle und bestimmt zunächst für jedes dieser Teilintervalle die Anzahl der Beobachtungen x_i, die in diesem Teilintervall liegen. Dadurch hat man die metrischen Daten auf nominale Daten reduziert. Die stellt man dann wie gehabt als Balkendiagramm dar.

Beispiel 4.3.2 (Cholesterinwerte) Bei der oben erwähnten Messung von Cholesterin-werten seien folgende Ergebnisse aufgezeichnet worden:

| „jung" | 222 | 251 | 269 | 235 | 386 | 173 | 135 | 260 | 252 | 352 | 156 |
| „alt" | 294 | 254 | 346 | 239 | 277 | 286 | 336 | 208 | 311 | 172 | 264 |

Wir können diesen Messungen gegenüber zwei unterschiedliche Standpunkte einneh-men:

Entweder wir fassen sie als eine zweidimensionale Stichprobe vom Umfang 22 mit je-weils zwei Merkmalen auf, einem metrischen und einem nominalen, wie wir das in Abschnitt 4.2 getan haben,

oder wir fassen sie als zwei getrennte eindimensionale (Teil-)Stichproben vom Umfang jeweils 11 und mit je einem metrischen Merkmal auf.

Für die grafische Darstellung macht das aber keinen wesentlichen Unterschied. Eine Va-riante der vorherigen Befehle liefert die beiden Histogramme in Abbildung 4.3.

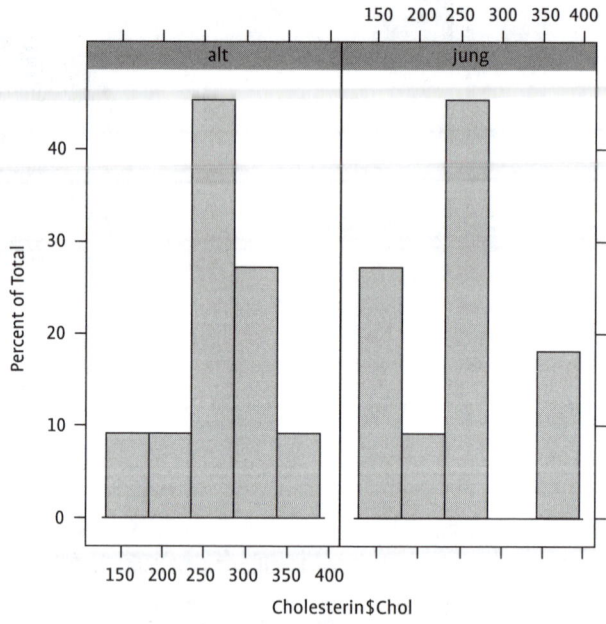

Abb. 4.3 Histogramme der Cholesterin-Werte aus Beispiel 4.3.2.

4.3.3 Statistische Kennzahlen

Stichproben mit metrischen Merkmalen lassen sich auch durch eine Reihe von Kennzahlen beschreiben. Die wichtigsten sind:

Lagemaße: Einen Eindruck von der Lage der Beobachtungen auf der Zahlengeraden geben

Minimum: $\text{Min} := \min\{x_1, \ldots, x_N\}$ (kleinster Wert der $x_1, \ldots, x_N$)

Maximum: $\text{Max} := \max\{x_1, \ldots, x_N\}$ (größter Wert der $x_1, \ldots, x_N$)

Mittelwert: $\bar{x} := \frac{1}{N} \sum_{i=1}^{N} x_i$

Median: Med, definiert durch: Ordne die Stichprobe der Größe nach,

- bei ungeradem N: der mittlere Wert (an Position $\frac{N+1}{2}$) in dieser Anordnung,
- bei geradem N: Das Mittel der beiden mittleren Werte (an Positionen $\frac{N}{2}$ und $\frac{N}{2} + 1$) in dieser Anordnung.

1. bzw. 3. Quartil: Zahlen Q_1 bzw. Q_3, für die gilt, dass (fast) genau $\frac{1}{4}$ bzw. $\frac{3}{4}$ aller Beobachtungen kleiner als diese Zahlen sind.

In R erhält man diese Werte mit dem Befehl `summary()`.

Streuungsmaße: Die folgenden Zahlen messen, wie sehr die Beobachtungen um einen Wert konzentriert sind. Kleine Werte bedeuten hohe Konzentration.

Varianz: $s^2 := \frac{1}{N-1} \sum_{i=1}^{N} (x_i - \bar{x})^2$, auch: s_x^2

Standardabweichung, Streuung: $s := \sqrt{s^2}$, auch: s_x

Interquartilabstand: $\text{IQR} := Q_3 - Q_1$

Varianz und Standardabweichung erhält man in R mit den Befehlen `var()` bzw. `sd()`, den Interquartilabstand mit dem Befehl `IQR()`.

Bemerkung 4.3.3 (Nichteindeutigkeit des Medians) Vereinfacht wird der Median oft als diejenige Zahl M erklärt, für die gleich viele Beobachtungen kleiner als M und größer als M sind. Das entspricht meistens unserer oben gegebenen Definition, aber nicht immer. Der Median der Stichprobe 1, 2, 3, 4, 5 ist auch mit dieser Festlegung gleich 3, aber für die Stichproben 1, 2, 3, 3, 4 und 1, 2, 3, 4 führt diese Festlegung zu keinem Ergebnis: Im ersten Fall gibt es keine Zahl, die die Forderung erfüllt, denn zu 3 gibt es zwei kleinere und eine größere Beobachtung, und zu jeder Zahl zwischen 2 und 3 gibt es zwei kleinere und drei größere Beobachtungen. Im zweiten Fall erfüllt jede Zahl M zwischen 2 und 3 die Bedingung, dass genau zwei Stichprobenelemente kleiner und genau zwei Stichprobenelemente größer als M sind. Die von uns benutzte Definition ergibt dagegen im ersten Fall eindeutig den Median 3 und im zweiten Fall eindeutig den Median 2.5.

Ganz ähnlich muss man auch die oben gegebene Definition der Quartile im Stil unserer Median-Definition präzisieren, wenn man diese Art von Ungenauigkeit vermeiden will.

Bemerkung 4.3.4 (Stichprobenvarianz und Populationsvarianz) Eigentlich sollten wir statt von der Varianz von der *Stichproben-Varianz* sprechen, d. h. von der aus beobachteten Daten berechneten Varianz einer Stichprobe. Aus Gründen, die hier nicht erörtert werden können, wird bei der Stichproben-Varianz durch $N - 1$, bei der sogenannten *Populationsvarianz* aber durch N dividiert. Bei der Populationsvarianz nimmt man an, dass das N sehr groß ist, sodass es praktisch keinen Unterschied macht, ob man durch $N - 1$ oder N dividiert.

Wir schauen uns an einem Beispiel an, wie einige dieser Werte mit R berechnet werden können.

Beispiel 4.3.5 (Fortsetzung von Beispiel 4.3.2) Bei der folgenden Auswertung unterscheiden wir nicht zwischen den Altersgruppen:

```
> summary(Cholesterin$Chol)
   Min. 1st Qu.  Median    Mean 3rd Qu.    Max.
  135.0   225.2   257.0   258.1   292.0   386.0

> var(Cholesterin$Chol)
[1] 4257.134

> sd(Cholesterin$Chol)
[1] 65.24672

> IQR(Cholesterin$Chol)
[1] 66.75
```

Beispiel 4.3.6 (Mittelwert und Streuung bei „0-1-Beobachtungen") Hat jede Beobachtung x_i den Wert 1 oder 0 (z. B. für Keimungserfolg „ja" oder „nein"), so ist der Mittelwert $\bar{x} = \frac{n_1}{N}$ gleich der relativen Häufigkeit der Erfolge und man rechnet leicht nach, dass

$$s^2 = \frac{1}{N-1}\left(N\bar{x}(1-\bar{x})^2 + N(1-\bar{x})\bar{x}^2\right) = \frac{N}{N-1}\bar{x}(1-\bar{x}).$$

Für große N kann man den Faktor $\frac{N}{N-1}$ vernachlässigen, da er dann sehr nahe bei 1 ist.

Bemerkung 4.3.7 (Boxplot) Eine sehr kompakte grafische Darstellung der wichtigsten Lagemaße und des Interquartilabstands erhält man mit einem *Boxplot* wie in Abbildung 4.4 (Befehl `boxplot()`), siehe auch Beispiel 4.4.1 und Abbildung 4.5. Der untere und obere Rand der Box markieren das 1. bzw. 3. Quartil, der Mittelstrich den Median. Die „Antennen" grenzen den Bereich ein, in dem die meisten übrigen Beobachtungen liegen: Der oberste Querstrich markiert die kleinste Beobachtung, die größer als Median + 1.5 IQR ist, wie es in Abbildung 4.4 der Fall ist; falls keine solche Beobachtung existiert, markiert er das Maximum aller Beobachtungen. Entsprechend markiert der unterste Querstrich die größte Beobachtung, die kleiner als Median − 1.5 IQR ist, bzw. wie in Abbildung 4.4 das Minimum aller Beobachtungen. Weiter außerhalb liegende Werte werden als *Ausreißer* bezeichnet und sind als kleine Kreise dargestellt.

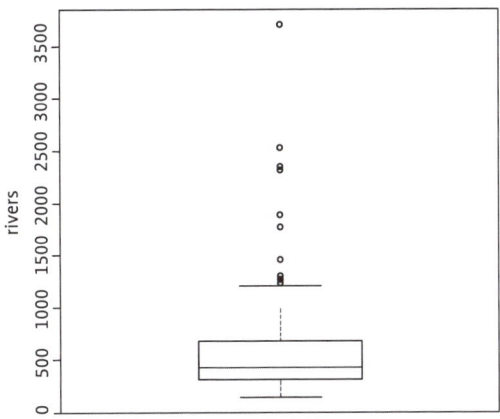

Abb. 4.4 Boxplot des Datensatzes `rivers`, der die Längen von 141 größeren Flüssen in Nordamerika enthält. Für weitere Erklärungen siehe Bemerkung 4.3.7.

4.4 Zweidimensionale Stichproben

Werden an N Versuchseinheiten jeweils 2 Merkmale x und y beobachtet, so nennt man die einzelnen *Paare* (x_i, y_i) von Merkmalswerten *Beobachtungen* und die Folge $(x_1, y_1), (x_2, y_2), \ldots, (x_N, y_N)$ *zweidimensionale Stichprobe vom Umfang N*. Entsprechend kann man auch drei- oder höherdimensionale Stichproben betrachten.

Zweidimensionale Stichproben mit metrischen Merkmalen lassen sich oft durch ein **Streudiagramm** darstellen (engl.: *scatter plot*). Man trägt einfach die Punkte mit den Koordinaten $(x_i | y_i)$ in ein Koordinatensystem ein.

Beispiel 4.4.1 (Venusmuscheln) Bei 15 Venusmuscheln wurde jeweils die Länge und Breite (in mm) gemessen.

Länge	530	517	505	512	487	481	485	479	452	468	459	449	472	471	455
Breite	494	477	471	413	407	427	408	430	395	417	394	397	402	401	385

Die Daten sind in Abbildung 4.5 mit R als *Streudiagramm* dargestellt. Man könnte einen schwachen linearen Zusammenhang zwischen den Längen und Breiten vermuten, der durch eine Gerade angedeutet wird. Die benutzte R-Anweisung `scatterplot()` liefert zugleich für beide Größen (Länge und Breite) je einen *Boxplot*.

Um in einer solchen Situation die Stärke eines eventuellen linearen Zusammenhangs zwischen den x_i und den y_i zu quantifizieren, benutzt man die **Kovarianz**[2] zwischen den beobachteten Merkmalen und den daraus abgeleiteten **Korrelationskoeffizienten**[3].

---

[2] Genauer: *Stichprobenkovarianz*, vergl. Bemerkung 4.3.4.
[3] Genauer: *Stichprobenkorrelationskoeffizient*, auch *Pearsonscher* Korrelationskoeffizient, vergl. Bemerkung 4.3.4.

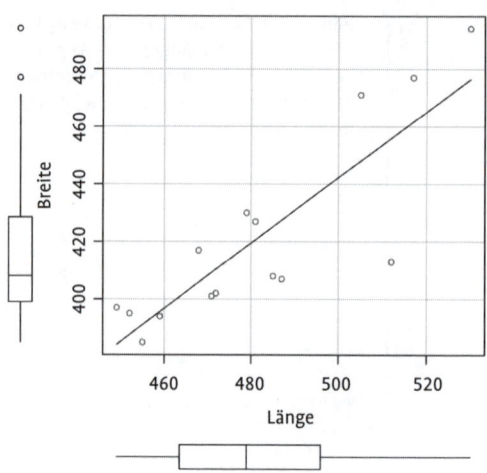

Abb. 4.5 Streudiagramm von Länge und Breite der 15 Venusmuscheln aus Beispiel 4.4.1.

Kovarianz: $\qquad s_{xy} := \frac{1}{N-1} \sum_{i=1}^{N} (x_i - \bar{x})(y_i - \bar{y})$

Korrelationskoeff.: $\quad r_{xy} := \frac{s_{xy}}{s_x \cdot s_y}$, wo s_x und s_y die Standardabweichungen der x_i bzw. y_i sind.

Man sieht sofort, dass in diesen Definitionen die Rollen von x und y vertauscht werden können, ohne dass die Werte sich ändern, also $s_{yx} = s_{xy}$ und $r_{yx} = r_{xy}$. Außerdem kann man zeigen:

- $-1 \le r_{xy} \le 1$
- $r_{xy} = 1$ genau dann, wenn alle Punkte (x_i, y_i) exakt auf einer Geraden mit Steigung $m > 0$ liegen, also $y_i = mx_i + b$ für alle Punkte (x_i, y_i) gilt.
- $r_{xy} = -1$ genau dann, wenn alle Punkte (x_i, y_i) exakt auf einer Geraden mit Steigung $-m < 0$ liegen, also $y_i = -mx_i + b$ für alle Punkte (x_i, y_i) gilt.
- Ist $r_{xy} \approx 0$, so besteht kein linearer Zusammenhang zwischen den x_i und y_i.

Beispiel 4.4.2 (Fortsetzung von Beispiel 4.4.1) Wir benutzen R, um im Beispiel der Venusmuscheln den Korrelationskoeffizienten und auch die Regressionssteigung (das ist die Steigung der Geraden in Abbildung 4.5) auszurechnen.

```
> cor(Muscheln)
         Laenge    Breite
Laenge  1.000000  0.849593
Breite  0.849593  1.000000
> lm(Breite~Laenge,data=Muscheln)

Coefficients:
(Intercept)        Laenge
  -127.129          1.139
```

Länge und Breite sind augenscheinlich stark positiv korreliert. (Wie groß die Korrelation sein muss, damit sie „stark" genannt werden kann, wird in Abschnitt 12.1 diskutiert.) Die Geradengleichung, die die Beobachtungspaare wie in Abbildung 4.5 am besten beschreibt, bestimmt R als

$$\text{Breite} = 1.139 \cdot \text{Laenge} - 127.129 \,.$$

Die mathematischen Überlegungen, die zu diesen Zahlen führen, werden im nächsten Abschnitt erläutert.

4.5 Lineare Regression

Gegeben seien nun Datenpaare $(x_1, y_1), \ldots, (x_N, y_N)$, die wie in Abbildung 4.5 als Punkte in der Ebene interpretiert werden. Gesucht ist eine Geradengleichung $y = f(x) = mx + b$, für die die Differenzen $y_i - f(x_i)$ möglichst klein werden, denn dann läuft die Gerade möglichst nahe an den Punkten vorbei. Genauer gesagt will man die Größe

$$S^2 = S^2(m, b) := \sum_{i=1}^{N} (y_i - f(x_i))^2 = \sum_{i=1}^{N} (y_i - m \cdot x_i - b)^2 \tag{4.1}$$

durch geschickte Wahl von m und b minimieren.[4] *Man beachte:* Die x_i und y_i sind keine Variablen sondern beobachtete Zahlwerte! Variabel sind in dieser Situation m und b. Abbildung 4.6 illustriert die Bedeutung dieser *Quadratsumme*.

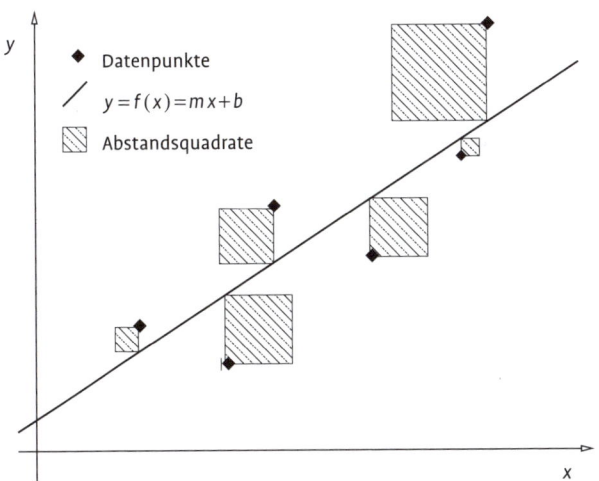

Abb. 4.6 Die Summe der quadratischen Abweichungen

---

4 „:=" bedeutet, dass der links davon stehende Ausdruck durch den rechts davon stehenden definiert wird.

Mit ein wenig Algebra (Scheitelpunktsbestimmung bei Parabeln) oder Differenzialrechnung (Bestimmung des Minimums einer Funktion ähnlich wie in Beispiel 3.2.2) kommt man nach einer etwas längeren Rechnung, die am Ende des Abschnitts nachgeliefert wird, zu folgender Lösung:

Methode der kleinsten Quadrate, lineare Regression:
$S^2 = S^2(m, b)$ wird durch folgende Wahl von $m = m_0$ und $b = b_0$ minimiert:

$$m_0 = r_{xy} \frac{s_y}{s_x}, \quad b_0 = \bar{y} - m_0 \bar{x}. \tag{4.2}$$

Der minimale Wert von S^2 ergibt sich als

$$S^2_{\min} = S^2(m_0, b_0) = (N-1)\, s_y^2 (1 - r_{xy}^2) \tag{4.3}$$

Dabei sind $\bar{x}$, s_x und $\bar{y}$, s_y die Mittelwerte und Standardabweichungen der x_i bzw. y_i (siehe Unterabschnitt 4.3.3), und r_{xy} ist der Korrelationskoeffizient.
Die durch $y = m_0 x + b_0$ gegebene Gerade heißt die **Regressionsgerade** zu den Beobachtungen $(x_1, y_1), \ldots, (x_N, y_N)$.

Dieses Ergebnis lässt schon vermuten, dass zwischen Korrelationskoeffizienten und linearer Regression ein enger Zusammenhang besteht: Wegen Gleichung (4.1) ist $S^2(m, b) = 0$ genau dann, wenn für alle Beobachtungspaare (x_i, y_i) gilt: $(y_i - m x_i - b)^2 = 0$, also $y_i = m x_i + b$. Das ist aber gerade dann der Fall, wenn alle Beobachtungspaare auf der Geraden mit Steigung m und y-Achsenabschnitt b liegen. Also ist $S^2_{\min} = S^2(m_0, b_0) = 0$ genau dann, wenn alle Beobachtungspaare auf der Regressionsgeraden $y = m_0 x + b_0$ liegen. Andererseits folgt aus Gleichung (4.3), dass $S^2_{\min} = 0$ genau dann, wenn $r_{xy}^2 = 1$, also wenn $r_{xy} = \pm 1$ ist. Also gilt, wie schon in Abschnitt 4.4 ohne Begründung angemerkt, dass der Korrelationskoeffizient r_{xy} genau dann gleich ± 1 ist, wenn alle Beobachtungspaare auf einer Geraden liegen.

Es besteht aber noch ein weiterer Zusammenhang: Man kann beim Verfahren der linearen Regression die Rolle der x_i und der y_i oft auch vertauschen: Anstatt, wie im Beispiel der Venusmuscheln, die Breite als Funktion der Länge aufzufassen, kann man genau so gut die Länge als Funktion der Breite auffassen. (Es gibt natürlich auch Sachzusammenhänge, wo das nicht sinnvoll ist.) Grafisch drückt sich das dadurch aus, dass alle Datenpunkte an der Hauptdiagonalen gespiegelt werden, siehe Abbildung 4.7. Nennt man die bisherige Regressionssteigung m_0 nun m_{xy} und diejenige, die man bei vertauschten Rollen von x und y erhält, m_{yx}, so folgt aus Gleichung (4.2)

$$m_{xy} \cdot m_{yx} = r_{xy} \frac{s_y}{s_x} \cdot r_{yx} \frac{s_x}{s_y} = r_{xy}\, r_{yx} = r_{xy}^2.$$

Nun könnte man erwarten, dass bei Spiegelung der Datenpunkte auch die beiden Regressionsgeraden durch Spiegelung ineinander übergehen. Das ist aber nicht der Fall! Denn die Regressionsgerade mit Steigung m_{yx} für x als Funktion von y geht durch Spiegelung in eine Gerade mit Steigung $\frac{1}{m_{yx}}$ über, und diese Steigung stimmt mit m_{xy} genau dann überein, wenn $m_{xy} \cdot m_{yx} = 1$. Das stimmt nach obiger Rechnung aber nur, wenn

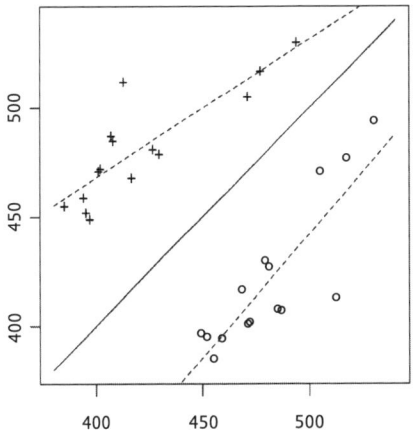

Abb. 4.7 Die Daten zu den Venusmuscheln, vergl. Abbildung 4.5. Die Kreise repräsentieren „x_i = Länge, y_i = Breite", und die Kreuze stellen die Daten mit vertauschten Rollen von x und y dar. Zu beiden Darstellungen ist die Regressionsgerade eingezeichnet. Man sieht, dass die beiden Geraden nicht symmetrisch zur Winkelhalbierenden liegen.

$r_{xy}^2 = 1$ ist, d. h. wenn alle Beobachtungspaare genau auf der Regressionsgeraden liegen. Wir halten deshalb fest:

Vertauschung der Rollen von x und y: Ist durch die gegebene Sachsituation nicht klar, ob y von x oder ob x von y abhängt, so sind $m = m_{xy}$ und $m = \frac{1}{m_{yx}}$ gleich gut begründete Werte in der approximativen Gleichung $y_i \approx mx_i + b$. Ist r_{xy}^2 nicht nahe bei 1, so sind diese beiden sehr unterschiedlich, und der durch die lineare Regression berechnete Wert von m wird sehr stark durch die willkürliche Wahl der „Abhängigkeit" (y als Funktion von x oder x als Funktion von y) beeinflusst.

Die Rechnungen zur linearen Regression: Wir erinnern uns an Abschnitt 3.4: Um das Minimum von $S^2(m, b) = \sum_{i=1}^{N}(y_i - mx_i - b)^2$ zu bestimmen, müssen die beiden partiellen Ableitungen $\frac{\partial S^2}{\partial b}$ und $\frac{\partial S^2}{\partial m}$ gleich null gesetzt werden. Die Berechnung der partiellen Ableitungen ist einfach:

$$\frac{\partial S^2}{\partial b}(m, b) = -2\sum_{i=1}^{N}(y_i - mx_i - b), \quad \frac{\partial S^2}{\partial m}(m, b) = -2\sum_{i=1}^{N}x_i(y_i - mx_i - b).$$

Also sind folgende Gleichungen nach m und b aufzulösen:

$$\frac{\partial S^2}{\partial b}(m, b) = 0 \iff \sum_{i=1}^{N}y_i - m\sum_{i=1}^{N}x_i = Nb \iff \bar{y} - m\bar{x} = b$$

$$\frac{\partial S^2}{\partial m}(m, b) = 0 \iff \sum_{i=1}^{N}x_iy_i - m\sum_{i=1}^{N}x_i^2 = b\sum_{i=1}^{N}x_i \iff \frac{1}{N}\sum_{i=1}^{N}x_iy_i - m\frac{1}{N}\sum_{i=1}^{N}x_i^2 = b\bar{x}$$

Bei beiden Gleichungen konnte im ersten Schritt der Faktor -2 entfallen, da er nichts daran ändert, ob der entsprechende Ausdruck gleich 0 ist oder nicht, und im zweiten Schritt wurden die Gleichungen durch N dividiert.

Die erste dieser beiden Gleichungen liefert bereits den gesuchten Wert $b = \bar{y} - m\bar{x}$ für b_0. Setzt man diesen Wert in die letzte Gleichung ein, so erhält man:

$$\frac{1}{N}\sum_{i=1}^{N} x_i y_i - m\frac{1}{N}\sum_{i=1}^{N} x_i^2 = (\bar{y} - m\bar{x})\bar{x} = \bar{x}\bar{y} - m\bar{x}^2$$

$$\Longleftrightarrow \frac{1}{N}\sum_{i=1}^{N} x_i y_i - \bar{x}\bar{y} = m \cdot \left(\frac{1}{N}\sum_{i=1}^{N} x_i^2 - \bar{x}^2\right) \qquad (4.4)$$

Nun sollen die Summen in der letzten Gleichung mit Hilfe der Größen r_{xy}, s_x und s_y ausgedrückt werden. Dazu nimmt man zunächst folgende Umformungen vor:

$$\frac{N-1}{N}s_{xy} = \frac{1}{N}\sum_{i=1}^{N}(x_i - \bar{x})(y_i - \bar{y}) = \frac{1}{N}\sum_{i=1}^{N} x_i y_i - \bar{x}\frac{1}{N}\sum_{i=1}^{N} y_i - \bar{y}\frac{1}{N}\sum_{i=1}^{N} x_i + \bar{x}\bar{y} = \frac{1}{N}\sum_{i=1}^{N} x_i y_i - \bar{x}\bar{y}$$

und

$$\frac{N-1}{N}s_x^2 = \frac{1}{N}\sum_{i=1}^{N}(x_i - \bar{x})^2 = \frac{1}{N}\sum_{i=1}^{N} x_i^2 - 2\bar{x}\frac{1}{N}\sum_{i=1}^{N} x_i + \bar{x}^2 = \frac{1}{N}\sum_{i=1}^{N} x_i^2 - \bar{x}^2 .$$

Setzt man diese beiden Gleichheiten in Gleichung (4.4) ein, so erhält man

$$\frac{N-1}{N}s_{xy} = m\frac{N-1}{N}s_x^2, \text{ also } s_{xy} = ms_x^2 ,$$

und dividiert man beide Seiten dieser Gleichung durch $s_x s_y$, so folgt $r_{xy} = \frac{s_{xy}}{s_x s_y} = m\frac{s_x}{s_y}$. Nach m aufgelöst liefert das den gesuchten Wert $m = r_{xy}\frac{s_y}{s_x}$ für m_0.

Es bleibt S_{min}^2 zu bestimmen:

$$S_{min}^2 = S^2(m_0, b_0)$$

$$= \sum_{i=1}^{N}(y_i - m_0 x_i - b_0)^2 = \sum_{i=1}^{N}(y_i - m_0 x_i - (\bar{y} - m_0\bar{x}))^2 = \sum_{i=1}^{N}((y_i - \bar{y}) - m_0(x_i - \bar{x}))^2$$

$$= \sum_{i=1}^{N}(y_i - \bar{y})^2 - 2m_0\sum_{i=1}^{N}(y_i - \bar{y})(x_i - \bar{x}) + m_0^2\sum_{i=1}^{N}(x_i - \bar{x})^2$$

$$= (N-1)s_y^2 - 2r_{xy}\frac{s_y}{s_x}(N-1)s_{xy} + r_{xy}^2\frac{s_y^2}{s_x^2}(N-1)s_x^2 = (N-1)(s_y^2 - 2r_{xy}r_{xy}s_y^2 + r_{xy}^2 s_y^2)$$

$$= (N-1)s_y^2(1 - r_{xy}^2)$$

4.6   Allometrie

Im Beispiel 4.4.1 der Venusmuscheln wurde eine zweidimensionale Stichprobe betrachtet, in der die Merkmale, Länge und Breite einer Muschel, beide Längenangaben sind, sodass ein linearer Zusammenhang nicht wirklich überraschte. Anders sieht das aus, wenn man an einer Versuchseinheit z.B. Körpergröße L und Masse M (umgangssprachlich:

Gewicht) misst. Diese beiden Größen stehen oft in einem engen funktionalen Zusammenhang, der so aussehen sollte: Bezeichnet man das Volumen des Körpers mit V und seine Dichte (d. h. Masse pro Volumeneinheit) mit ϱ, so sollte V proportional zu L^3 (d. h. $V = cL^3$ mit einer *Proportionalitätskonstante c*)[5] und $M = \varrho V$ sein, also

$$M = c\varrho L^3 . \tag{4.5}$$

Durch Logarithmieren führt das auf den linearen Zusammenhang

$$\log_{10} M = 3 \log_{10} L + \log_{10}(c\varrho) .$$

(Statt des Zehnerlogarithmus hätte man, aus mathematischer Sicht, an dieser Stelle auch jeden anderen Logarithmus benutzen können.) Ein *Potenzgesetz* zwischen verschiedenen Messgrößen wie Gleichung (4.5) wird in der Biologie als *Allometrieformel* bezeichnet.

Vermutet man allgemeiner einen Zusammenhang $M = aL^q$, so führt das entsprechend auf

$$\log_{10} M = q \log_{10} L + \log_{10} a, \tag{4.6}$$

sodass man q und $\log_{10} a$ durch lineare Regression an den logarithmierten Messwerten der Stichprobe bestimmen kann. Das wird im folgenden Beispiel erläutert.

Beispiel 4.6.1 (Bachforellen) Von 10 Bachforellen wurden die Masse M (in g) und die Länge L (in mm) bestimmt:

L	140	160	180	200	220	240	260	280	300	320
M	31	45	52	79	122	174	184	210	263	360

(Diese Daten sind [10, Kapitel 2, Bsp. 2.8] entnommen.) Die Längendaten sind nicht nur sehr stark gerundet. Auch die Auswahl der in die Messung eingegangenen Forellen ist nicht zufällig, da aus jeder Längenklasse genau ein Fisch in die Untersuchung eingeht. Abbildung 4.8 zeigt ein Streudiagramm der Originaldaten und ein Streudiagramm der logarithmierten Daten. Mit R erhält man für den y-Achsenabschnitt (Intercept) und die Steigung der Regressionsgeraden zu den logarithmierten Daten

```
Coefficients:
  (Intercept)   log10(Laenge)
       -4.899          2.967
```

Das führt auf

$$\log_{10}(\text{Masse}) \approx 2.967 \cdot \log_{10}(\text{Länge}) - 4.899 ,$$

---

[5] Beispiele für diese Proportionalität sind: a) Eine Kugel mit Radius r hat Durchmesser $L = 2r$ und Volumen $V = \frac{4}{3}\pi r^3 = \frac{\pi}{6}L^3$. Die Proportionalitätskonstante ist $c = \frac{\pi}{6}$. b) Eine Konservendose mit Bodendurchmesser L, die eineinhalbmal so hoch wie der Durchmesser ist, hat Volumen $V = \pi\left(\frac{L}{2}\right)^2 \cdot \frac{3}{2}L = \frac{3}{8}\pi L^3$. Hier ist $c = \frac{3}{8}\pi$.

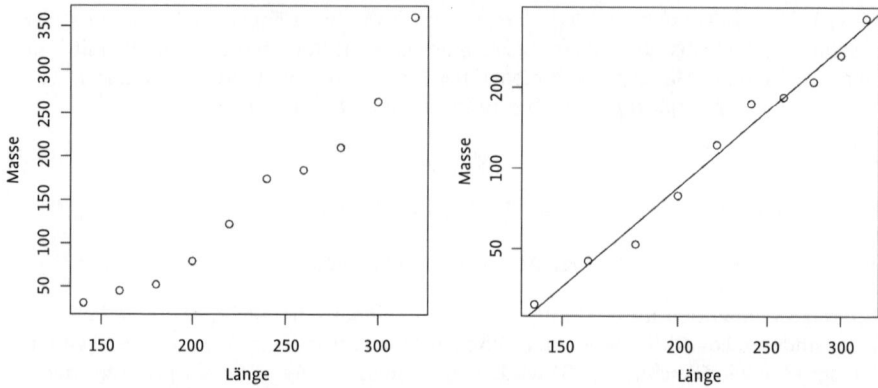

Abb. 4.8 *Links:* Das Streudiagramm der Bachforellendaten. *Rechts:* Die logarithmierten Bachforellendaten mit Regressionsgerade.

also

$$\text{Masse} \approx 10^{-4.899} \cdot \text{Länge}^{2.967} \,. \tag{4.7}$$

Vergleicht man das mit Gleichung (4.6), so stimmt der Wert 2.967 sehr gut mit dem theoretisch erwarteten $q = 3$ überein. Schließlich zeigt Abbildung 4.9 noch einmal die Originaldaten, jetzt aber zusammen mit der durch Gleichung (4.7) gegebenen Kurve. Zum Vergleich ist auch die Regressionsgerade der Originaldaten gestrichelt eingezeichnet. Beide Kurven nähern die Daten relativ gut an, aber die Tatsache, dass der Exponent 2.967 in Gleichung (4.7) sehr gut mit unserer Erwartung $q = 3$ übereinstimmt (siehe obige Diskussion), bestärkt uns in der Annahme, dass die Allometrie und nicht ein einfacher linearer Zusammenhang hier das richtige Modell ist.

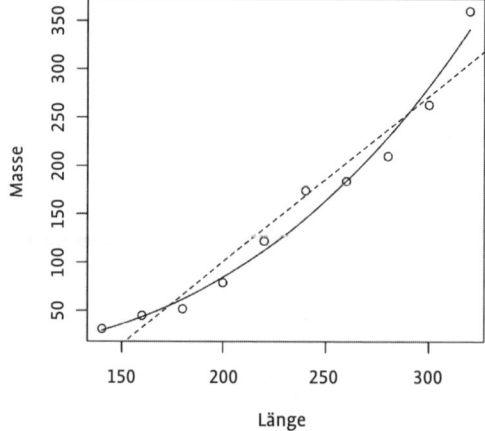

Abb. 4.9 Die (unlogarithmierten) Bachforellendaten mit der angepassten Kurve aus Gleichung (4.7) (und der Regressionsgeraden für die unlogarithmierten Daten zum Vergleich).

> **Allometrie zweier Größen x und y:**
> - Modell: $y = a \cdot x^q$
> - Doppelt logarithmische Transformation führt auf linearen Zusammenhang
>
> $$\log y = q \cdot \log x + \log a$$

Liegen Daten mit allometrischem Zusammenhang vor, so kann man deshalb q und $\log a$ durch lineare Regression aus den logarithmierten Daten schätzen: q erhält man als Steigung, und bezeichnet man den geschätzten y-Achsenabschnitt mit b, so ist $\log a = b$, also $a = e^b$.

Hier sind weitere Beispiele für Allometrie:

- Bei vielen Säugetieren, von der Maus bis zum Elefanten, wird der *Grundumsatz* (= Sauerstoffverbrauch pro Tag) y (in Kilokalorien) in Abhängigkeit vom Körpergewicht x (in kg) recht gut durch $y = 87 \cdot x^{0.75}$ beschrieben.
- Bei Antilopenarten hat man für die Länge y des Oberarmknochens (in mm) in Abhängigkeit von seiner Breite x (in mm) die Potenzfunktion $y = 24 \cdot x^{0.86}$ gefunden.
- Für viele Gattungen hat man festgestellt: Es gibt positive Konstanten c und k, sodass zwischen der Größe x eines Siedlungsgebiets und der Anzahl y der dort siedelnden Arten der Gattung der Zusammenhang $y = c \cdot x^k$ besteht.

4.7 Fragen und Aufgaben

1. Seien *ACGAT* und *CAGGTA* zwei Nukleotid-Sequenzen. Bestimmen Sie die Vergleichsmatrix dieser beiden Sequenzen (äußeres Produkt wie in Beispiel 4.1.2).
2. Bei einer Untersuchung an einer Kohorte von Mäusen werden Gewicht (in g) und das Geschlecht erfasst. Was sind hier die Stichprobenelemente, von welcher Art sind die erfassten Merkmale und was sind die Merkmalsausprägungen?
3. Wie stellen Sie die Stichprobe aus der vorherigen Aufgabe grafisch dar?
4. Bestimmen Sie (per Hand!) Mittelwert und Median der folgenden Stichprobe: 2, 9, 7, 2, 1, 4, 3.
5. Eine zweidimensionale Stichprobe weist einen Korrelationskoeffizienten von −0.5 auf. Welches Aussehen erwarten Sie vom Streudiagramm der Stichprobe? Wie interpretieren Sie das?
6. Formen Sie den am Ende von Abschnitt 4.6 beschriebenen allometrischen Zusammenhang $y = 87 \cdot x^{0.75}$ zwischen Körpergewicht und Grundumsatz bei Säugetieren in eine lineare Gleichung um.

Antworten:

1) Die Vergleichsmatrix ist $\begin{pmatrix} 0 & 1 & 0 & 0 & 0 & 1 \\ 1 & 0 & 0 & 0 & 0 & 0 \\ 0 & 0 & 1 & 1 & 0 & 0 \\ 0 & 1 & 0 & 0 & 0 & 1 \\ 0 & 0 & 0 & 0 & 1 & 0 \end{pmatrix}$.

2) Stichprobenelemente: Paare aus Gewicht und Geschlecht; Merkmale: Gewicht (metrisch) und Geschlecht (nominal); Ausprägungen: Dezimalzahl (Gewicht), „m" oder „w" (Geschlecht).

3) Die Größe als Histogramm, das Geschlecht als Balkendiagramm o.ä.

4) Mittelwert: 4, Median: 3

5) Die Beobachtungspaare im Streudiagramm liegen zwar nicht auf einer Geraden, aber sie gruppieren sich deutlich um eine Gerade mit negativer Steigung. Die Daten weisen die folgende Tendenz auf: „Je größer der erste Merkmalswert einer Beobachtung, desto kleiner ist der zweite."

6) $\log y = 0.75 \cdot \log x + \log 87$.

5 Wachstumsmodelle: unbeschränktes Wachstum

Die Modellierung von Wachstumsprozessen ist ein zentrales Thema der mathematischen Biologie. Im Mittelpunkt dieses Kapitels stehen die Modelle für exponentielles Wachstum – in diskreter und in stetiger Zeit. An ihnen wird auch dargestellt, wie Vorgänge in der Natur durch Differenzialgleichungen modelliert und wie solche Modelle an reale Daten angepasst werden. Das Kapitel endet mit der Bestimmung von Verdopplungs- und Halbwertzeiten.

5.1 Lineares Wachstum

Beispiel 5.1.1 (Wachstum von Sonnenblumen) Um das Wachstum von Sonnenblumen in Abhängigkeit vom Alter (in Tagen) zu studieren, wurde die Pflanzenhöhe (in cm) in regelmäßigen Zeitabständen gemessen. Zwischen dem 14. und dem 49. Tag ergab sich das in Abbildung 5.1 dargestellte Bild.

Tag	Höhe
14	36.4
21	67.8
28	98.1
35	131.0
42	169.5
49	205.5

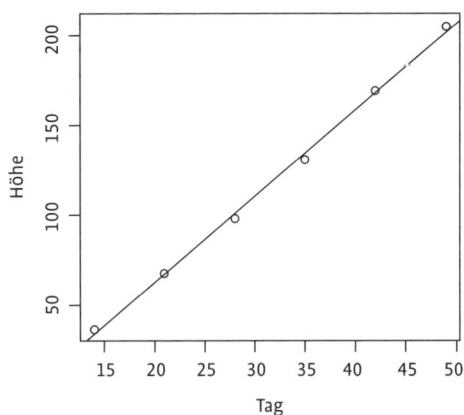

Abb. 5.1 Die Sonnenblumendaten zusammen mit ihrer Regressionsgeraden

Es drängt sich ein linearer Zusammenhang der Form

$$\text{Höhe} \approx f(\text{Tag}) = m \cdot \text{Tag} + b$$

auf, und lineare Regression mit R liefert die Werte $m = 4.831$ und $b = -34.114$.

Dabei ist m ist gerade der Höhenzuwachs pro Tag und b die Höhe am Tag 0. Die sollte bei einer Pflanze natürlich nicht negativ sein! Trotzdem nehmen wir b mit in unser mathematisches Modell auf und müssen die Kopfschmerzen, die ein negatives b uns bereitet, bei der Interpretation der Zahlen berücksichtigen. Zunächst einmal zwei allgemeine Vorbemerkungen:

1. Die Daten wurden mit einer Genauigkeit von drei Dezimalstellen eingegeben. Mehr Dezimalstellen sollten wir dann auch nicht für m und b angeben: $m = 4.83$, $b = -34.1$.
2. Die Messwerte liegen, wie nicht anders zu erwarten, nicht genau auf der Geraden. Das liegt daran, dass, obwohl das lineare Modell für das Höhenwachstum im beobachteten Zeitraum recht gut zu passen scheint, zufällige Wachstumsschwankungen und Messungenauigkeiten zu Abweichungen von diesem Modell führen. Diese Ungenauigkeiten übertragen sich aber auf die berechneten Werte von m und b. Eine Theorie, die nicht nur Zahlenwerte für m und b liefert, sondern auch quantitativ erfasst, wie groß die von den Messwerten h_i „geerbte" Ungenauigkeit ist, wird in Kapitel 12 präsentiert.

Welche Schlüsse kann man nun aus diesem Ergebnis ziehen und welche nicht:

- Sonnenblumen (der betrachteten Art) wachsen zwischen dem 14. und 49. Tag ca. 4.8 cm pro Tag.
- Ihre Höhe genügt (ungefähr) der Formel $h(t) = 4.83 \cdot t - 34.11$ für $14 \le t \le 49$. In diesem Zeitraum stört das negative b also nicht.
- Außerhalb dieses Zeitraumes ist die Formel sicher nicht richtig. Sonst wäre z. B. die Höhe am fünften Tag gleich $h(5) = -9.96$ cm, also negativ – ein absurdes Resultat. Und nach 100 Tagen wäre die Höhe gleich $h(100) \approx 450$ cm, nicht ganz so absurd, aber doch völlig unrealistisch, denn in der Natur gibt es kein unbegrenztes Wachstum!

Lineares Wachstum einer in der Zeit veränderlichen Größe $h = h(t)$ liegt vor, falls

$$h(t) = m \cdot t + b \,. \tag{5.1}$$

5.2   Exponentielles Wachstum – diskrete Zeit

Mit Beispiel 1.1.1, in dem es um das Wachstum einer Bakterienkultur ging, haben wir schon eine Situation kennengelernt, in der sicher kein lineares Wachstum vorliegt, da die Datenpunkte nicht auf einer Geraden liegen. Hier ist ein weiteres Beispiel:

Beispiel 5.2.1 (Bevölkerungswachstum der USA von 1790 bis 1890)
Die Daten über das Bevölkerungswachstum der USA zwischen 1790 und 1890 sind in Abbildung 5.2 dargestellt. Wie im Fall der Bakterienkultur ist das Wachstum auch hier deutlich stärker als linear.

Die folgenden Überlegungen zur Modellierung von Populationswachstum sollen helfen, die dahinter stehenden Wachstumsgesetze zu verstehen. Bezeichne x_t die Größe

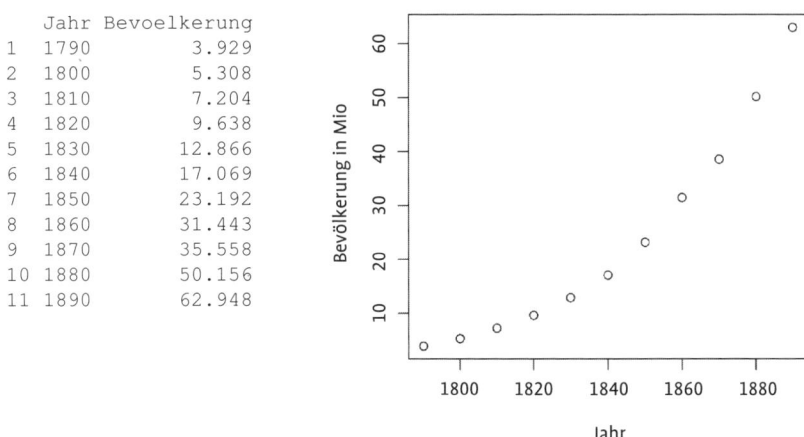

	Jahr	Bevoelkerung
1	1790	3.929
2	1800	5.308
3	1810	7.204
4	1820	9.638
5	1830	12.866
6	1840	17.069
7	1850	23.192
8	1860	31.443
9	1870	35.558
10	1880	50.156
11	1890	62.948

Abb. 5.2 Bevölkerungswachstum der USA zwischen 1790 und 1890 (in Mio.)

einer Population zur Zeit t. Dabei kann t in Stunden gemessen werden (wie bei der Bakterienkultur), in Jahren (wie beim Wachstum der US-Bevölkerung) oder in jeder anderen Zeiteinheit. Für die nun folgenden theoretischen Überlegungen spielt das keine Rolle; nur bei der späteren Interpretation der Ergebnisse (insbesondere wenn man mehrere Populationen vergleichen will) muss man die betrachtete Zeitskala natürlich berücksichtigen!

Ein allgemeiner Ansatz für ein Wachstumsmodell mit *diskreter Zeit*, d. h. bei dem der Zeitparameter t die Werte $t = 0, 1, 2, \ldots$ durchläuft, ist

$$x_{t+1} = x_t + Z(x_t) . \tag{5.2}$$

Das heißt, der Zuwachs $Z(x_t)$ der Population zwischen den Zeiten t und $t + 1$ hängt über eine Funktion Z von der Populationsgröße x_t zum Zeitpunkt t ab. Man beachte aber, dass der Zuwachs nicht explizit von der Zeit t abhängt. Ist z. B. $x_3 = 100$ und $Z(100) = 10$, so ist der Zuwachs $x_4 - x_3 = 10$. Ist nun später z. B. auch $x_{35} = 100$, so ist auch der Zuwachs $x_{36} - x_{35} = 10$. Dieses Modell erfasst also keine „Alterung" des Systems oder andere sich mit der Zeit ändernde Faktoren, die Einfluss auf das Populationswachstum haben.

Die einfachste Wahl von $Z(x)$, nämlich $Z(x) = m$ völlig unabhängig von x, wurde bereits in Abschnitt 5.1 betrachtet. Sie führt auf lineares Wachstum $x_{t+1} = x_t + m$, denn bei diesem Modell ist ja $x_{t+1} = m(t + 1) + b = (mt + b) + m = x_t + m$.

Die nächsteinfache Wahl ist $Z(x) = p \cdot x$ mit einem festen Faktor p. Dann ist

$$x_{t+1} = x_t + p x_t = (1 + p) \cdot x_t . \tag{5.3}$$

Wählt man z. B. $p = 0.05$, so erhält man $x_{t+1} = 1.05 \cdot x_t$ und modelliert damit eine jährliche Bevölkerungszunahme von 5%.

Wendet man Gleichung (5.3) wiederholt für $t = 0, 1, 2, \ldots$ an, so kann man die Werte für x_t sukzessive jeweils aus dem vorherigen Wert berechnen, wenn x_0 bekannt ist:

$$x_1 = (1 + p) \cdot x_0$$
$$x_2 = (1 + p) \cdot x_1 = (1 + p)^2 \cdot x_0$$
$$x_3 = (1 + p) \cdot x_2 = (1 + p)^3 \cdot x_0$$

$$\vdots \qquad \vdots \qquad \vdots$$

$$x_t = (1 + p) \cdot x_{t-1} = (1 + p)^t \cdot x_0$$

$$\vdots \qquad \vdots \qquad \vdots$$

Wir erhalten also für x_t folgende geschlossene Formel: [1]

Exponentielles Wachstum in diskreter Zeit

$$x_t = (1 + p)^t \cdot x_0 \qquad (t = 0, 1, 2, \ldots) \tag{5.4}$$

Logarithmiert man beide Seiten dieser Gleichung und wendet man die Rechenregeln für Logarithmen an, so folgt daraus

$$\ln x_t = t \cdot \ln(1 + p) + \ln x_0 \,.$$

Bezeichnet man nun mit $y_t := \ln x_t$ die logarithmisch transformierte Populationsgröße, so wird diese Gleichung zu

$$y_t = \ln(1 + p) \cdot t + y_0 \,.$$

Die Größe y_t genügt (als Funktion von t) daher einer Geradengleichung mit Steigung $\ln(1+p)$ und y-Achsenabschnitt y_0. Wenn sich also sowohl die Bakterien als auch die US-Bevölkerung (in den jeweils beobachteten Zeiträumen) gemäß dieses einfachen Modells entwickelt haben, dann sollte man das den logarithmisch transformierten Daten ansehen können.

Bemerkung 5.2.2 Hier wurde der natürliche Logarithmus benutzt, weil er später, bei der Modellierung in stetiger Zeit, die offensichtliche erste Wahl ist und daher auf diese Weise die Vergleichbarkeit der beiden Modelle am besten gewährleistet ist.

Beispiel 5.2.3 (Bakterienkultur, Fortsetzung von Beispiel 1.1.1) Wir überprüfen zunächst an den Bakterien aus Beispiel 1.1.1, ob tatsächlich exponentielles Wachstum vorliegt. Trägt man die Populationsgröße auf einer logarithmierten Achse ab, so erhält man Abbildung 5.3. Das Ergebnis ist eindeutig: Während des Beobachtungszeitraums $t = 0, 1, \ldots, 8$ gilt für die Populationsgröße x_t recht exakt

$$\ln x_t = y_t = 0.642 \cdot t \,.$$

---

[1]   Bei den meisten anderen Zuwachsfunktionen Z findet man keinen so einfachen Ausdruck für x_t!

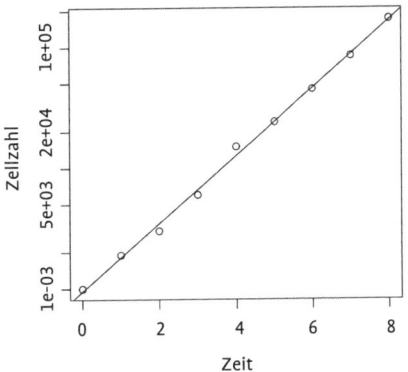

Abb. 5.3 Die Bakteriendaten aus Beispiel 1.1.1 in logarithmischer Darstellung. Auf der y-Achse sind die echten Populationsgrößen angetragen, nur die Achse ist logarithmisch transformiert. Die Gleichung der Regressionsgeraden lautet $\ln x_t = y_t = 0.642 \cdot t$.

Wendet man auf beide Seiten dieser Gleichung die Exponentialfunktion an (Umkehrfunktion des natürlichen Logarithmus!), so folgt unter Beachtung der Potenzrechengesetze

$$x_t = e^{0.642 \cdot t} = \left(e^{0.642} \right)^t = 1.9^t . \tag{5.5}$$

Man beobachtet also exponentielles Wachstum mit einer (explosiven!) Wachstumsrate von 90% je Stunde. Aber Achtung: Beim Start mit nur 1000 Zellen zur Zeit 0 ergäbe sich schon nach 72 Stunden die völlig unrealistische Zahl von über 10^{23} Zellen und wir sehen wieder, dass man dieses Modell nicht beliebig weit in die Zukunft extrapolieren kann.

Auch das US-Bevölkerungswachstum zwischen 1790 und 1890 passt in dieses Modell, wie man in Abbildung 5.4 sehen kann. Wir bemerken noch, dass man Gleichung (5.4) ebenso gut mit dem Zehnerlogarithmus transformieren kann. Im allgemeinen Fall eines Modells $x_t = a \left(1 + p \right)^t$ führt das auf folgende Rechnung:

$$\log_{10} x_t = \log_{10} a + t \log_{10} \left(1 + p \right) . \tag{5.6}$$

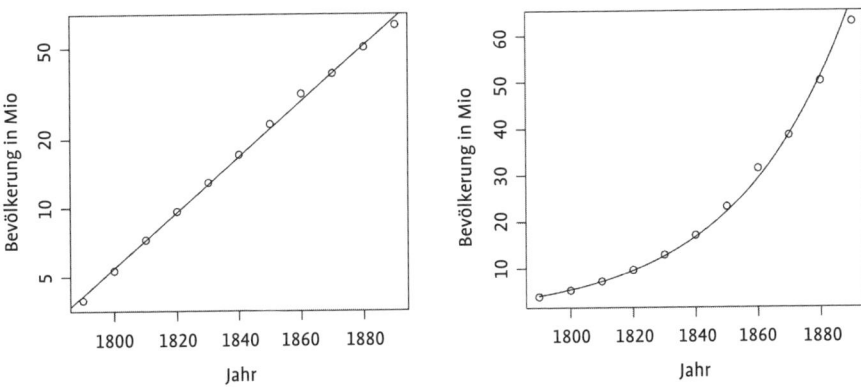

Abb. 5.4 Logarithmierte US-Bevölkerungsdaten mit Regressionsgerade und das entsprechende rücktransformierte Bild

Wendet man nun auf die logarithmierten Daten (bei nicht logarithmierter Zeit!) lineare Regression an, so erhält man Zahlen A und B, die eine Regressionsgerade $\log_{10} x_t = A + B \cdot t$ bestimmen. Vergleich mit Gleichung (5.6) liefert für die ursprünglichen Parameter a und p: $B = \log_{10}(1 + p)$, d. h. $p = 10^B - 1$, und $A = \log_{10} a$, d. h. $a = 10^A$, sodass schließlich

$$x_t = 10^{A + B \cdot t} .$$

In R bietet es sich immer dann an, mit dem Zehner-Logarithmus zu transformieren, wenn man für die grafische Darstellung der Daten eine oder beide Achsen logarithmisch skaliert, denn dazu verwendet R intern den Zehnerlogarithmus, und wenn man später z. B. eine Regressionsgerade der logarithmierten Daten hinzufügen möchte, muss die mit demselben Logarithmus berechnet worden sein – sonst „passt sie nicht ins Bild".

Für die Entwicklung der US-Bevölkerung zwischen 1790 und 1890 erhält man übrigens den Schätzwert $B = 0.01208$ und daher $p = 10^{0.01208} - 1 = 0.0282 = 2.82\%$. Das ist die jährliche prozentuale Wachstumsrate.

5.2.1   Modellwahl

Schauen wir nun noch einmal auf die Daten zum Bakterienwachstum. Wie man in Abbildung 5.5 sieht, passt sich außer der in Gleichung (5.5) durch lineare Regression gewonnen Kurve $f(t) = 1 \cdot (1 + 0.90)^t$ z. B. auch die Kurve $g(t) = 0.011 \cdot t^{4.65} + 3.67$ im Beobachtungszeitraum recht gut den Daten an. Für das Auge ist die Güte der beiden Approximationen an die beobachteten Daten kaum zu unterscheiden, aber das Exponentialmodell hat den Vorteil, dass es aus einfachen theoretischen Überlegungen unabhängig von den konkreten Beobachtungen zu begründen ist. Darüber hinaus können die beiden Konstanten 1000 und 0.90 im Exponentialmodell, anders als bei der Anpassung durch die Kurve $g(t)$, sinnvoll *interpretiert* werden, vergleiche Gleichung (5.4):

- 1000 ist die Populationsgröße zur Zeit $t = 0$.
- 0.90 ist die Wachstumsrate pro Zeiteinheit (hier pro Stunde) der Population.

Diese Überlegungen bieten aber keine Gewähr, dass das Exponentialmodell tatsächlich das angemessene ist. Manchmal hilft es bei der Beurteilung verschiedener Modelle, die

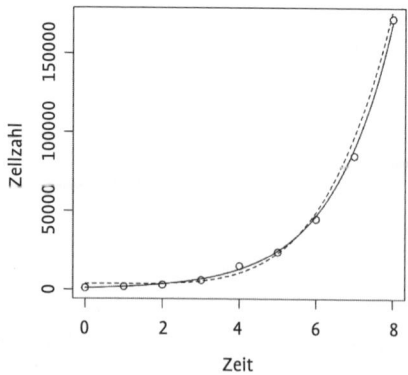

Abb. 5.5 Zwei Kurven, die die Daten zum Bakterienwachstum recht gut approximieren. Die durchgezogene Kurve $f(t) = 1000 \cdot (1+0.90)^t$ wurde durch lineare Regression an den logarithmierten Daten gewonnen, die gestrichelte Kurve $g(t) = 11 \cdot t^{4.65} + 3670$ wurde auf andere Weise angepasst.

Entwicklung der Population mit Hilfe der gewonnenen Gleichungen über den Messzeitraum hinaus zu extrapolieren und „mit gesundem Menschenverstand" Modelle zu verwerfen, die offensichtlich unsinnige Vorhersagen machen. Man stellt fest, dass in diesem Fall das Exponentialmodell zu einer recht unrealistischen „Explosion" der Population führt: Die Zahl der Bakterien nach einer Woche wäre $6.77 \cdot 10^{49}$. (Zum Vergleich, die Avogadro-Konstante ist ca. $6.02 \cdot 10^{23}$.) Müssen wir das Modell deshalb doch verwerfen? Oder sind unsere obigen Überlegungen, die auf dieses Modell geführt haben, nur für noch nicht zu große Populationen gültig? Antworten darauf gibt es im nächsten Kapitel.

5.2.2 Quadratische Abweichung

Ein an den Daten orientiertes Kriterium für den Vergleich zweier Modelle ist der Vergleich der beiden minimalen Quadratsummen, die messen, wie sehr die Daten von den beiden angepassten Kurven abweichen. Im Fall des Bakterienwachstums berechnet man für die Kurven $f(t)$ und $g(t)$ aus Abbildung 5.5:

$$S_f^2 = \sum_{t=0}^{8} (x_t - f(t))^2 = 33.68 \cdot 10^6 , \quad S_g^2 = \sum_{t=0}^{8} (x_t - g(t))^2 = 233.08 \cdot 10^6 .$$

Diese Werte legen ebenfalls die Wahl des Exponentialmodells nahe.

Ein Vergleich von S_f^2 und S_g^2 ist aber nur dann wirklich sinnvoll, wenn, wie in diesem Fall, in beiden Modellen etwa die gleiche Zahl von Parametern (hier: zwei bzw. drei) angepasst werden können. Würde man z. B. ein weiteres Modell mit 9 oder mehr Parametern zum Vergleich heranziehen, so würde man in der Regel feststellen – egal wie das Modell im Einzelnen aussieht und wie gut es theoretisch begründet ist – dass die Kurve bei geeigneter Wahl der Parameter exakt durch alle Datenpunkte geht. In der Tat kann man zu jeweils $n + 1$ Datenpunkten ein Polynom vom Grad n (d. h. mit n als höchster Potenz) finden, das genau durch alle Datenpunkte geht. Ein Beispiel dafür sieht man in Abbildung 5.6, wo ein Polynom präzise durch alle Datenpunkte des Bakterienwachstums läuft. Man kann dieser Kurve natürlich keinerlei brauchbare Information über das Wachstumsverhalten entnehmen.

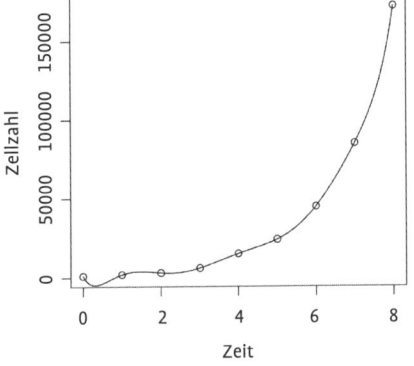

Abb. 5.6 Ein Polynom 8. Grades, das durch alle Datenpunkte der Bakterienwachstumsdaten aus Beispiel 5.2.3 läuft. (Es ist das Polynom $P(t) = 1000 - 45575\,t + 115267.6\,t^2 - 108666\,t^3 + 51507.4\,t^4 - 13457.64\,t^5 + 1970.208\,t^6 - 151.3889\,t^7 + 4.756944\,t^8$.)

5.3   Exponentielles Wachstum – stetige Zeit

5.3.1   Von diskreter zu stetiger Zeit

Bei der Erfassung des US-Bevölkerungswachstums in Beispiel 5.2.1 war die Wahl des Zehn-Jahres-Abstands zwischen zwei aufeinanderfolgenden Beobachtungen recht willkürlich. Vielleicht war sie durch praktische Erwägungen diktiert – auf jeden Fall hat sie nichts mit der tatsächlichen Bevölkerungsentwicklung zu tun, denn die läuft nicht in diskreten Sprüngen ab, sondern vollzieht sich eher kontinuierlich. Gleiches gilt natürlich auch für das Bakterienwachstum, das jetzt unter diesem Aspekt etwas näher betrachtet werden soll.

Durch lineare Regression der logarithmierten Zellzahl $\ln(x_t)$ hatten wir die folgende approximative Gleichung für das Bakterienwachstum erhalten, siehe Gleichung (5.5):

$$x_t = 1000 \cdot e^{0.642t} = 1000 \cdot 1.9^t$$

Der Faktor 1000 rührt daher, dass die Zellzahl in Tausend angegeben war. Die Wachstumsrate pro Stunde betrug also ca. 90%. Nichts scheint näher zu liegen, als daraus zu schließen, dass die Wachstumsrate pro Minute $\frac{90}{60}\% = 1.5\%$ beträgt. Aber ist das richtig? Ein Gedankenexperiment soll darauf die Antwort geben: Eine Population, die pro Minute um 1.5% wächst, hat gemäß Formel (5.4) nach 60 Minuten die Größe $x_0 \cdot (1.015)^{60} = x_0 \cdot 2.443$, also viel mehr als $x_0 \cdot 1.9$, was sich aus der Wachstumsrate von 90% pro Stunde ergibt. [2] Geht man ganz entsprechend von einer Wachstumsrate *pro Sekunde* von $\frac{90}{3600} = 0.025\%$ aus, so sollte die Population nach einer Stunde die Größe $x_0 \cdot 1.00025^{3600} = 2.4593$ haben, was schon erstaunlich nahe bei $e^{0.9} = 2.4596$ liegt. Und das ist kein Zufall!

Um diesen Effekt auch theoretisch besser verstehen zu können, bezeichnen wir mit p die Wachstumsrate pro Zeiteinheit ($p = 0.9$ im obigen Beispiel) und unterteilen die Zeiteinheit (1 Stunde im obigen Beispiel) in n Zeitintervalle ($n = 60$ im obigen Beispiel). Gemäß obiger naiver Überlegung wäre die Wachstumsrate pro kurzem Zeitintervall gleich $\frac{p}{n}$ und die Population nach Ablauf einer Zeiteinheit die Größe $x_0 \cdot (1 + \frac{p}{n})^n$. Dieser Ausdruck ähnelt sehr der Approximation $(1 + \frac{1}{n})^n$ für die Eulersche Zahl e Aus Abschnitt 2.1. In der Tat erhält man durch einfache Umformungen

$$\left(1 + \frac{p}{n}\right)^n = \left(1 + \frac{1}{\frac{n}{p}}\right)^{\frac{n}{p} \cdot p} = \left[\left(1 + \frac{1}{N}\right)^N\right]^p$$

wenn man $N = \frac{n}{p}$ setzt. Wird nun n – und damit auch N – sehr groß, so strebt der Ausdruck in eckigen Klammern gegen e, und damit geht

$$\left(1 + \frac{p}{n}\right)^n \rightarrow e^p \quad \text{wenn } n \rightarrow \infty.$$

Wir stellen also fest: Wenn die gegebene Zeiteinheit in eine große Zahl n von Zeitintervallen unterteilt wird und wenn man annimmt, dass in jedem Zeitintervall die Zuwachsrate gleich $\frac{p}{n}$ ist, so beträgt die Populationsgröße nach Ablauf der gegebenen Zeiteinheit,

---

[2]   Das ist der „Zinseszinseffekt". Er ist auch der Grund dafür, warum bei einem Darlehen, das mit 6% jährlich zu verzinsen ist und für das jeden Monat 0.5% Zinsen gezahlt werden, der Effektivzins bei ca. 6.17% liegt.

und das heißt nach n Schritten mit Zuwachsrate $\frac{p}{n}$, ziemlich genau $x_0 \cdot e^p$. Das ist mehr als der Wert $x_0 \cdot (1 + p)$, den man in einem einzigen Schritt mit Zuwachsrate p erhalten würde, denn es gilt die folgende Formel für die e-Funktion (in Verallgemeinerung von Gleichung (2.1))

$$e^p = \sum_{n=0}^{\infty} \frac{p^n}{n!} = 1 + \frac{p}{1} + \frac{p^2}{1 \cdot 2} + \frac{p^3}{1 \cdot 2 \cdot 3} + \cdots > 1 + p. \tag{5.7}$$

Ähnlich zeigt man: Zur Zeit t, d.h. nach $n \cdot t$ Zeitintervallen der Länge $\frac{1}{n}$, beträgt die Populationsgröße ungefähr $x_0 e^{pt}$, wenn n sehr groß ist.

Lässt man n gegen unendlich gehen, so gehen die kleinen Zeitschritte $\frac{1}{n}$ gegen null, und man beschreibt das Populationswachstum letztlich in *stetiger* oder auch *kontinuierlicher Zeit*, wobei der Zeitparameter t alle positiven reellen Zahlen durchläuft. Um das auch in der Notation auszudrücken, schreibt man oft $x(t)$ an Stelle von x_t, im Fall des exponentiellen Wachstums also $x(t) = x(0) e^{pt}$.

5.3.2 Die Differenzialgleichung für exponentielles Wachstum in stetiger Zeit

Der Übergang vom zeitdiskreten zum zeitstetigen exponentiellen Wachstum konnte durch die zwei Formeln für e^p explizit ausgerechnet werden. Für allgemeinere Wachstumsmodelle ist eine solche direkte Rechnung nicht möglich. Stattdessen leitet man aus einer zeitdiskreten Gleichung der Art $x_{t+1} = x_t + Z(x_t)$ eine *Differenzialgleichung* her, deren Lösung die gesuchte Wachstumskurve ist. Das ist eine sehr universelle Vorgehensweise, die in den Kapiteln 6 und 8 für sehr unterschiedliche Modelle ausgeführt wird. Hier wird dieses Verfahren zunächst am Beispiel des exponentiellen Wachstums vorgestellt.

Wir beginnen unsere Betrachtungen wieder mit der Modellannahme des vorherigen Abschnitts, dass der Zuwachs von $x(t)$ im Zeitintervall von t bis $t + \frac{1}{n}$ ungefähr gleich $\frac{p}{n} \cdot x(t)$ sein soll. Bezeichnet man die Differenz $\frac{1}{n}$ der beiden Zeitpunkte noch mit Δt, so gilt für sehr kleine Δt

$$x(t + \Delta t) - x(t) \approx \frac{p}{n} \cdot x(t) = \Delta t \cdot p \, x(t) \,,$$

das heißt

$$\frac{x(t + \Delta t) - x(t)}{\Delta t} \approx p \, x_t \,. \tag{5.8}$$

Dieses Ergebnis ist folgendermaßen zu interpretieren:

> Für sehr kurze Zeitintervalle ist
> **Populationszuwachs pro Zeitintervall ≈ Populationsgröße mal Wachstumsrate**
> Da das Zeitintervall dabei beliebig klein ist, spricht man von *Wachstum in stetiger Zeit*.

In mathematisch korrekter Notation schreibt man auch

$$\lim_{\Delta t \to 0} \frac{x(t + \Delta t) - x(t)}{\Delta t} = p \cdot x(t) \,. \tag{5.9}$$

Der Grenzwert auf der linken Seite dieser Gleichung ist aber nichts anderes als die *Ableitung von x nach t*, in Symbolen $\dot{x}(t)$ oder auch $\frac{d}{dt}x(t)$, die schon Abschnitt 3.1 diskutiert wurde.

Nach dieser Erinnerung an den Begriff der Ableitung, kann man Gleichung (5.9) jetzt kürzer schreiben:

Differenzialgleichung für exponentielles Wachstum in stetiger Zeit:

$$\dot{x}(t) = p \cdot x(t) \qquad \text{mit } \textit{Wachstumsrate } p. \qquad (5.10)$$

Man spricht hier von einer *Differenzialgleichung*, weil die Gleichung die Populationsgröße $x(t)$ und ihre *Ableitung* $\dot{x}(t)$ (also die *differenzierte* Populationsgröße) zueinander in Beziehung setzt.

An dieser Stelle ist die Funktion $x(t)$ noch unbekannt. Trotzdem benutzt man die Ableitung $\dot{x}(t)$. Wie geht das? Nun, hier soll nicht eine Ableitung nach den üblichen Regeln ausgerechnet werden (wie gesagt, $x(t)$ kennt man ja gar nicht), sondern die Gleichung beschreibt eine Eigenschaft der gesuchten Funktion $x(t)$: Ihre Ableitung ist an jedem Punkt genau das p-fache ihres Funktionswerts. Mit anderen Worten:

Aus der Modellannahme (5.8) wurde eine Art Steckbrief für die gesuchte und noch unbekannte Wachstumsfunktion $x(t)$ hergeleitet:
Gesucht ist eine Funktion, die die Gleichung $\dot{x}(t) = p \cdot x(t)$ erfüllt

---

Welche Funktionen erfüllen nun diese Differenzialgleichung? Bemerkenswerterweise wird diese Gleichung von der Exponentialfunktion $x(t) = x(0) \cdot e^{pt}$ erfüllt – und von keiner anderen Funktion! Das heißt: Hat eine Population zur Zeit $t = 0$ die Größe $x(0)$ und folgt ihr Wachstumsverhalten obiger Differenzialgleichung, so hat sie zur Zeit t die Größe $x(0) \cdot e^{pt}$. Insbesondere gilt:

Populationsentwicklung bei exponentiellem Wachstum in stetiger Zeit:
Die Populationsentwicklung $x(t) = x(0) \cdot e^{pt}$ wird durch die beiden folgenden Annahmen eindeutig bestimmt:
i)   Die Populationsgröße zur Zeit $t = 0$ ist $x(0)$.
ii) Die Population folgt dem durch die Differenzialgleichung $\dot{x}(t) = p \cdot x(t)$ festgelegten Wachstumsgesetz.

5.3.3   Kommentar aus der Sicht der Mathematik

Die letzte Behauptung ist für die hier betrachtete Differenzialgleichung (und für alle anderen uns noch interessierenden) zwar richtig, aber es gibt auch sehr einfache Differenzialgleichungen, für die sie nicht zutrifft. Hier ist ein Beispiel: Die zwei für $t \geq 0$ definierten Funktionen $x_1(t) = 0$ und $x_2(t) = t^2$ erfüllen beide die Forderungen $x(0) = 0$ und $\dot{x}(t) = \sqrt{4x(t)}$, sind also beide Lösungen des gleichen *Anfangswertproblems*, d. h. sie genügen beide der gleichen *Anfangsbedingung* $x(0) = 0$ und der gleichen Differenzialgleichung. [3] Zur Modellierung von reproduzierbaren Vorgängen in Naturwissenschaft und Technik ist ein solches Anfangswertproblem daher ungeeignet – bei gleicher Ausgangslage und gleichen Entwicklungsbedingungen sollte sich auch die gleiche zeitliche Entwicklung einstellen.

Das darf aber nicht so verstanden werden, dass hier mit der Mathematik etwas nicht stimmt. Ganz im Gegenteil: Die Tatsache, dass es solche Beispiele gibt, hat dazu geführt, dass eine mathematische Theorie entwickelt wurde, die recht präzise beschreibt, unter welchen Bedingungen ein Anfangswertproblem genau eine Lösung zulässt. Stößt man in Anwendungen auf mathematische Modelle, die diesen Bedingungen nicht genügen, so ist größte Vorsicht geboten: Eventuell hat man eine Modellgleichung aufgestellt, die wichtige Aspekte der realen Situation gar nicht oder auf falsche Weise einfließen lässt.

5.3.4 Lineare Regression bei exponentiellem Wachstum

Wir haben nun zwei leicht unterschiedliche Modelle für exponentielles Wachstum kennengelernt:

$$x_t = x_0 \cdot (1+p)^t \quad \text{(diskrete Zeit)} \qquad \text{bzw.} \qquad x(t) = x(0) \cdot e^{pt} \quad \text{(stetige Zeit)}.$$

Bei gegebenen Beobachtungen $x_{t_1}, \ldots, x_{t_N}$ bzw. $x(t_1), \ldots, x(t_N)$ stellt sich das Problem, die Wachstumsrate p jeweils aus den Daten zu schätzen. In beiden Fällen logarithmiert man dazu die Wachstumsgleichung:

$$\ln x_t = \ln x_0 + t \cdot \ln(1+p) \qquad \text{bzw.} \qquad \ln x(t) = \ln x(0) + p \cdot t.$$

Die logarithmierten Daten genügen also als Funktion der Zeit t in beiden Fällen annähernd einer Geradengleichung. Wendet man darauf lineare Regression an und bezeichnet man die errechnete Steigung der Regressionsgeraden mit m, so erhält man:

**Interpretation der Steigung m der Regressionsgeraden
bei logarithmierten Daten**

- Im Modell mit diskreter Zeit ist $m = \ln(1+p)$, also $1 + p = e^m$. Es folgt, dass in diesem Modell $x_t \approx x_0\, e^{mt}$ für $t = 0, 1, 2, \ldots$.
- Im Modell mit stetiger Zeit ist $m = p$. Es folgt, dass in diesem Modell ebenfalls $x(t) \approx x(0)\, e^{mt}$ für $t \geq 0$.

Der Unterschied liegt nur in der Rate p und ihrer Interpretation:

- Im Modell mit diskreter Zeit ist $p = e^m - 1$ die **Wachstumsrate pro Zeiteinheit**.
- Im Modell mit stetiger Zeit ist $p = m$ der **Wachstumsexponent**.

Bemerkung zur Sprechweise: Die Wachstumsrate p bei exponentiellem Wachstum in stetiger Zeit wird oft auch als *spezifische Wachstumsrate* oder *Wachstumsexponent* und in der englischsprachigen Literatur auch als *instantaneous growth rate* bezeichnet. Wir

---

[3] Da $x_1(t) = 0$ konstant ist, ist offensichtlich $\dot{x}_1(t) = 0$ und auch $\sqrt{4x_1(t)} = \sqrt{0} = 0$, sodass die Differenzialgleichung für $x_1(t)$ erfüllt ist. Für $x_2(t) = t^2$ gilt: $\dot{x}_2(t) = 2t$ und $\sqrt{4x_2(t)} = \sqrt{4t^2} = 2t$, und daher erfüllt auch $x_2(t)$ die Differenzialgleichung.

werden, wie schon im obigen Kasten, vom *Wachstumsexponenten* sprechen – und im Unterschied dazu bei exponentiellem Wachstum in diskreter Zeit von der *Wachstumsrate pro Zeiteinheit*.

5.3.5   Zusammenfassung zum exponentiellen Wachstum:

Wir zeigen den Effekt exponentiellen Wachstums in diskreter und kontinuierlicher Zeit noch einmal in Abbildung 5.7 (links). Man sieht deutlich, dass bei gleicher Rate p das Wachstum im zeitkontinuierlichen Modell stärker ist als im zeitdiskreten. Beide „explodieren" jedoch, wenn die Zeit t groß wird und kommen deshalb für Vorhersagen über längere Zeiträume nicht in Frage, denn:

In der Natur gibt es kein unbeschränktes Wachstum.

Da es für beide Prozesse geschlossene Formeln gibt, ist die grafische Darstellung denkbar einfach. Das wird sich bei den komplizierteren (und etwas realistischeren) Modellen des nächsten Kapitels ändern.

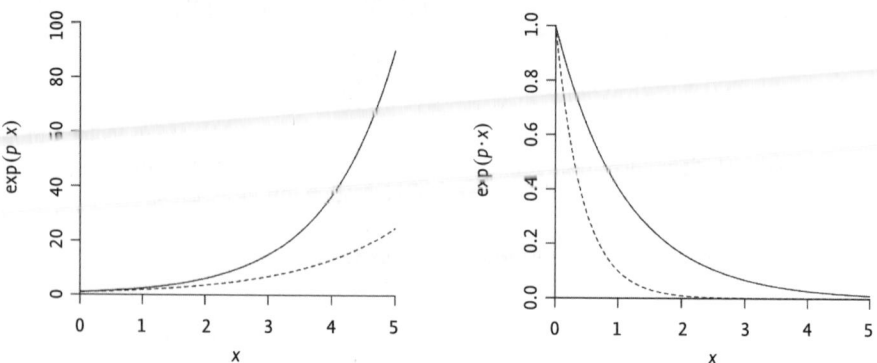

Abb. 5.7 Die Kurven $(1 + p)^t$ (gestrichelt) und e^{pt} (durchgezogen) für $p = 0.9$ (links) und für $p = -0.9$ (rechts)

5.3.6   Exponentielles Aussterben

Ist der Wachstumsexponent p negativ, so hat die Differenzialgleichung $\dot{x}(t) = p \cdot x(t)$ zwar formal dieselbe Lösung $x(t) = x(0) \cdot e^{pt}$ wie bei positivem p, aber $x(t)$ strebt mit zunehmender Zeit t jetzt sehr schnell gegen 0, siehe Abbildung 5.7 (rechts). Man spricht, je nach Kontext, von *exponentiellem Aussterben, exponentiellem Zerfall* oder *negativem exponentiellen Wachstum*. Zwei Beispiele:

- Radioaktiver Zerfall: $x(t)$ ist die Konzentration einer radioaktiven Substanz.
- Abbau eines Medikaments im Körper: $x(t)$ ist die Konzentration im Blut oder in einem Organ.

Bei diskretem Zeitparameter führt ein negatives p zwischen 0 und -1 dazu, dass die Folge $x_t = x_0 \cdot (1+p)^t$ gegen 0 strebt, denn für $-1 < p < 0$ ist $0 < 1+p < 1$, vergleiche Abschnitt 2.6. Werte des Parameters p kleiner als -1 sind in dieser Situation nicht sinnvoll.

5.3.7 Verdopplungszeit, Halbwertzeit

Die folgende einfache Rechnung erlaubt es, die Zeitspanne zu bestimmen, während der sich die Größe $x(t)$ einer exponentiell wachsenden Population verdoppelt. *Achtung:* Wir nehmen hier exponentielles Wachstum **in stetiger Zeit** an.

Für zwei Zeitpunkte t_0 und t_1 ist

$$\frac{x(t_1)}{x(t_0)} = \frac{x(0)\,e^{pt_1}}{x(0)\,e^{pt_0}} = e^{p(t_1-t_0)} \tag{5.11}$$

Also ist $x(t_1) = 2x(t_0)$ gerade dann, wenn $e^{p(t_1-t_0)} = 2$, also wenn $t_1 - t_0 = \frac{\ln 2}{p}$. Man nennt $T_v := \frac{\ln 2}{p}$ daher die *Verdopplungszeit*.

Sind nun $x(t_0)$ und $x(t_1)$ zu zwei beliebigen Zeitpunkten t_0 und t_1 bekannt, so lässt sich daraus die Verdopplungszeit wie folgt errechnen: Logarithmiert man beide Seiten der Gleichung (5.11), so erhält man

$$\ln \frac{x(t_1)}{x(t_0)} = p(t_1 - t_0),$$

also

$$p = \frac{1}{t_1 - t_0} \ln \frac{x(t_1)}{x(t_0)}$$

und daher

Verdopplungszeit:	$T_v = \dfrac{\ln 2}{p} = (t_1 - t_0) \cdot \dfrac{\ln 2}{\ln \frac{x(t_1)}{x(t_0)}}\,.$

Ganz ähnlich gelangt man zum Ausdruck für die *Halbwertzeit*, d. h. für die Zeitspanne, während der bei exponentiellem Aussterben die Größe $x(t)$ halbiert wird:

Halbwertzeit:	$T_h = \dfrac{\ln 2}{-p} = (t_1 - t_0) \cdot \dfrac{\ln 2}{\ln \frac{x(t_0)}{x(t_1)}}\,.$

Beispiel 5.3.1 Wie wir gesehen haben, folgen Bakterienkolonien sehr strikt einem exponentiellen Wachstumsgesetz. Bei einer Kultur von Cholera-Bakterien seien 30 Minuten nach Versuchsbeginn 330 Bakterien und 90 Minuten nach Versuchsbeginn 2690 Bakterien gezählt worden. Die Verdopplungszeit beträgt dann

$$T_v = (90\ \text{min} - 30\ \text{min}) \cdot \frac{\ln 2}{\ln \frac{2690}{330}} = 19.8\ \text{min}\,.$$

5.4 Fragen und Aufgaben✓

1. Eine Pflanze habe am 10. Tag die Höhe $x(10) = 10$ und am 45. Tag die Höhe $x(45) = 80$, jeweils in cm gemessen. Geben Sie eine Gleichung für $x(t)$ an, die das Wachstum der Pflanze in diesem Zeitraum beschreibt, wenn man annimmt, dass die Pflanze jeden Tag um den gleichen Betrag gewachsen ist.
2. Eine Population von Insekten habe anfänglich die Größe 500. Wie groß ist sie nach 14 Tagen, wenn sie täglich um 10% wächst?
3. Für das exponentielle Wachstum einer Population werden zwei Modelle vorgeschlagen: $x(t) = x(0) \cdot e^{pt}$ (stetige Zeit) und $x(t) = x(0) \cdot (1 + p)^t$ (diskrete Zeit) mit jeweils gleicher Wachstumsrate p. In welchem Modell wächst die Population schneller?
4. Eine Population von Bakterien hat zu Beginn eines Beobachtungszeitraums die Größe 100 und nach 8 Stunden die Größe 1500. Mit welchem Modell beschreiben Sie dieses Wachstum? Bestimmen Sie auf Grundlage dieses Modells die Wachstumsrate p (pro Stunde) der Population.
5. Die biologische Halbwertszeit von Cäsium-137 im Körper erwachsener Menschen beträgt etwa 100 Tage. Wie lange dauert es, bis nach einer Cäsium-Aufnahme nur noch 0.5% der ursprünglichen Menge im Körper ist?

Antworten:
1) $x(t) = 2t - 10$.
2) $500 \cdot 1.1^{14} = 1899$ (gerundet).
3) Im Modell mit stetiger Zeit.
4) Exponentielles Wachstum in stetiger Zeit; Wachstumsrate $p = 0.34$ (gerundet).
5) Etwa 764 Tage, denn $t_1 - t_0 = \frac{T_h}{\ln 2} \cdot \ln \frac{1}{0.005} = 764$ (gerundet).

6 Wachstumsmodelle: beschränktes Wachstum

Da in der biologischen Modellbildung vorwiegend Populationsmodelle mit stetiger Zeit, also Differenzialgleichungsmodelle, betrachtet werden, werden in diesem Kapitel nur noch solche Modelle behandelt. Es wird gezeigt, wie verschiedene, die Populationsentwicklung beeinflussende Faktoren mit Differenzialgleichungen modelliert werden und wie auch kompliziertere Modelle an Daten angepasst werden können. Schließlich wird an zwei Modellen der chemischen Reaktionskinetik demonstriert, wie dieselbe Mathematik auch in diesem Kontext angewandt werden kann.

6.1 Logistisches Wachstum

Die in Abbildung 5.2 vorgestellten Daten zur US-Bevölkerungsentwicklung endeten 1890. Natürlich liegen auch neuere Daten vor. Der R-Datensatz USPop reicht bis 2000, ein Plot der logarithmierten Werte ist in Abbildung 6.1 dargestellt. Man sieht, dass die Kurve nach 1900 deutlich flacher wird. Da die Steigung in einem logarithmischen Plot gerade die exponentielle Wachstumsrate ist (siehe Unterabschnitt 5.3.4), bedeutet das, dass diese Rate nach der Jahrhundertwende deutlich zurück geht.

Ein mathematisches Modell, welches die Tatsache berücksichtigt, dass eine reale Population durch die Begrenzungen ihres Siedlungsraums, Nahrungsreservoirs u. ä. nicht

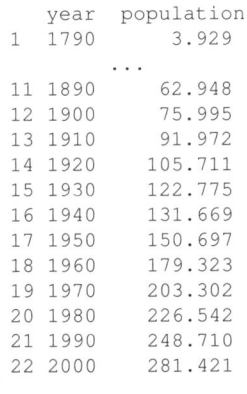

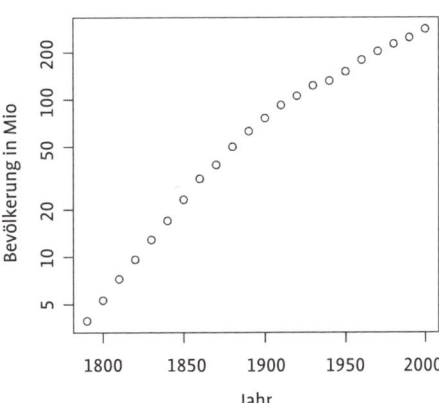

Abb. 6.1 Bevölkerungswachstum der USA zwischen 1790 und 2000 (in Mio.)

unbegrenzt exponentiell wachsen kann, wurde von *Verhulst*[1] um 1840 vorgeschlagen. Er hat die Größe der Wachstumsrate von der momentanen Größe der Population abhängig gemacht und dabei angenommen, dass die Wachstumsrate mit zunehmender Populationsgröße abnimmt. (Motivation: Ressourcenknappheit, Stress u. ä.). Mathematisch heißt das, dass man die Konstante p im exponentiellen Modell

$$\dot{x}(t) = p \cdot x(t) \qquad \text{mit Lösung} \qquad x(t) = x_0 \cdot e^{pt}$$

durch eine von der Populationsgröße x abhängige Funktion $p(x)$ ersetzt.

Verhulst hat $p(x) = r \cdot (1 - \frac{x}{K})$ vorgeschlagen, mit positiven Konstanten r und K. Für sehr kleine Populationen (x nahe bei 0) ist $p(x) \approx r > 0$, sodass auch $\dot{x}(t)$ positiv ist, $x(t)$ also wächst. Für $x = K$ ist $p(x) = 0$, also auch $\dot{x}(t) = 0$, sodass $x(t)$ weder wächst noch fällt, und für sehr große Populationen $x > K$ ist $p(x)$ und damit auch $\dot{x}(t)$ negativ, sodass $x(t)$ fällt. Man erwartet also, dass sich die Populationsgröße beim Wert K stabilisiert. K heißt deshalb auch die *Trägerkapazität*. Das wird grafisch im folgenden *Phasendiagramm* veranschaulicht:

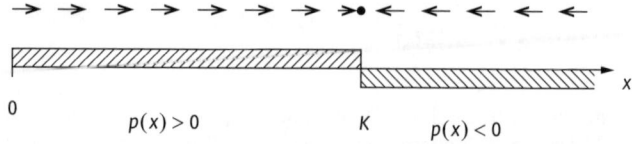

Die Größe $x(t)$ „bewegt" sich im Laufe der Zeit jeweils in Richtung der Pfeile: Sie wächst, bewegt sich also nach rechts, wenn $p(x) > 0$, und sie fällt, bewegt sich also nach links, wenn $p(x) < 0$.

Mathematisch ausgedrückt hat Verhulst folgende Differenzialgleichung betrachtet:

$$\dot{x}(t) = x(t) \cdot \underbrace{r \cdot \left(1 - \frac{x(t)}{K}\right)}_{= p(x(t))} \qquad \textbf{(logistische Differenzialgleichung)} \qquad (6.1)$$

Man sieht noch einmal, dass $\dot{x}(t) > 0$ wenn $p(x(t)) > 0$ und $\dot{x}(t) < 0$ wenn $p(x(t)) < 0$. Die Lösung dieser Gleichung lautet

$$x(t) = \frac{K}{1 + e^{-r(t - t_w)}} \qquad \text{mit} \qquad t_w = \frac{1}{r} \log\left(\frac{K}{x_0} - 1\right). \qquad (6.2)$$

Das wird weiter unten nachgerechnet.

Für große t wird der Ausdruck e^{-rt} sehr klein, siehe Unterabschnitt 5.3.6. Also wird auch $e^{-r(t - t_w)}$ sehr klein, wenn t viel größer als t_w ist, und man sieht, dass tatsächlich $x(t)$ gegen K strebt. Abbildung 6.2 zeigt solche Lösungen für mehrere Startwerte. Man sieht: Startet man mit $x(0) > K$, so fällt $x(t)$ sehr schnell gegen K (ein exponentieller Abfall). Ist dagegen $x(0)$ sehr klein im Vergleich zu K, so wächst $x(t)$ zunächst einmal nahezu exponentiell (die Population spürt die Kapazitätsbeschränkung noch nicht). Wenn $x(t)$

---

[1] *Pierre-François Verhulst* (1804–1849), belgischer Mathematiker und Demograph, wirkte in Brüssel.

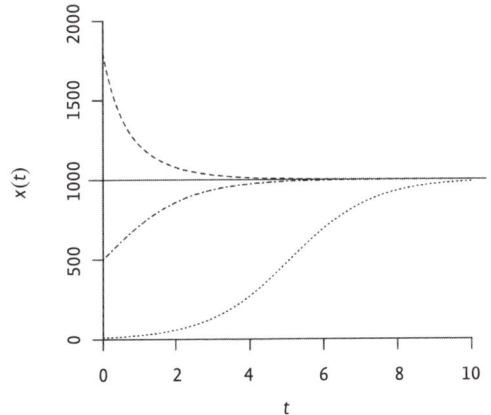

Abb. 6.2 Lösungskurven der logistischen Differenzialgleichung mit Parametern $K = 1000$ und $r = 0.9$ und Startwerten (von oben nach unten) $x_0 = 1.8K$, $x_0 = K/2$, $x_0 = K/100$. Man sieht, dass alle Lösungen, unabhängig vom Startwert, gegen die Trägerkapazität K streben.

die Größe $\frac{K}{2}$ erreicht, wird das Wachstum aber geringer, und schließlich nähert sich die Populationsgröße der Trägerkapazität K an. Mit anderen Worten: An ihrem Wendepunkt nimmt die Kurve $x(t)$ den Wert $\frac{K}{2}$ an, wie auch die folgende Rechnung zeigt: Durch Differenzieren der logistischen Gleichung (6.1) auf beiden Seiten erhält man – ohne die Lösung schon explizit zu kennen – die folgende Gleichung für die zweite Ableitung von $x(t)$:

$$\ddot{x}(t) = \dot{x}(t)\, r\left(1 - \frac{x(t)}{K}\right) + x(t)\, r\left(-\frac{\dot{x}(t)}{K}\right) = r\,\dot{x}(t)\left(1 - \frac{2x(t)}{K}\right)\,.$$

Wendepunkte können also nur dort vorliegen, wo $\dot{x}(t) = 0$ (wo also $x(t) = 0$ oder $x(t) = K$ ist) oder wo $x(t) = \frac{K}{2}$. Da hier das Augenmerk auf der Situation $0 < x(t) < K$ liegt, ist nur die zweite Möglichkeit von Interesse. Benutzt man jetzt die explizite Lösungsformel (6.2), so wird die Bedingung $x(t) = \frac{K}{2}$ zu

$$\frac{K}{1 + e^{-r(t-t_w)}} = \frac{K}{2}\,,$$

und man sieht sofort, dass diese Bedingung genau für $t = t_w$ erfüllt ist. Damit ist die anschauliche Bedeutung von t_w klar: Es ist der Zeitpunkt, zu dem die Populationsgröße $x(t)$ ihren Wendepunkt erreicht. Zusammengefasst:

Lösungsverhalten im logistischen Modell

- Jede Lösung strebt gegen die Trägerkapazität K.
- Ist der Anfangswert einer Lösung kleiner als $\frac{K}{2}$, so nimmt die Wachstumsgeschwindigkeit $\dot{x}(t)$ zunächst zu. Sobald die Populationsgröße den Wert $\frac{K}{2}$ überschritten hat, nimmt sie aber ab.

Wie stellt man nun fest, dass Gleichung (6.2) tatsächlich eine Lösung der logistischen Differenzialgleichung beschreibt? Nun, man berechnet $\dot{x}(t)$ und auch $x(t) \cdot r \cdot \left(1 - \frac{x(t)}{K}\right)$

und vergewissert sich, dass beide Ausdrücke übereinstimmen. Das geht hier so: Für $x(t) = \frac{K}{1+e^{-r(t-t_w)}}$ ist die erste Ableitung

$$\dot{x}(t) = \frac{-K \cdot \left(-r\,e^{-r(t-t_w)}\right)}{\left(1 + e^{-r(t-t_w)}\right)^2} \qquad \text{(zweimalige Anwendung der Kettenregel)}$$

$$= \frac{K}{1 + e^{-r(t-t_w)}} \cdot r \cdot \frac{e^{-r(t-t_w)}}{1 + e^{-r(t-t_w)}}$$

$$= x(t) \cdot r \cdot \frac{e^{-r(t-t_w)}}{1 + e^{-r(t-t_w)}}$$

$$= x(t) \cdot r \cdot \left(1 - \frac{1}{1 + e^{-r(t-t_w)}}\right)$$

$$= x(t) \cdot r \cdot \left(1 - \frac{x(t)}{K}\right) \,.$$

Außerdem muss man nachprüfen, dass auch die Anfangsbedingung eingehalten wird, d. h. dass $x(0) = x_0$ ist. Dazu formt man die Definition von t_w in Gleichung (6.2) zu $e^{rt_w} = \frac{K}{x_0} - 1$ um und rechnet dann nach, dass

$$x(0) = \frac{K}{1 + e^{-r \cdot (-t_w)}} = \frac{K}{1 + \left(\frac{K}{x_0} - 1\right)} = x_0$$

ist.

Der Ausdruck für $x(t)$ sieht schon etwas komplizierter aus, und man ahnt, dass bei komplexeren Modellen eine Lösungsformel sehr unübersichtlich werden kann. Man fragt sich natürlich, wie *findet* man überhaupt so eine Lösung – bei der logistischen Differenzialgleichung haben wir ja nur *überprüft*, dass $x(t) = \frac{K}{1+e^{-r(t-t_w)}}$ eine Lösung ist. Tatsächlich ist das Finden einer Lösung eine Kunst für sich, ähnlich wie das Finden einer Stammfunktion bei der Integration. Deshalb sollte man diese Mühe ruhig einer spezialisierten mathematischen Software überlassen. [2]

Aber in vielen Fällen finden auch solche Programme keine Lösung, entweder weil sie zu kompliziert ist, oder weil es gar keine Lösung mit expliziter Lösungsformel gibt. Trotzdem haben derartige Anfangswertprobleme meistens eine eindeutige Lösung – siehe dazu die Bemerkungen in Unterabschnitt 5.3.3. Und diese Lösung kann R plotten, ohne eine explizite Formel zu kennen. Dazu wird die Fähigkeit von R ausgenutzt, solche Lösungen *numerisch* zu bestimmen. Das wird am Beispiel des logistischen Wachstums in Abbildung 6.3 illustriert, wo man zwei Lösungen sieht, die von R allein in Kenntnis der Differenzialgleichung (6.1) und der Anfangswerte errechnet wurden, ohne die Lösungsformel (6.2) zu verwenden.

---

[2]   Geeignet sind viele Programme, die nicht nur mit Zahlen, sondern auch mit Formeln rechnen können, wie die kommerziellen Produkte Mathematica, Maple, Mathcad oder wie die freie Software Maxima.

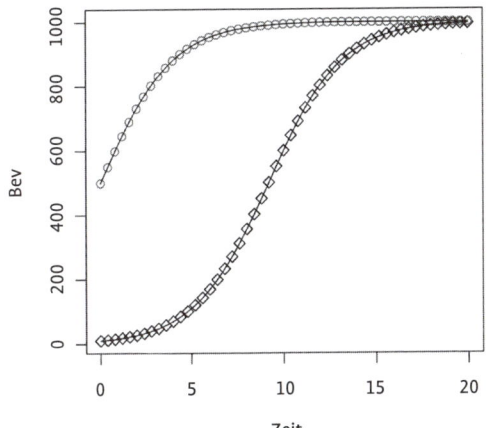

Abb. 6.3 Zwei numerisch bestimmte Lösungen der logistischen Differenzialgleichung mit verschiedenen Anfangswerten. Die Kreise bzw. Dreiecke geben die von R explizit bestimmten Werte an, die Kurven verbinden diese Punkte.

6.1.1 Ein paar grundsätzliche Bemerkungen zum Begriff der Differenzialgleichung

Differenzialgleichungen benutzt man, um das Verhalten einer Größe x zu beschreiben, die sich im Laufe der Zeit verändern kann. Die Erfahrung hat gezeigt, dass folgende Herangehensweise in vielen Fällen nützlich und angemessen ist: Aufgrund physikalischer, chemischer, biologischer oder sonstiger Überlegungen geht man davon aus, dass die Änderungsgeschwindigkeit $\dot{x}(t)$ der betrachteten Größe nur vom aktuellen Wert $x(t)$ der Größe abhängt. In Formeln drückt man das als

$$\dot{x}(t) = F(x(t)) \quad \text{oder auch kürzer} \quad \dot{x} = F(x) \tag{6.3}$$

aus, wobei F eine Funktion ist, die jedem möglichen Wert x eine Änderungsgeschwindigkeit $\dot{x}$ zuordnet. Dazu muss man nicht differenzieren, denn $\dot{x}$ ist zunächst nur als Änderungsgeschwindigkeit der Größe x zu interpretieren!

Daraus ergibt sich sofort:

> Genügt $x(t)$ der Differenzialgleichung $\dot{x}(t) = F(x(t))$ (mit stetiger Funktion F), so gilt:
>
> - Ist $F(x) > 0$ zur Zeit t (kurz: $F(x(t)) > 0$), so ist die momentane Wachstumsrate von x positiv und x nimmt zunächst zu, bis eventuell ein Wert erreicht wird, wo $F(x) = 0$.
> - Ist $F(x) < 0$ zur Zeit t (kurz: $F(x(t)) < 0$), so ist die momentane Wachstumsrate von x negativ und x nimmt zunächst ab, bis eventuell ein Wert erreicht wird, wo $F(x) = 0$.
> - Ist $F(x) = 0$ zur Zeit t (kurz: $F(x(t)) = 0$), so ändert x sich nicht mehr (zumindest dann nicht, wenn es nicht durch externe Einflüsse aus diesem *Gleichgewicht* heraus gebracht wird).

Diese Information über das Wachstumsverhalten von x, die man erhält, ohne einen expliziten Ausdruck für $x(t)$ zu kennen, stellt man grafisch in einem *Phasendiagramm* dar. Will man z. B. logistisches Wachstum modellieren, so benutzt man die Funktion $F(x) = rx\left(1 - \frac{x}{K}\right)$ und erhält das auf S. 68 skizzierte Phasendiagramm, denn $F(x)$ und $p(x) = r\left(1 - \frac{x}{K}\right)$ haben für positive x immer dasselbe Vorzeichen. Weitere Phasendiagramme folgen in den nächsten Abschnitten.

6.1.2 Bemerkungen zum numerischen Lösen einer Differenzialgleichung

Ausgangspunkt des einfachsten numerischen Verfahrens ist folgende Überlegung: Die Differenzialgleichung

$$\dot{x}(t) = F(x(t)) = x(t) \cdot r \cdot \left(1 - \frac{x(t)}{K}\right)$$

führt auf die *lineare Approximation* (siehe Gleichung (3.3))

$$x(t + \Delta t) \approx x(t) + \Delta t \cdot \dot{x}(t) = x(t) + \Delta t \cdot F(x(t)) \tag{6.4}$$

für sehr kleine Δt. Mit Hilfe dieser Gleichung kann man iterativ (d. h. Schritt für Schritt) eine Folge von Werten $x_0, x_1, x_2, \dots$ bestimmen, sodass $x_0 = x(0)$, $x_1 \approx x(\Delta t)$, $x_2 \approx x(2\,\Delta t)$, $x_3 \approx x(3\,\Delta t)$, u.s.w. Dazu geht man so vor: Man setzt zunächst $x_0 := x(0)$ und dann schrittweise

$$x_1 := x_0 + \Delta t \cdot F(x_0) = x_0 + \Delta t \cdot r \cdot x_0 \cdot \left(1 - \frac{x_0}{K}\right)$$

$$x_2 := x_1 + \Delta t \cdot F(x_1) = x_1 + \Delta t \cdot r \cdot x_1 \cdot \left(1 - \frac{x_1}{K}\right)$$

$$x_3 := x_2 + \Delta t \cdot F(x_2) = x_2 + \Delta t \cdot r \cdot x_2 \cdot \left(1 - \frac{x_2}{K}\right)$$

$$\vdots \qquad \vdots \qquad \vdots$$

$$x_{i+1} := x_i + \Delta t \cdot F(x_i) = x_i + \Delta t \cdot r \cdot x_i \cdot \left(1 - \frac{x_i}{K}\right)$$

$$\vdots \qquad \vdots \qquad \vdots$$

In jedem Schritt kann man den Ausdruck auf der rechten Seite mit Hilfe des im vorherigen Schritt gewonnen Werts berechnen. Dieses Verfahren wird als *Euler-Verfahren* bezeichnet. Das Problem bei dieser Vorgehensweise ist, dass man in jedem Schritt einen kleinen Fehler macht. Dieser Fehler wird zwar um so kleiner, je kleiner die Schrittweite Δt gewählt wird, aber je kleiner diese Schrittweite ist, desto mehr Schritte muss man auch machen, um einen festen Zeitpunkt T zu erreichen. Für $T = 10$ sind bei $\Delta t = 0.01$ schon 1000 Schritte erforderlich, d. h. man akkumuliert 1000 kleine Fehler! Man kann aber mit tieferliegenden mathematischen Methoden nachweisen, dass die Einzelfehler so klein sind, dass der Gesamtfehler immer noch zu vernachlässigen ist. Bei vielen anderen Beispielen würde dieses sehr einfache numerische Verfahren jedoch versagen. Deshalb wurden wesentlich trickreichere Verfahren entwickelt, die noch kleinere Fehler produzieren. Einige dieser Verfahren sind auch in R implementiert und stehen im Paket deSolve zur Verfügung, siehe auch den R-Code zu Abbildung 6.3 auf S. 221.

6.1.3 Anpassung des logistischen Modells an Daten

Mit der logistischen Wachstumskurve steht ein einfaches Modell zur Verfügung, mit dem beschränktes Populationswachstum modelliert werden kann. Die Tauglichkeit dieses Modells soll nun durch Anpassung an die US-Bevölkerungsdaten aus Abbildung 6.1 überprüft werden. Zwar gibt es speziell für das logistische Modell einen Trick, wie man das Problem, möglichst passende Parameter zu finden, in manchen Situationen auf eine gewöhnliche lineare Regression zurückführt, aber hier soll ein Verfahren vorgestellt werden, das nicht nur aufgrund einer mathematischen Besonderheit des logistischen Modells funktioniert, sondern das auf beliebige Modelle anwendbar ist. Die Grundidee ist einfach und ähnelt der bei der linearen Regression: Zu gegebenen Daten $X_1, \ldots, X_n$, die zu den Zeiten $t_1, \ldots, t_n$ erfasst wurden (in unserem Beispiel sind das die Bevölkerungszahlen zu den Jahren 1790, 1800, $\ldots$, 2000), sind Parameter r, K und t_w gesucht, die die quadratische Abstandssumme S^2 zwischen den beobachteten Daten X_i und den vom Modell vorhergesagten Werten $\frac{K}{1+e^{-r(t_i-t_w)}}$, also

$$S^2 := \sum_{i=1}^{n} \left(X_i - \frac{K}{1 + e^{-r(t_i-t_w)}} \right)^2, \tag{6.5}$$

minimieren. Dieses Verfahren wird als *nichtlineare Regression* bezeichnet. Der einzige Unterschied zur linearen Regression besteht darin, dass der anzupassende Ausdruck jetzt $\frac{K}{1+e^{-r(t_i-t_w)}}$ und nicht einfach $mt_i + b$ lautet. Leider hat diese Aufgabenstellung keine so eine einfache explizite Lösung wie Gleichung (4.2) für die lineare Regression.

Aber R kann auch im vorliegenden Fall durch ein geeignetes numerisches Verfahren eine Lösung suchen – „suchen" in wahrsten Sinne des Wortes, und deshalb muss man dem Programm im Allgemeinen Werte für r, K und t_w vorgeben, bei denen die Suche begonnen werden soll. Das Verfahren ist geeignet, auch sehr allgemeine Modelle an beobachtete Daten anzupassen, aber man muss es mit mehr Vorsicht anwenden, denn manchmal liefert es keine und manchmal auch „falsche" Antworten. [3]

Die an die US-Bevölkerungsdaten angepasste logistische Kurve ist zusammen mit den Originaldaten in Abbildung 6.4 dargestellt. Das dazu verwendete kurze Programm[4] findet man auf S. 221. Hier ist der Originalausdruck von R:

```
Nonlinear regression model
  model: population ~ f(year, K, r, tw)
   data: USPop
         K          r         tw
  4.408e+02  2.161e-02  1.977e+03
  residual sum-of-squares: 457.8
```

---

[3] Das heißt nicht, dass der Rechner hier einen Fehler macht. Das Problem liegt darin, dass das Programm im Grunde genommen nur lokale Minima sucht und nicht sicher feststellen kann, ob das gefundene lokale Minimum auch ein globales ist. Im Gegensatz dazu ist die lineare Regression mathematisch sehr „robust". Sie liefert immer eine eindeutige und korrekte Antwort.

[4] An diesem Programm kann man die allgemeine Vorgehensweise bei der nichtlinearen Regression exemplarisch studieren. Für eine Reihe häufig benutzter Modelle bietet R aber auch vereinfachte Funktionen an, die dem Anwender insbesondere die anfängliche Schätzung der Parameter abnehmen, siehe dazu die Beispiele in Abschnitt R10.

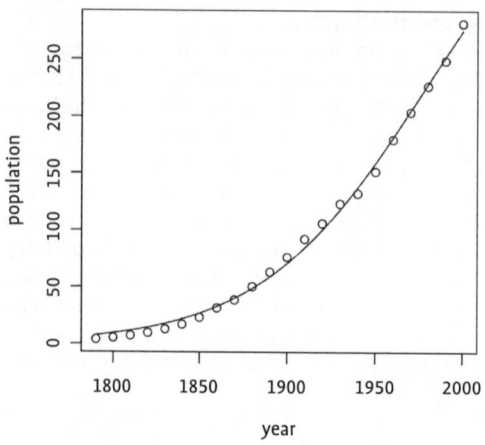

Abb. 6.4 Die Größe der US-Bevölkerung von 1790–1990 mit angepasster logistischer Kurve

Die anfängliche exponentielle Wachstumsrate beträgt etwa $r = 0.022$, die Trägerkapazität $K = 441$ Mio, und im Jahr 1977 war die halbe Trägerkapazität erreicht (zur Erinnerung: $x(t_w) = \frac{K}{2}$). Der letzte Wert, die „residual sum-of-squares", ist der Wert von S^2 aus Gleichung (6.5), wenn man dort die minimierenden Parameterwerte einsetzt.

6.1.4 Ein Residuenplot

Ein grafisches Hilfsmittel, um die Güte einer Modellanpassung an gegebene Daten zu bewerten, ist ein sogenannter *Residuenplot*. Bezeichnet $x(t)$ die durch Regression an die Daten angepasste Kurve, so plottet man die Differenzen $X_i - x(t_i)$ zwischen den beobachteten Werten und den zugehörigen Funktionswerten der Kurve gegen die Zeit t_i. Wenn diese Werte aussehen, als seien sie zufällig um 0 herum verstreut, kann man die Abweichung der Daten vom Modell auf zufällige Schwankungen zurückführen. Ist das nicht

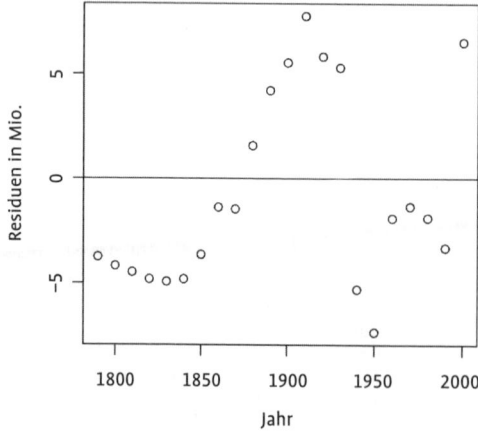

Abb. 6.5 Residuenplot zur Anpassung des logistischen Wachstumsmodells an die US-Bevölkerungsdaten aus Abbildung 6.4

der Fall, wie es bei den US-Bevölkerungsdaten in Abbildung 6.5 zu sehen ist, so ist das ein Anzeichen dafür, dass das gewählte Modell – trotz optimal angepasster Parameter – die Daten noch nicht ausreichend beschreibt. Ob es dann sinnvoll ist, das Modell so zu verfeinern, dass die offensichtlichen Trends in den Residuen vom Modell erfasst werden, muss man von Fall zu Fall entscheiden.

6.2 Stabilisierung bei konstantem Zufluss und exponentiellem Abbau

Diese Dynamik, die beinahe noch einfacher als das logistische Wachstum ist, soll sofort an einem Beispiel illustriert werden.

Beispiel 6.2.1 (Medikamentenkonzentration im Blut) Viele Medikamente werden im Körper (annähernd) exponentiell abgebaut, sagen wir mit Rate $-\alpha$, wobei die Zeit t in Stunden gemessen werden soll (siehe Unterabschnitt 5.3.6). Die im Körper vorhandene Menge $x(t)$ des Medikaments folgt also der Differenzialgleichung $\dot{x}(t) = -\alpha x(t)$, sodass $x(t) = x(0) \cdot e^{-\alpha t}$.

Bei einer Dauerbehandlung sollen einem Patienten nun β mg des Medikaments pro Stunde gleichmäßig zugeführt werden, z. B. durch Infusion. Dann genügt die in seinem Körper vorhandene Menge $x(t)$ der Differenzialgleichung

$$\dot{x}(t) = F(x(t)) := -\alpha x(t) + \beta.$$

Offensichtlich ist $F\left(\frac{\beta}{\alpha}\right) = 0$, sodass $x = \frac{\beta}{\alpha}$ ein *Gleichgewichtspunkt* ist. Da $F(x) > 0$ für $x < \frac{\beta}{\alpha}$ und $F(x) < 0$ für $x > \frac{\beta}{\alpha}$, läuft eine Lösungskurve $x(t)$ in jedem Fall auf dieses Gleichgewicht zu (vergl. Unterabschnitt 6.1.1), und man nennt $x = \frac{\beta}{\alpha}$ einen stabilen Gleichgewichtspunkt. Tatsächlich rechnet man leicht nach, dass $x(t) = \frac{\beta}{\alpha} + \left(x(0) - \frac{\beta}{\alpha}\right) \cdot e^{-\alpha t}$ ist [5], und dieser Ausdruck strebt für große t gegen $\frac{\beta}{\alpha}$ – unabhängig vom Startwert $x(0)$.

Bevor wir uns einem Zahlenbeispiel zuwenden, wollen wir kurz auf die Maßeinheiten eingehen, in denen die verschiedenen Größen angegeben werden. $x(t)$ ist die im Körper vorhandene Masse des Medikaments. Wir messen sie in Milligramm mg. Die Zeit t messen wir natürlich in Stunden h. Damit wird $\dot{x}(t)$, die Änderung von x pro Zeiteinheit, in mg h^{-1} angegeben, ebenso wie β, die stündlich zugeführte Menge des Medikaments. Also müssen auf beiden Seiten der Gleichung $\dot{x}(t) = -\alpha x(t) + \beta$ Größen stehen, die in mg h^{-1} angegeben werden. Das ist aber nur möglich, wenn die Rate α in h^{-1} angegeben wird, also die Dimension 1/„Zeit" hat.

Nehmen wir nun an, dass das Medikament eine Halbwertzeit T_h von 20 Stunden hat. Dann ist $\alpha = \frac{\ln 2}{20}$ h^{-1}, siehe Unterabschnitt 5.3.7. Will man nun aus therapeutischen Gründen über längere Zeit einen Wert von 5 mg des Medikaments im Blut einstellen, so ist

---

[5] Für $t = 0$ ist dieser Ausdruck gleich $x(0)$. Außerdem gilt:

$$\dot{x}(t) = \left(x(0) - \frac{\beta}{\alpha}\right) \cdot (-\alpha) \cdot e^{-\alpha t} = -\alpha \cdot \left(x(t) - \frac{\beta}{\alpha}\right) = -\alpha x(t) + \beta.$$

die stündliche Dosis β so zu wählen, dass $\frac{\beta}{\alpha} = 5$ mg, also $\beta = \frac{5\ln 2}{20}$ mg h^{-1} ≈ 0.173 mg h^{-1} beträgt.

Anhand dieses Beispiels sollen die grundsätzlichen Überlegungen zur Idee der Differenzialgleichung aus Unterabschnitt 6.1.1 noch einmal nachvollzogen werden. Die Differenzialgleichung lautet $\dot{x}(t) = -\alpha x(t) + \beta$, also $\dot{x}(t) = F(x(t))$ mit $F(x) = -\alpha x + \beta$. Schon aus dem linken Bild in Abbildung 6.6 entnimmt man, dass $\frac{\beta}{\alpha}$ ein stabiler Gleichgewichtspunkt ist, denn für x-Werte links von diesem Punkt ist $F(x) > 0$, sodass x wächst, während rechts von diesem Punkt $F(x) < 0$ ist, sodass x fällt. Dieses Bild kann man zeichnen, ohne Lösungen zu kennen! Zwei entsprechende Lösungskurven sind im rechten Bild skizziert. Man beachte, dass x im linken Bild die unabhängige, im rechten Bild aber die abhängige Variable ist!

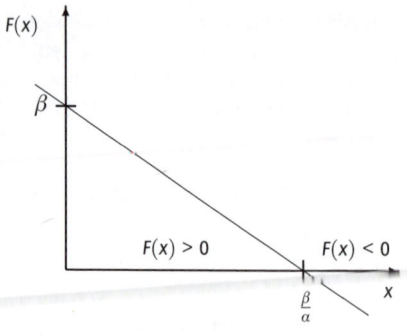
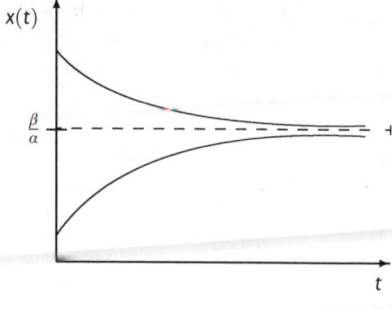

Hier ist x die unabhängige Variable!   Hier ist t die unabhängige Variable!

Abb. 6.6 *Links:* Die rechte Seite der Differenzialgleichung $\dot{x} = \alpha x + \beta$ als Funktion von x. *Rechts:* Zwei Lösungskurven dieser Gleichung als Funktionen der Zeit t.

6.3   Variationen zum logistischen Wachstum

6.3.1   Ein logistisches Modell mit „Bejagung"

Das logistische Wachstumsmodell beschreibt eine isoliert lebende Population, in deren Entwicklung nicht von außen eingegriffen wird. Jetzt betrachten wir Populationen, deren Bestand von außen durch „Bejagung" dezimiert wird.

Beispiel 6.3.1 (Fischbestand mit Befischung) Wir betrachten eine Fischpopulation (die zunächst keine natürlichen Feinde haben soll[6]), die aber mit einer festen Fangquote befischt wird. Unter einer festen Fangquote a wollen wir verstehen, dass $a \cdot \Delta t$ Fische pro

---

[6] Räuber-Beute-Modelle werden in Abschnitt 8.1 vorgestellt.

Zeitspanne Δt gefangen werden, vorausgesetzt natürlich, dass es überhaupt noch Fische gibt.[7] Der Fischbestand ändert sich dadurch wie folgt:

$$x(t + \Delta t) = x(t) + \underbrace{\Delta t \cdot r \cdot x(t) \cdot \left(1 - \frac{x(t)}{K}\right)}_{\text{logistischer Term}} - \Delta t \cdot a$$

falls $x(t) > 0$, und $x(t + \Delta t) = 0$, falls $x(t) = 0$ (die Population ist ausgestorben). Eine einfache Umformung ergibt

$$\frac{x(t + \Delta t) - x(t)}{\Delta t} = r \cdot x(t) \cdot \left(1 - \frac{x(t)}{K}\right) - a,$$

und im Grenzwert $\Delta t \to 0$ erhält man wie in Gleichung (5.9) die Differenzialgleichung

$$\dot{x}(t) = F(x(t)) := r \cdot x(t) \cdot \left(1 - \frac{x(t)}{K}\right) - a, \tag{6.6}$$

jetzt mit einem Dezimationsterm a.

Auch in diesem Modell kann $F(x)$, je nach Größe von x, positive oder negative Werte annehmen. Multipliziert man den Ausdruck für $F(x)$ aus, so erhält man $F(x) = -\frac{r}{K}x^2 + rx - a$. Das ist eine quadratische Funktion von x, und da der Koeffizient vor x^2 negativ ist, ist die durch $y = F(x)$ beschriebene Parabel nach unten geöffnet. Daher gibt es drei Möglichkeiten:

1. $F(x)$ hat keine Nullstelle. Dann ist $F(x) < 0$ für alle x, und da $\dot{x}(t) = F(x(t)) < 0$, fällt $x(t)$ monoton, bis die Population ausgestorben ist (Überfischung).
2. $F(x)$ hat genau eine Nullstelle. Dann ist $F(x) < 0$ außer am Scheitelpunkt x_S der Parabel, wo $F(x_S) = 0$. Zwar ist x_S ein *Gleichgewichtspunkt*, aber beliebig kleine Störungen bringen das Gleichgewicht in eine Situation, wo $F(x) < 0$, sodass auch in diesem Fall die Population ausstirbt. (Ein anderes Wort für Gleichgewicht ist *stationärer Punkt*.)
3. $F(x)$ hat die beiden Nullstellen[8]

$$x_1 = \frac{r - \sqrt{r^2 - 4\frac{r}{K}a}}{2\frac{r}{K}} < x_2 = \frac{r + \sqrt{r^2 - 4\frac{r}{K}a}}{2\frac{r}{K}}.$$

Da in diesem Fall der Term unter der Wurzel positiv aber kleiner als r^2 ist, muss $0 < x_1 < x_2$ sein, und da die Parabel nach unten geöffnet ist, liegt die im *Phasendiagramm* in Abbildung 6.7 skizzierte Situation vor. Man sieht, dass eine Population mit Größe kleiner als x_1 aussterben wird, während eine, die größer als x_1 ist, sich auf den *stabilen* stationären Wert x_2 zu entwickeln wird. Eine Population mit Größe genau x_1 würde theoretisch immer diese Größe beibehalten. Aber schon kleinste durch äußere Einflüsse bedingte Schwankungen würden dazu führen, dass die Population entweder ausstirbt oder sich bei x_2 stabilisiert, denn der stationäre Wert x_1 ist *instabil*. In Abbildung 6.8 kann man diesen Effekt sehr gut sehen.

---

[7] In der Praxis wird man eine Quote natürlich nicht in Anzahl der Fische angeben, sondern z. B. in Tonnen, aber das spielt für unsere Überlegungen keine Rolle.

[8] Zur Erinnerung: Die Gleichung $ax^2 + bx + c = 0$ hat die Lösungen $x_{1,2} = \frac{1}{2a}\left(-b \pm \sqrt{b^2 - 4ac}\right)$.

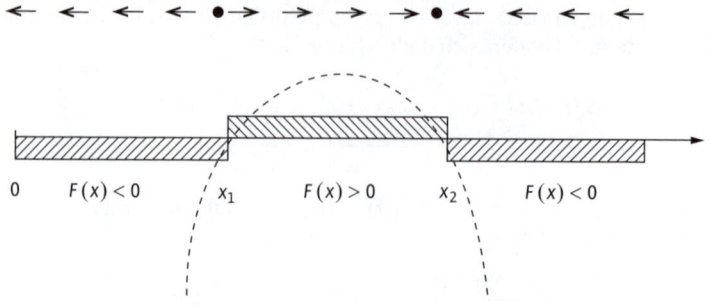

Abb. 6.7 Phasendiagramm für das logistische Modell mit Bejagung

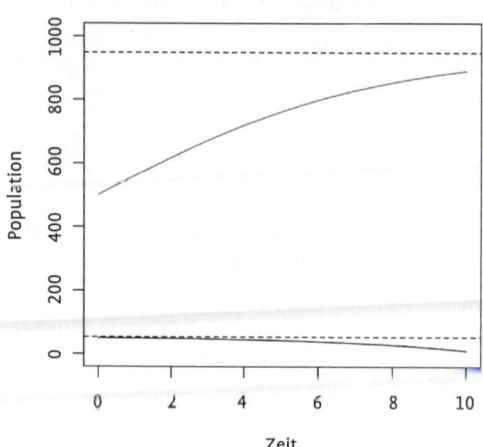

Abb. 6.8 Zwei Wachstumskurven beim logistischen Wachstum mit Bejagung. Die gestrichelten Linien bezeichnen die beiden Gleichgewichtspunkte des Modells, oben den stabilen, unten den instabilen.

Die obige Abbildung legt eine weitere Unterscheidungsmöglichkeit zwischen stabilen und instabilen stationären Punkten nahe. Beim instabilen Punkt x_1 ist $F'(x_1) > 0$ (die gestrichelte Linie ist der Graph von F!). Das heißt, der Wert von $F(x)$ wächst dort von „$F(x) < 0$ für $x < x_0$" zu „$F(x) > 0$ für $x > x_0$" (siehe die schraffierten Balken), und das hat ja gerade die Richtungsänderung der Pfeile zur Folge, die andeuten, in welche Richtung die Populationsgröße sich entwickelt. Ganz entsprechend ist $F'(x_2) < 0$ beim stabilen stationären Punkt x_2.

Wir fassen die Terminologie zu den Gleichgewichtspunkten noch einmal zusammen:

- x_0 ist ein **stationärer Punkt** des Systems (auch **Gleichgewicht** oder **Gleichgewichtspunkt**), falls $F(x_0) = 0$.
- Ein stationärer Punkt x_0 ist **stabil**, falls im Phasendiagramm alle Pfeile in der Nähe von x_0 auf x_0 hin weisen. Das ist genau dann der Fall, wenn $F'(x_0) < 0$.
- Ein stationärer Punkt x_0 ist **instabil**, falls im Phasendiagramm alle nahe bei x_0 liegenden Pfeile von x_0 weg weisen. Das ist genau dann der Fall, wenn $F'(x_0) > 0$.

Achtung: Ist $F(0) = 0$, so ist auch $x = 0$ ein Gleichgewichtspunkt, obwohl die Population ausgestorben ist. (So ist die mathematische Terminologie nun einmal.)

6.3.2 Ein Modell mit zwei stabilen Gleichgewichten

Je komplizierter die Funktion $F(x)$ in einer Differenzialgleichung $\dot{x}(t) = F(x(t))$ ausfällt, desto mehr Gleichgewichtspunkte können auftreten. Es kann sogar geschehen, dass sich die Anzahl der Gleichgewichtspunkte in Abhängigkeit von einem Parameter ändert.

Beispiel 6.3.2 (Ein Rottannenwickler) Beschrieben werden soll die Populationsentwicklung einer Rottannenwicklerraupe. Das Modell wurde in einem Übersichtsartikel in Nature [7] beschrieben und diskutiert. Dieser Wickler lebt auf und von den Nadeln der Rottanne. Die Trägerkapazität K in einem rein logistischen Modell hängt vom Nadelkleid der Tanne ab und wird hier der Einfachheit halber als konstant angenommen. [9]

Nun ist diese Raupe eine bei Vögeln begehrte Nahrung. Man sollte also, wie im vorhergehenden Beispiel, einen Dezimationsterm zur rein logistischen Wachstumsgleichung hinzufügen. In diesem Fall geht man davon aus, dass der Dezimationsterm nicht konstant sein, sondern von der Populationsgröße abhängen sollte. Vorgeschlagen wurde

$$\text{Dezimationsterm} = a \cdot \frac{x^2}{b^2 + x^2}$$

für geeignete Konstanten a und b, siehe Abbildung 6.9 (links). Für sehr große x (viel größer als b) nimmt der Bruch fast den Wert a an, und das Modell ähnelt dem mit konstanter Bejagung. Für kleine x ist er jedoch nahe bei 0, und für $x = b$ ist er gerade $\frac{a}{2}$. Damit will man folgendes modellieren: Gibt es nur wenige Raupen, so werden sie von den Vögeln kaum wahrgenommen, es findet also kaum Dezimation statt, und die Raupenpopulation entwickelt sich nach dem logistischen Modell. Bei starkem Besatz bilden die Raupen eine „lohnende" Nahrungsquelle für Vögel und werden daher mit Rate a dezimiert. Man kommt so auf die Differenzialgleichung

$$\dot{x}(t) = r \cdot x(t) \cdot \left(1 - \frac{x(t)}{K}\right) - a \cdot \frac{x(t)^2}{b^2 + x(t)^2} \, . \tag{6.7}$$

Es stellt sich heraus, dass je nach Wahl der Parameter, entweder ein oder zwei *stabile* stationäre Punkte auftreten können, d. h. die Wicklerpopulation kann sich auf zwei verschiedenen Niveaus stabilisieren. Dazu kommt in beiden Fällen das instabile Gleichgewicht bei $x = 0$ und im zweiten Fall auch ein weiteres instabiles Gleichgewicht zwischen den beiden stabilen. Das wird in Abbildung 6.9 (rechts) illustriert, wo die rechte Seite $F(x)$ der Differenzialgleichung gegen x aufgetragen ist. Dieses Beispiel zeigt, wie vorsichtig man beim Modellieren sein muss, und wie empfindlich die Schlussfolgerungen, die man aus der Untersuchung eines Modells zieht, von kleinen Details abhängen können.

---

[9] Bei starkem Schädlingsbefall ist das natürlich eine äußerst problematische Annahme, und in [7, S. 475/6] wird deshalb auch eine variable Trägerkapazität diskutiert.

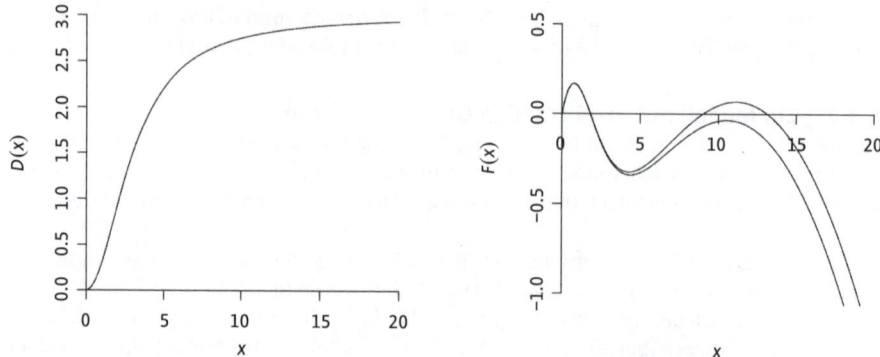

Abb. 6.9 Für die Parameterwerte $r = 0.48$, $a = 3$, $b = 3$ ist links der Dezimationsterm als Funktion der Populationsgröße und rechts die rechte Seite der Gleichung (6.7) aufgetragen, letztere für zwei verschiedene Wahlen von K: $K = 23$ (untere Kurve, ein stabiles Gleichgewicht) und $K = 24$ (obere Kurve, zwei stabile Gleichgewichte).

6.4 Zeitverzögerungen

Im Modell des logistischen Wachstums wird die Zunahme der Populationsgröße durch den Term $\left(1 - \frac{x(t)}{K}\right)$ reguliert, in den die *momentane* Größe der Population einfließt. Das ist in vielen Fällen unrealistisch, weil die Veränderungsrate einer Population oft erst mit einer gewissen zeitlichen Verzögerung auf Veränderungen der Populationsgröße reagiert.

Beispiel 6.4.1 (Zahl der Lehramtsstudenten) Ein einfaches Modell für die Anzahl $x(t)$ der Erstsemester-Lehramtsstudenten in Bayern in einem Fach (z. B. Biologie) könnte von folgenden Annahmen ausgehen:

- Bei sehr geringer Zahl und dementsprechend sehr guten Einstellungschancen spricht sich herum, dass sich das Studium lohnt (ist interessant, gute Studienbedingungen, gute Berufsaussichten), und die Anzahl wächst exponentiell.
- Wegen einer begrenzten Ausbildungskapazität der Universitäten und begrenzter Zahl zu besetzender Stellen (Trägerkapazität) verschlechtern sich bei wachsender Studentenzahl die Bedingungen und Berufsaussichten, und die Wachstumsrate geht zurück und kann sogar negativ werden. Das entspricht dem Modell des logistischen Wachstums.
- Allerdings hängt die Entscheidung der Studienanfänger für oder gegen das Studium nicht von der aktuellen Anfängerzahl, sondern von der vor mehreren Jahren ab, denn die aktuellen Studienbedingungen und die aktuelle Einstellungsquote im Lehramt werden durch diese Zahl bestimmt.

Daher sollte man ein Modell folgender Art betrachten:

$$\dot{x}(t) = r \cdot x(t) \cdot \left(1 - \frac{x(t - \tau)}{K}\right) \tag{6.8}$$

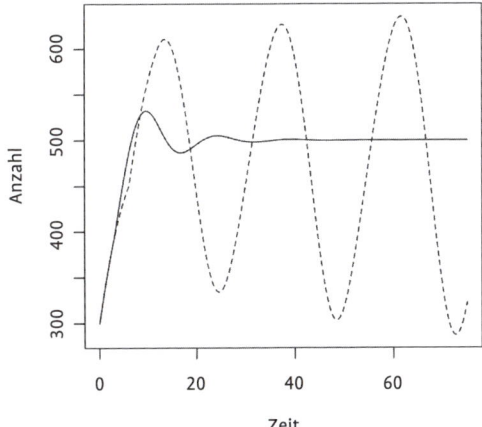

Abb. 6.10 Zwei zeitliche Verläufe von Lösungskurven zu Gleichung (6.8), beide mit Parametern $r = 0.3$ und $K = 500$. Bei der durchgezogenen Kurve ist die Verzögerung $\tau = 3$ – sie oszilliert zu Anfang, schwingt dann aber auf die Trägerkapazität $K = 500$ ein. Bei der gestrichelten Kurve mit $\tau = 6$ bauen sich die Oszillationen immer stärker auf.

mit einer *Verzögerungszeit* τ. Misst man in diesem Beispiel die Verzögerung in Jahren, so könnte τ einen Wert von 6 haben. Es stellt sich heraus, dass das Modell bei ausreichend großer Verzögerung periodische Schwankungen der Studentenzahlen voraussagt. Das wird in Abbildung 6.10 illustriert.

Wir stellen also fest:

> **Verzögerte Reaktionen eines Systems können zu instabilem Verhalten (hier zu Oszillationen) führen.**

6.5 Zwei Modelle der chemischen Reaktionskinetik

Ebenso wie das Populationswachstum sind auch viele chemische Reaktionen Vorgänge, die in der Zeit ablaufen. Die beobachtbaren Größen sind nun die Konzentrationen der beteiligten Reaktionspartner (vorher die Populationsgrößen). Da bei chemischen Reaktionen z. B. aus zwei Substanzen eine neue entsteht oder eine Substanz unter Einbeziehung eines Katalysators in eine andere umgewandelt werden kann, können Konzentrationen der beteiligten Reaktionspartner im Laufe der Zeit zunehmen oder abnehmen und sich dabei gegenseitig beeinflussen.

So verwundert es nicht, dass man diese Vorgänge, ausgehend von fundamentalen chemischen Überlegungen, die hier nicht diskutiert werden sollen, ebenfalls durch Differenzialgleichungen beschreiben kann.

Beispiel 6.5.1 (Die Reaktion $A + B \underset{k_-}{\overset{k_+}{\rightleftharpoons}} C$) In einem Reagenzglas befinden sich die drei Substanzen A, B, C. Zwei Reaktionen sind möglich: Ein Mol A und ein Mol B reagieren zu einem Mol C mit Rate k_+, oder ein Mol C zerfällt in ein Mol A und ein Mol B mit

Rate k_-. Das System ist *abgeschlossen*, d. h., es wird nichts hinzugefügt oder weggenommen. Die (zeitlich veränderlichen!) Konzentrationen der drei Stoffe bezeichnen wir mit $a(t), b(t), c(t)$.

Da immer ein A nur gemeinsam mit einem B zu einem C reagieren kann und da beim Zerfall eines C immer ein A und ein B entstehen, gelten folgende *Erhaltungsgleichungen*:

$$a(t) + c(t) = \text{const} = a(0) + c(0)$$
$$b(t) + c(t) = \text{const} = b(0) + c(0).$$
(6.9)

Subtrahiert man die erste von der zweiten Gleichung, so erhält man

$$b(t) - a(t) = \text{const} = b(0) - a(0).$$
(6.10)

Die (zeitabhängigen!) Geschwindigkeiten der beiden involvierten Reaktionen sind (aufgrund chemischer Überlegungen)

$$v_+(t) = k_+ \cdot a(t) \cdot b(t) \quad \text{und} \quad v_-(t) = k_- \cdot c(t).$$

Die Überlegungen, die zu diesen Gleichungen führen, sind als *Massenwirkungsgesetz* bekannt: Für ein *einzelnes* Molekül vom Typ A ist die Chance, auf einen Reaktionspartner vom Typ B zu treffen, proportional zu $b(t)$. [10] Also sollte der *gesamte* Umsatz $A + B \to C$ proportional zu $a(t) \cdot b(t)$ sein, und mit k_+ bezeichnet man diesen Proportionalitätsfaktor.

Nun lässt sich leicht eine Gleichung für die Reaktionskinetik aufstellen:

$$\dot{a}(t) = -v_+(t) + v_-(t) = -k_+ \cdot a(t) \cdot b(t) + k_- \cdot c(t)$$

Mit Gleichung (6.9) und Gleichung (6.10) folgt daraus

$$\dot{a}(t) = -k_+ \cdot a(t) \cdot (a(t) + b(0) - a(0)) + k_- \cdot (-a(t) + a(0) + c(0))$$

Setzt man $r := -k_+ \cdot (b(0) - a(0)) - k_-$ und $M := k_- \cdot (a(0) + c(0))$ (das sind zeitlich konstante Terme!), so erhält man nach einer kleinen Rechnung

$$\dot{a}(t) = F(a(t)) := r \cdot a(t) \cdot \left(1 - \frac{a(t)}{r/k_+}\right) + M.$$

Das sieht auf den ersten Blick wie Gleichung (6.6) für logistisches Wachstum mit Bejagung aus. Allerdings ist der konstante Term jetzt positiv. Wir bestimmen das Phasendiagramm dieser Gleichung: $F(x) = rx\left(1 - \frac{x}{r/k_+}\right) + M = -k_+x^2 + rx + M$ beschreibt eine nach unten geöffnete Parabel mit Nullstellen $x_{1/2} = \frac{r}{2k_+} \pm \frac{1}{2k_+}\sqrt{r^2 + 4k_+M}$, und da M positiv ist, liegen tatsächlich immer zwei Nullstellen vor, von denen aber immer nur eine positiv und damit für die chemische Interpretation relevant ist.

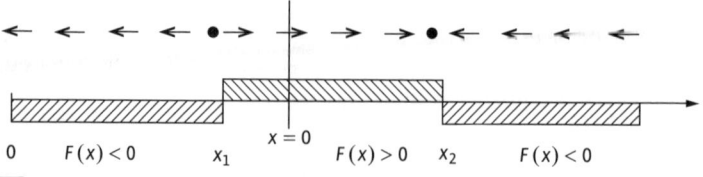

---

[10] Dahinter steckt die nicht ganz unproblematische Annahme, dass immer eine perfekte Mischung der drei Reaktanten im Reagenzglas vorliegt, also sich nicht etwa A bevorzugt am Boden absetzt und B zur Oberfläche steigt!

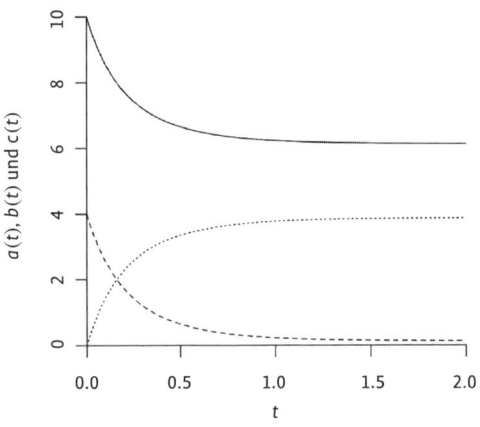

Abb. 6.11 Zeitliche Entwicklung der drei Konzentrationen im Reaktionsschema $A + B \rightleftharpoons C$:
$a(t)$ durchgezogen,
$b(t)$ gestrichelt,
$c(t)$ gepunktet.

Diese Nullstelle markiert ein stabiles Gleichgewicht. Der Lösungsverlauf für die drei Konzentrationen ist in Abbildung 6.11 dargestellt. [11]

Beispiel 6.5.2 (Michaelis-Menten-Kinetik) Hier reagiert ein Substrat S mit einem Enzym E, indem es sich an die einzige Bindungsstelle von E setzt und so einen Komplex C bildet. Die Reaktion ist reversibel und läuft mit Raten $k_+ > 0$ bzw. $k_- > 0$ ab. Gleichzeitig zerfällt der Komplex C mit Rate k_p in ein „Produkt" P und setzt dabei wieder das Enzym E frei. Diese Reaktion ist zwar im Prinzip auch reversibel, läuft aber rückwärts mit so kleiner Rate ab, dass dieser Effekt vernachlässigt werden kann. Schematisch:

$$S + E \overset{k_+}{\underset{k_-}{\rightleftharpoons}} C \overset{k_p}{\to} P + E.$$

Wenn das Substrat S in großer Menge vorhanden ist, kann seine Konzentration $s(t)$ als konstant angesehen werden, $s(t) = s$. (Sie kann auch durch geeignete experimentelle Maßnahmen konstant gehalten werden.) Außerdem gehen wir davon aus, dass zu Beginn der Reaktion noch kein Komplex C vorliegt, dass also $c(0) = 0$ ist. Daher gibt es nur eine Erhaltungsgleichung für die Konzentrationen $e(t)$ und $c(t)$ von Enzym und Komplex:

$$e(t) + c(t) = e(0) + c(0) = e(0).$$

Aus der Reaktionsgleichung liest man wieder die Geschwindigkeiten der drei involvierten Reaktionen ab:

$$v_+(t) = k_+ \cdot s \cdot e(t), \qquad v_-(t) = k_- \cdot c(t), \qquad v_p(t) = k_p \cdot c(t). \qquad (6.11)$$

---

[11] Für Wissbegierige sei hier noch eine explizite Lösung dieser Gleichung angegeben, die ich nur mit Hilfe einer auf symbolische Rechnungen spezialisierten Software gefunden habe:

$$a(t) = \frac{1}{2k_+} \left[r + \sqrt{4k_+M + r^2} \Big/ \tanh\left(\frac{t + C}{2} \sqrt{4k_+M + r^2} \right) \right]$$

wobei C eine durch die Anfangsbedingung $a(0)$ bestimmbare Konstante ist und $\tanh$ die Funktion $\tanh(x) = \frac{e^x - e^{-x}}{e^x + e^{-x}}$ bezeichnet.

Aus diesen Gleichungen folgt wie im vorherigen Beispiel

$$\dot{c}(t) = v_+(t) - v_-(t) - v_p(t) = k_+\, s\, (e(0) - c(t)) - (k_- + k_p)\, c(t)$$
$$= -(k_+\, s + k_p + k_-)\, c(t) + k_+\, s\, e(0)\,.$$

Wir haben es also mit einer Differenzialgleichung der Form $\dot{x}(t) = -ax(t) + b$ mit $a, b > 0$ zu tun, wobei $a = k_+\, s + k_p + k_-$ und $b = k_+\, s\, e(0)$. Die Analyse dieser Gleichung sollen Sie in Aufgabe 8 dieses Kapitels selbst durchführen. Dort werden Sie sehen, dass die Reaktion auf ein stabiles Gleichgewicht $\bar{c} = \frac{b}{a}$ für die Komplexkonzentration $c(t)$ zuläuft.

Aus der dritten Identität in Gleichung (6.11) folgt für die Konzentration $p(t)$ des Produkts

$$\dot{p}(t) = v_p(t) = k_p \cdot c(t)\,.$$

Im Gleichgewicht, wenn also $c(t) = \bar{c}$ gilt, wird das zu $\dot{p}(t) = k_p\, \bar{c}$, sodass

$$p(t) = p(0) + k_p\, \bar{c} \cdot t\,.$$

Mit anderen Worten: Im Gleichgewicht wird P mit der Geschwindigkeit $V_p := k_p\, \bar{c}$ produziert.

Setzt man in $\bar{c} = \frac{b}{a}$ wieder die detaillierten Werte für a und b ein, so erhält man

$$V_p = k_p\, \frac{k_+\, s\, e(0)}{k_+\, s + k_p + k_-} = \frac{k_p\, e(0) \cdot s}{s + \frac{k_p + k_-}{k_+}} = k_p\, e(0) \cdot \frac{s}{s + K_{\text{Mich}}}$$

wo $K_{\text{Mich}} := \frac{k_p + k_-}{k_+}$ die *Michaelis-Konstante* ist. Variiert man die Substratkonzentration s unter Beibehaltung aller anderen Größen, so beschreibt die *Michaelis-Menten-Funktion*[12] $V_p = V_p(s) = k_p\, e(0) \cdot \frac{s}{s + K_{\text{Mich}}}$, wie die Geschwindigkeit, mit der das Produkt P im Gleichgewicht produziert wird, von der Substratkonzentration abhängt. In Aufgabe 8 werden Sie feststellen, dass

- $V_p'(s) > 0$, die Geschwindigkeit also mit der Substratkonzentration steigt,
- $V_{\max} := \lim_{s \to \infty} V_p(s) = k_p\, e(0)$ endlich ist, die Geschwindigkeit also durch Erhöhung der Substratkonzentration nicht beliebig gesteigert werden kann
- und dass $V_p(s) = \frac{1}{2} V_{\max}$ gerade dann erreicht wird, wenn s gleich der Michaelis-Konstanten K_{Mich} ist.

Bemerkung 6.5.3 Wie bei Populationsmodellen kann es auch in der Reaktionskinetik mehrere koexistierende Gleichgewichte geben. Eine solche Situation wurde in Beispiel 6.3.2 zur Entwicklung von Rottannenwicklerpopulationen vorgestellt. In [3] werden enzymatisch gesteuerte biochemische Reaktionsnetzwerke auf solche Effekte hin untersucht.

---

[12] *Leonor Michaelis* (1875–1949), deutsch-amerikanischer Biochemiker und Mediziner, arbeitete in Berlin, Nagoya, Baltimore und New York. *Maud Menten* (1879–1960), kanadische Medizinerin, arbeitete in Berlin und Pittsburgh.

6.6 Fragen und Aufgaben

1. Gegen welchen Wert streben alle Lösungen der Differenzialgleichung

$$\dot{x}(t) = 0.1 \cdot x(t) \cdot \left(1 - \frac{x(t)}{5000}\right) ?$$

2. Wieviele stationäre Punkte hat die Differenzialgleichung

$$\dot{x}(t) = 0.2 \cdot x(t) \cdot \left(1 - \frac{x(t)}{10000}\right) - 400 ?$$

   Bestimmen Sie die stationären Punkte. Welcher davon ist stabil?

3. Wir betrachten eine Differenzialgleichung $\dot{x}(t) = F(x(t))$, wobei $F(0) = 0$ und

$$F(x) < 0 \quad \text{für} \quad 0 < x < 300,$$
$$F(x) > 0 \quad \text{für} \quad 300 < x < 900,$$
$$F(x) < 0 \quad \text{für} \quad x > 900.$$

   Bestimmen Sie aus diesen Angaben die stabilen und die instabilen stationären Punkte der Gleichung.

4. Ein einem Patienten durch Infusion gleichmäßig zugeführtes Medikament wird vom Körper mit Rate 1.5 (bezogen auf die Zeiteinheit 1 Stunde) abgebaut. Wie muss das Medikament dosiert werden, damit sich nach einiger Zeit konstant 10 mg des Medikaments im Blut befinden? Wie hoch ist der Medikamentenspiegel im Blut nach einer und nach zwei Stunden?

5. In welcher qualitativ wichtigen Weise können sich verzögerte Reaktionen auf das Verhalten eines Systems auswirken?

6. Wie lauten die Bedingungen, unter denen x_0 ein stabiler Gleichgewichtspunkt der Differenzialgleichung $\dot{x}(t) = F(x(t))$ ist?

7. Bestimmen Sie im Beispiel 6.5.1 den stabilen Gleichgewichtswert für die Konzentration a.

8. Betrachten Sie die Michaelis-Menten-Reaktion aus Beispiel 6.5.2.

   a) Bestimmen Sie den Gleichgewichtspunkt der Differenzialgleichung $\dot{x}(t) = -ax(t) + b$ und begründen Sie, warum er stabil ist.

   b) Bestimmen Sie die Gleichgewichtskonzentration von C wenn $s = 100$, $k_+ = 3$, $k_- = 1$, $k_p = 5$ und $e(0) = 10$.

   c) Bestimmen Sie die Rate, mit der P im Gleichgewicht produziert wird.

   d) Die allgemeine Lösung der Gleichung $\dot{x}(t) = -ax(t) + b$ lautet

$$x(t) = \frac{b}{a} - \left(\frac{b}{a} - x(0)\right) e^{-at}.$$

   Prüfen Sie das nach!

   e) Leiten Sie die drei am Ende von Beispiel 6.5.2 aufgeführten Eigenschaften der Michaelis-Menten Funktion $V_p(s)$ her.

Antworten:

1) 5000.

2) Zwei Gleichgewichtspunkte 2764 und 7236; stabil ist 7236.

3) Stabil: 0 und 900; instabil: 300.

4) Dosierung: 15 mg pro Stunde; nach einer Stunde: 7.77 mg; nach zwei Stunden: 9.50 mg.

5) Es kann zu instabilem Verhalten, Oszillationen u.ä. kommen.

6) Gleichgewichtspunkt: $F(x_0) = 0$, Stabilität: $F'(x_0) < 0$.

7) Die positive Nullstelle von $F(x)$ ist $x_2 = \frac{r}{2k_+} + \frac{1}{2k_+}\sqrt{r^2 + 4k_-k_+(a(0) + c(0))}$. Das ist auch das stabile Gleichgewicht.

8) a) $F(x) = -ax - b$ hat nur die Nullstelle $x_s = \frac{b}{a}$. Da $F(x) > 0$ für $x < x_s$ und $F(x) < 0$ für $x > x_s$, ist x_s ein stabiles Gleichgewicht. (Alternative Begründung: $F'(x) = -a < 0$) b) $a = 306$, $b = 3000$, also hat C die Gleichgewichtskonzentration $\bar{c} = \frac{3000}{306} = 9.804$. c) $V_p = k_p \bar{c} = 49.02$. d) $\frac{d}{dt}x(t) = \frac{d}{dt}\left(\frac{b}{a} - \left(\frac{b}{a} - x(0)\right)e^{-at}\right) = a \cdot \left(\frac{b}{a} - x(0)\right)e^{-at} = a \cdot \left(\frac{b}{a} - x(t)\right) = -ax(t) + b$. e) $V_p'(s) = k_p e(0) \frac{K_{\text{Mich}}}{(s+K_{\text{Mich}})^2}$ ist positiv für alle s. $V_{\max} = \lim_{s\to\infty} V_p(s) = k_p e(0) \cdot \lim_{s\to\infty} \frac{s}{s+K_{\text{Mich}}} = k_p e(0) \cdot \lim_{s\to\infty} \frac{1}{1+\frac{K_{\text{Mich}}}{s}} = k_p e(0)$. $V_p(s) = \frac{1}{2}V_{\max} = \frac{1}{2}k_p e(0)$ gilt genau dann, wenn $\frac{s}{s+K_{\text{Mich}}} = \frac{1}{2}$ ist, und das ist gleichbedeutend mit $s = K_{\text{Mich}}$.

7 Modelle der Populationsgenetik

In diesem Kapitel wird die Entwicklung von Populationen betrachtet, bei denen die genetische Unterschiedlichkeit der Individuen, soweit sie für die Entwicklung der gesamten Population relevant ist, berücksichtigt wird. Dazu werden das Hardy-Weinberg-Modell und zwei seiner Varianten eingeführt.

7.1 Das Hardy-Weinberg-Modell

Die Gene eines Lebewesens haben oft Einfluss auf seine Chancen im „Wettstreit" um die besten Reproduktionsmöglichkeiten. Daher ist die Zusammensetzung des Genpools einer Population wichtig für die Entwicklung der gesamten Population, und umgekehrt wird die Zusammensetzung des Genpools durch die Populationsentwicklung gesteuert.

In diesem Abschnitt wird nur die einfachste Situation an Hand eines Beispiels betrachtet: Eine Wildblumenart existiere in zwei Ausprägungen, sogenannten *Phänotypen*, nämlich mit roten und mit weißen Blüten. Parallel dazu wird auch eine andere Population betrachtet, die zusätzlich in einer dritten Ausprägung existiert, nämlich mit rosa Blüten. Welcher dieser Phänotypen tatsächlich realisiert wird, werde durch die beiden Gene bestimmt, die an zwei entsprechenden Orten eines homologen Chromosomenpaares sitzen, also am sogenannten *Genort* oder *Locus* dieses Erbmerkmals. Weiter wollen wir annehmen, dass an diesem Genort nur zwei Gentypen auftreten können, die sogenannten *Allele A* und *a*. Der am betrachteten Genort fixierte *Genotyp* ist das Paar von Allelen, das dort tatsächlich vorkommt, also *AA*, *Aa* oder *aa*. (Die vierte Möglichkeit *aA* muss nicht extra aufgeführt werden, da sie völlig gleichwertig zu *Aa* ist.)

Nun möge das Allel *A* rote und das Allel *a* weiße Blüten hervorbringen. Dadurch ist für die *homozygoten* Genotypen *AA* und *aa* der zugehörige Phänotyp „rot" bzw. „weiß" eindeutig festgelegt. Der *heterozygote* Genotyp *Aa* bringe in der Population mit drei verschiedenen Phänotypen rosa Blüten hervor. In der Population mit nur zwei Phänotypen nehmen wir an, dass das Allel *A dominant* und das Allel *a rezessiv* ist, also der Genotyp *Aa* genau wie *AA* rote Blüten hervorbringt.

Von jetzt an betrachten wir eine große Population unserer Wildblumenart und führen folgende Bezeichnungen für die *Häufigkeiten* der Genotypen ein:

n :	Größe der Population	
$[AA]$:	Anzahl der Blumen mit Genotyp AA	
$[Aa]$:	Anzahl der Blumen mit Genotyp Aa	
$[aa]$:	Anzahl der Blumen mit Genotyp aa	

Also ist $n = [AA] + [Aa] + [aa]$. Daraus lassen sich folgende *relativen Häufigkeiten* bestimmen:

$$x := \frac{[AA]}{n} : \qquad \text{relative Häufigkeit von Genotyp } AA \text{ in der Population}$$

$$y := \frac{[Aa]}{n} : \qquad \text{relative Häufigkeit von Genotyp } Aa \text{ in der Population}$$

$$z := \frac{[aa]}{n} : \qquad \text{relative Häufigkeit von Genotyp } aa \text{ in der Population}$$

$$p := \frac{2[AA] + [Aa]}{2n} = x + \frac{1}{2}y : \qquad \text{relative Häufigkeit von Allel } A \text{ in der Population}$$

$$q := \frac{2[aa] + [Aa]}{2n} = z + \frac{1}{2}y : \qquad \text{relative Häufigkeit von Allel } a \text{ in der Population}$$

Es folgt sofort, dass

$$x + y + z = \frac{1}{n}\left([AA] + [Aa] + [aa]\right) = 1$$

$$p + q = x + y + z = 1 \,.$$

Beispiel 7.1.1 Bei einer Population von $n = 500$ Pflanzen gibt es $2n = 1000$ Gene am in Frage stehenden Genort. Es sei $[AA] = 350$, $[Aa] = 100$ und $[aa] = 50$. Dann berechnen sich obige relative Häufigkeiten zu

$$x = 0.7 \qquad y = 0.2 \qquad z = 0.1 \qquad p = 0.8 \qquad q = 0.2 \,.$$

Ist das Allel A dominant, so hat der Phänotyp „rot" die relative Häufigkeit $x + y = 0.9$.

Die Hardy-Weinberg-Annahmen Wir untersuchen nun, wie sich die Genotyp- und Allel-Häufigkeiten in einer Population von Generation zu Generation verändern. Dabei machen wir die folgenden sechs idealisierenden Annahmen:

1. Die Population ist *isoliert* von anderen Populationen, mit denen sie evtl. Gene „austauschen" könnte.
2. Es gibt *keine Mutationen*, d. h. keine Umwandlungen eines Allels in ein anderes.
3. Die Population entwickelt sich in *nicht überlappenden Generationen*.
4. Es gibt *keine Selektion*, die durch unterschiedliche Überlebens- und Fortpflanzungserfolge der verschiedenen Genotypen hervorgerufen ist.
5. Die *Paarungen erfolgen völlig zufällig*, d. h. die Wahrscheinlichkeit, dass ein bestimmtes Allel, egal welchen Typs, sich mit einem Allel vom Typ A bzw. a kombiniert, ist gleich p bzw. q (also gleich der relativen Häufigkeit von A bzw. a in der Population). Insbesondere gibt es keine Inzucht.
6. Die *Population ist sehr groß*.

Unter diesen Annahmen kann man die erwartete Zahl der Exemplare mit den verschiedenen Genotypen nach der Paarung aus folgenden Diagrammen berechnen:

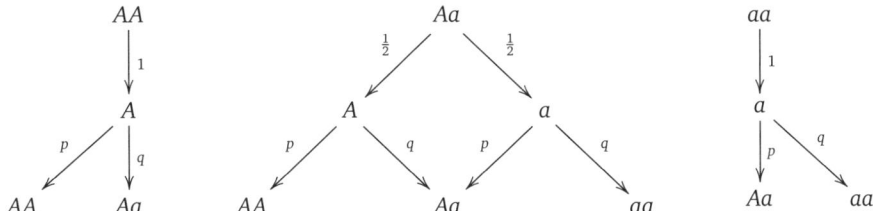

Diese Diagramme sind so zu verstehen:

Links Ein Elternteil mit Genotyp AA bringt auf jeden Fall (Wahrscheinlichkeit 1) das Allel A in die Rekombination ein. Dieses Allel wird sich mit Wahrscheinlichkeit p mit einem anderen Allel A kombinieren und so den Genotyp AA ergeben, und mit Wahrscheinlichkeit q wird es mit einem Allel a kombiniert, was im Genotyp Aa resultiert. Die Wahrscheinlichkeiten p bzw. q ergeben sich aus den relativen Häufigkeiten der beiden Allele in der Gesamtpopulation (unter Beachtung der Annahmen 5 und 6).

Mitte Ein Elternteil vom Genotyp Aa bringt jeweils mit Wahrscheinlichkeit $\frac{1}{2}$ das Allel A oder das Allel a in die Rekombination ein. Die weitere Argumentation ist dann wie vorher.

Rechts Hier argumentiert man analog zum ersten Fall.

Will man nun berechnen, wie groß in der Nachkommengeneration die Zahl der Individuen eines bestimmten Genotyps ist, so liest man die drei Diagramme von unten nach oben und schaut, auf welchen Wegen dieser Genotyp aus den drei Genotypen der Elterngeneration entstanden sein kann. Das ergibt z. B. für die Zahl der Individuen vom Genotyp AA in der neuen Generation

$$p \cdot 1 \cdot [AA] + p \cdot \frac{1}{2} \cdot [Aa] = pnx + pn\frac{y}{2} = pn(x + \frac{y}{2}) = pnp = p^2n. \tag{7.1}$$

Ganz analog geht man für den Genotyp aa vor und erhält entsprechend q^2n Exemplare nach der Paarung. Dann müssen vom dritten Genotyp Aa nach der Paarung $n - p^2n - q^2n = (1 - p^2 - q^2)n = 2pqn$ Individuen auftreten. [1] In der Nachfolgegeneration ist also

- die relative Häufigkeit von Genotyp $[AA]$ in der Population gleich p^2,
- die relative Häufigkeit von Genotyp $[aa]$ in der Population gleich q^2 und
- die relative Häufigkeit von Genotyp $[Aa]$ in der Population gleich $2pq$.

Bei kleineren Populationen würden die tatsächlich auftretenden Zahlen zufällig um diese *Mittelwerte* schwanken.

---

[1] Beachte: Da $p + q = 1$ ist $1 - p^2 - q^2 = (p + q)^2 - p^2 - q^2 = 2pq$.

Bemerkung 7.1.2 (Hardy-Weinberg und natürliche Populationen) Die obigen Annahmen 1–6 sind für natürliche Populationen in der Regel nicht erfüllt. Trotzdem ist es interessant zu wissen, nach welchen Gesetzmäßigkeiten die Allel- und Genotyphäufigkeiten sich im Idealfall entwickeln, da Abweichungen von der idealen Entwicklung bedeuten, dass mindestens eine dieser Annahmen verletzt ist. Wie dieses Modell an Daten überprüft werden kann, werden wir in Kapitel 10 sehen.

Das Hardy-Weinberg-Gleichgewicht   Nun betrachten wir nicht nur eine Eltern- und eine Nachfolgegeneration, sondern auch die Enkel- und Urenkelgeneration usw. Die Population soll sich in diskreten Zeitschritten entwickeln mit der Elterngeneration zur Zeit $t = 0$, der ersten Nachfolgegeneration zur Zeit $t = 1$ usw. Die relativen Häufigkeiten der Genotypen zur Zeit t seien x_t, y_t und z_t, die entsprechenden Allelhäufigkeiten $p_t = x_t + \frac{1}{2}y_t$ und $q_t = z_t + \frac{1}{2}y_t$. Aus den eben bestimmten Genotyphäufigkeiten der Nachfolgegeneration folgt:

$$x_{t+1} = p_t^2 \qquad y_{t+1} = 2p_t q_t \qquad z_{t+1} = q_t^2 \tag{7.2}$$

und daher

$$p_{t+1} = x_{t+1} + \frac{1}{2}y_{t+1} = p_t^2 + p_t q_t = p_t(p_t + q_t) = p_t$$

$$q_{t+1} = z_{t+1} + \frac{1}{2}y_{t+1} = q_t^2 + p_t q_t = q_t(p_t + q_t) = q_t \, .$$

Die Allelhäufigkeiten p und q ändern sich unter den Annahmen 1–6 von Generation zu Generation also nicht, d. h. $p_0 = p_1 = p_2 = \ldots$ und $q_0 = q_1 = q_2 = \ldots$. Aus Gleichung (7.2) folgt außerdem, dass von der ersten Nachfolgegeneration an $x_1 = x_2 = x_3 = \cdots = p_0^2$, $y_1 = y_2 = y_3 = \cdots = 2p_0 q_0$ und $z_1 = z_2 = z_3 = \cdots = q_0^2$. Wir fassen zusammen: [2]

Hardy-Weinberg-Regel

- Unter den Annahmen 1–6 sind die relativen Allel-Häufigkeiten p und q in allen Generationen dieselben.
- Von der ersten Nachfolgegeneration an befindet sich die Population im sogenannten *Hardy-Weinberg-Gleichgewicht*, d. h. für die relativen Genotyp-Häufigkeiten x, y und z gilt

$$x = p^2 \qquad y = 2pq \qquad z = q^2 \, .$$

Beispiel 7.1.3 Mit den Zahlen $p = 0.8$ und $q = 0.2$ aus Beispiel 7.1.1 als Werte für die Generation zur Zeit $t = 0$ gilt für $t = 1, 2, 3, \ldots$:

$$x_t = 0.8^2 = 0.64 \qquad y_t = 2 \cdot 0.8 \cdot 0.2 = 0.32 \qquad z_t = 0.2^2 = 0.04 \, .$$

Ist das Allel *A dominant*, so lassen sich durch direkte Beobachtung nur die Anteile der Phänotypen „weiß" (gleich $\frac{[aa]}{n}$) und „rot" (gleich $\frac{[AA] + [Aa]}{n}$) bestimmen, also die Werte

---

[2]   Diese Regel wurde im Jahr 1908 unabhängig voneinander von dem britischen Mathematiker *Godfrey Harold Hardy* (1877–1947) und dem deutschen Biologen *Wilhelm Weinberg* (1862–1937) formuliert.

von $z = q^2$ und $x + y = 1 - q^2$. Daraus kann man den Anteil y der Heterozygoten im Hardy-Weinberg-Gleichgewicht errechnen: $y = 2pq = 2(1-q)q$. Mit obigem Wert $z = 0.04$ ergibt sich

$$q = \sqrt{z} = \sqrt{0.04} = 0.2 \qquad y = 2(1-q)q = 2 \cdot 0.8 \cdot 0.2 = 0.32 \, .$$

Grafische Darstellung Da $x, y, z \geq 0$ und $y = 1 - x - z$, lässt sich das Tripel (x, y, z) eindeutig durch den Punkt $(x|z)$ mit $x, z \geq 0$ und $x + z \leq 1$ darstellen, also durch einen Punkt im Dreieck mit den Eckpunkten $(0|0)$, $(0|1)$ und $(1|0)$. Den Hardy-Weinberg-Gleichgewichten entsprechen gerade diejenigen Punkte $(x|z)$, deren Koordinaten die Form $x = p^2$, $z = q^2 = (1 - p)^2$ haben, siehe Abbildung 7.1.

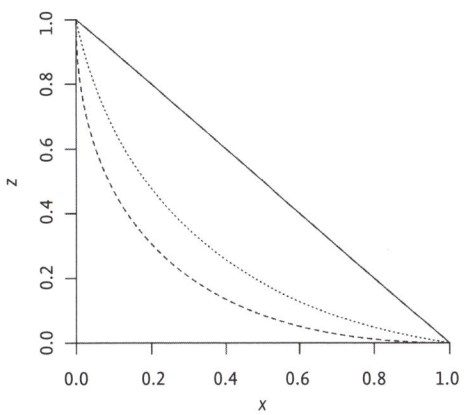

Abb. 7.1 Hardy-Weinberg-Gleichgewichte. *Gestrichelte Kurve:* im Originalmodell. *Gepunktete Kurve:* im Modell mit Inzucht (Parameter $\alpha = 0.3$).

7.2 Inzucht

Kombinieren sich bei der Fortpflanzung bevorzugt Allele gleichen Typs, so spricht man von Inzucht. Das kann zum Beispiel auf Grund äußerer Merkmale geschehen, die durch den Genotyp bestimmt werden. In jedem Fall ist Annahme 5 verletzt. Ein einfaches Modell für eine Inzucht-Situation ist die folgende Modifikation von Gleichung (7.2)

$$x_{t+1} = p_t^2 + \alpha p_t q_t \qquad y_{t+1} = 2(1 - \alpha)p_t q_t \qquad z_{t+1} = q_t^2 + \alpha p_t q_t \qquad (7.3)$$

mit einem *Inzucht-Parameter* $\alpha \geq 0$. Ist $\alpha = 0$, so liegt wieder der Hardy-Weinberg-Fall vor. Ist aber $\alpha > 0$, so werden homozygote Paarungen bevorzugt. Man rechnet leicht nach, dass wieder

$$p_{t+1} = x_{t+1} + \frac{1}{2}y_{t+1} = p_t^2 + \alpha p_t q_t + (1 - \alpha)p_t q_t = p_t^2 + p_t q_t = p_t$$

und analog $q_{t+1} = q_t$. Die Allel-Häufigkeiten bleiben also weiterhin unverändert, nur die dadurch gemäß Gleichung (7.3) bestimmten Genotyp-Häufigkeiten im Gleichgewicht ändern sich, siehe Abbildung 7.1. Insbesondere werden die Heterozygoten zu Gunsten der Homozygoten zurückgedrängt. Wir fassen zusammen:

> Lassen wir **Inzucht** zu, so bleiben die Allel-Häufigkeiten weiterhin von Generation zu Generation unverändert. Gegenüber dem reinen Hardy-Weinberg-Modell treten aber die Homozygoten häufiger auf.

7.3   Selektion

Haben die verschiedenen Genotypen unterschiedliche Lebens- und Fortpflanzungserfolge, so ist Annahme 4 verletzt, die natürliche Selektion ausschließt. Mathematisch modelliert man diese Situation durch die Annahme, dass sich in jeder Generation nur ein gewisser Prozentsatz eines jeden Genotyps tatsächlich fortpflanzt und dass diese Prozentsätze für verschiedene Genotypen unterschiedlich sein können.

Wir beschreiben den Übergang von einer Generation zur nächsten in zwei Stufen: Die Wahrscheinlichkeit, dass ein Individuum mit Genotyp AA, Aa bzw. aa sich fortpflanzt, sei w_{AA}, w_{Aa} bzw. w_{aa}. Dann ist $R_t := w_{AA}[AA]_t + w_{Aa}[Aa]_t + w_{aa}[aa]_t$ die Zahl der Individuen zur Zeit t, die sich tatsächlich fortpflanzen, und $r_t := \frac{R_t}{n}$ ist der relative Anteil dieser Individuen an der Gesamtpopulation. Innerhalb dieser Teilpopulation haben die drei Genotypen die relativen Anteile

$$x'_t = \frac{w_{AA}[AA]_t}{R_t} = \frac{w_{AA}x_t}{r_t}, \qquad y'_t = \frac{w_{Aa}y_t}{r_t}, \qquad z'_t = \frac{w_{aa}z_t}{r_t}.$$

Wie vorher errechnen sich daraus die Anteile der Allele A und a als

$$p'_t = x'_t + \frac{1}{2}y'_t, \qquad q'_t = z'_t + \frac{1}{2}y'_t. \tag{7.4}$$

Die Rekombination der Gene der sich fortpflanzenden Teilpopulation erfolgt nun nach denselben Regeln wie im Hardy-Weinberg-Modell. Daher ist gemäß Gleichung (7.2)

$$x_{t+1} = p'^2_t, \qquad y_{t+1} = 2p'_tq'_t, \qquad z_{t+1} = q'^2_t, \qquad p_{t+1} = p'_t, \qquad q_{t+1} = q'_t, \tag{7.5}$$

und wir befinden uns wieder in einem Hardy-Weinberg-Gleichgewicht. Allerdings ist im Allgemeinen $p_{t+1} = p'_t \neq p_t$ und $q_{t+1} = q'_t \neq q_t$, d. h. die Allel-Häufigkeiten (und damit auch die Genotyp-Häufigkeiten) verändern sich von Generation zu Generation.

Beispiel 7.3.1   Bei Fortpflanzungswahrscheinlichkeiten $w_{AA} = 0.75$, $w_{Aa} = 0.3$, $w_{aa} = 0.5$ und relativen Phänotyphäufigkeiten $x_t = 0.6$, $y_t = 0.1$, $z_t = 0.3$ ergibt sich

$$p_t = 0.65, \quad q_t = 0.35,$$

$$r_t = 0.63, \; x'_t = \frac{0.45}{0.63} = 0.714, \; y'_t = \frac{0.03}{0.63} = 0.048, \; z'_t = \frac{0.15}{0.63} = 0.238,$$

$$p'_t = 0.738, \; q'_t = 0.262,$$

$$x_{t+1} = 0.545, \; y_{t+1} = 0.387, \; z_{t+1} = 0.068,$$

$$p_{t+1} = 0.738, \quad q_{t+1} = 0.262,$$

und mit den letzten beiden Werten startet man in die Rechnung für die dann folgende Generation.

Wir schauen uns solche zeitlichen Entwicklungen für verschiedene Werte der Selektionskoeffizienten in Abbildung 7.2 an, wobei wieder die bereits in Abbildung 7.1 eingeführte grafische Darstellung im x-z-Dreieck benutzt wird. Motiviert durch diese (und weitere) Beispiele gelangt man zu folgenden Beobachtungen:

A) Hat das Allel A uneingeschränkt die größten Selektionsvorteile, d. h., ist $w_{AA} > w_{Aa} > w_{aa}$, so geht $x_t \to 1$, d. h., Allel A setzt sich schließlich durch, siehe Abbildung 7.2 links unten.

B) Hat Allel A nur bei Homozygoten den größten Selektionsvorteil, ist d. h. $w_{AA} > w_{aa} > w_{Aa}$, so hängt es von den Anfangswerten x und z der Häufigkeiten der reinen Genotypen ab, ob $x_t \to 1$ oder $z_t \to 1$, d. h., ob sich schließlich das Allel A oder das Allel a durchsetzt, siehe Abbildung 7.2 oben.

C) Haben die Heterozygoten den größten Selektionsvorteil, d. h., ist $w_{Aa} > w_{AA} > w_{aa}$, so existiert ein stabiles Gleichgewicht, in dem alle drei Genotypen koexistieren. Grafisch entspricht dem Gleichgewicht ein Punkt im Inneren des Dreiecks, siehe Abbildung 7.2 rechts unten. (Das gilt auch, wenn z. B. $w_{aa} = 0$ ist, da der Genotyp aa immer wieder aus Paarungen von Heterozygoten entstehen kann.)

Entsprechendes gilt bei vertauschten Rollen von A und a.

Es ist nicht ungewöhnlich, dass – wie im Fall C) – Heterozygote lebenstüchtiger sind als Homozygote. Man denke zum Beispiel an den Fall, dass Gen A ein Enzym kodiert, das bei tiefen Temperaturen gut arbeitet, und Gen a ein Enzym, das bei hohen Temperaturen sein Aktivitätsmaximum hat. Dann wird sich bei schwankenden Umweltbedingungen am besten das Genom Aa behaupten können, da es über beide Enzyme verfügt.

Diese Beobachtungen lassen sich mathematisch verstehen, wenn man bedenkt, dass $x_t = p_t^2$ und $z_t = (1 - p_t)^2$ ist. Die drei obigen Fälle werden dann charakterisiert durch

A) $p_t \to 1$, B) $p_t \to 1$ oder $p_t \to 0$ und C) $p_t \to p^*$ mit $0 < p^* < 1$.

Da

$$p_{t+1} = p_t' = x_t' + \frac{1}{2}y_t' = \frac{w_{AA}x_t}{r_t} + \frac{w_{Aa}y_t}{2r_t} \qquad \text{mit } r_t = w_{AA}x_t + w_{Aa}y_t + w_{aa}z_t$$

(siehe die Gleichungen (7.4) und (7.5)), erhält man durch Einsetzen von $x_t = p_t^2, y_t = 2p_t(1-p_t)$ und $z_t = (1-p_t)^2$ in die Formel für p_{t+1} nach einiger Rechnung, dass $p_{t+1} = f(p_t)$ mit der Funktion

$$f(p) := \frac{w_{AA}p^2 + w_{Aa}p(1-p)}{w_{AA}p^2 + 2w_{Aa}p(1-p) + w_{aa}(1-p)^2} .$$

Diese Funktion wird auch *Iterationsvorschrift* genannt, denn man erhält die Folge $p_0, p_1, p_2, p_3, \ldots$ durch wiederholte (d. h. iterierte) Anwendung von f auf $p_0, p_1 = f(p_0), p_2 = f(p_1)$ usw. Sie sieht zunächst kompliziert aus, aber man kann ihr

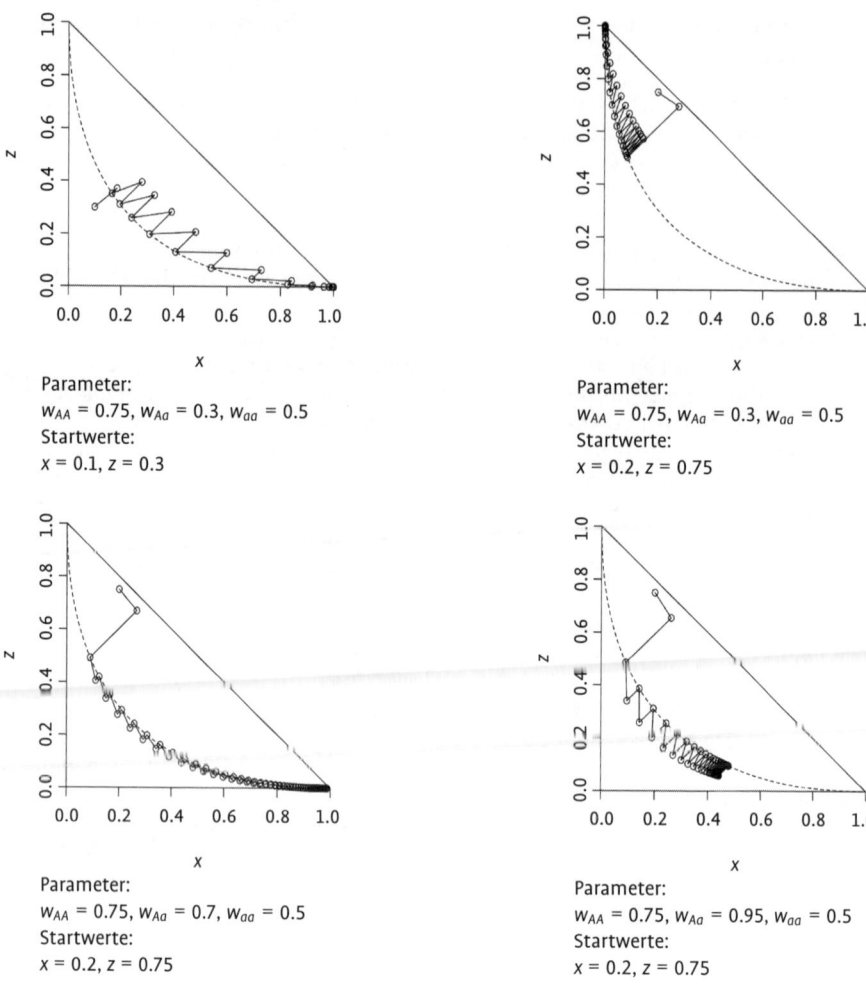

Parameter:
$w_{AA} = 0.75$, $w_{Aa} = 0.3$, $w_{aa} = 0.5$
Startwerte:
$x = 0.1$, $z = 0.3$

Parameter:
$w_{AA} = 0.75$, $w_{Aa} = 0.3$, $w_{aa} = 0.5$
Startwerte:
$x = 0.2$, $z = 0.75$

Parameter:
$w_{AA} = 0.75$, $w_{Aa} = 0.7$, $w_{aa} = 0.5$
Startwerte:
$x = 0.2$, $z = 0.75$

Parameter:
$w_{AA} = 0.75$, $w_{Aa} = 0.95$, $w_{aa} = 0.5$
Startwerte:
$x = 0.2$, $z = 0.75$

Abb. 7.2 Die zeitliche Entwicklung der Genotyphäufigkeiten x (von AA) und z (von aa) für verschiedene Selektionskoeffizienten und Startwerte. Die beiden oberen Bilder illustrieren Fall B), die unteren Fall A) und Fall C). Die Entwicklung erfolgt in diskreten Schritten, wobei jeder Kreis einen Punkt $(x_t | z_t)$ oder $(x'_t | z'_t)$ darstellt. Zum Vergleich ist die gestrichelte Linie der Hardy-Weinberg-Gleichgewichte eingezeichnet, auf der alle Punkte $(x_t | z_t)$ von der zweiten Generation an liegen.

dynamisches Verhalten leicht verstehen. Was bedeutet es denn, wenn p_t für $t \to \infty$ gegen einen Wert p konvergiert? (In unserem Fall also gegen $p = 0$, $p = 1$ oder $p = p^*$.) Nun, da f eine stetige Funktion ist, folgt aus $p = \lim_{t \to \infty} p_t$, dass auch

$$f(p) = \lim_{t \to \infty} f(p_t) = \lim_{t \to \infty} p_{t+1} = p \,.$$

Mit anderen Worten: p ist ein *Fixpunkt* von f, das ist ein Punkt der unter Anwendung von f unverändert (also fix) bleibt.

Durch Einsetzen sieht man leicht, dass $f(0) = 0$ und $f(1) = 1$, dass also $p = 0$ und $p = 1$ Fixpunkte von f sind, und das passt schon zu den Fällen A) und B). Die Bestimmung des dritten Fixpunktes p^* ist zwar elementar, aber etwas mühsam. Nach längerer Rechnung, die am Ende des Abschnitts nachgeliefert wird, findet man:

$$p^* = \frac{w_{Aa} - w_{aa}}{(w_{Aa} - w_{aa}) + (w_{Aa} - w_{AA})} = \frac{1}{1 + \frac{w_{Aa} - w_{AA}}{w_{Aa} - w_{aa}}} . \tag{7.6}$$

Dieser Fixpunkt ist aber nur dann relevant, wenn $0 < p^* < 1$, d. h., wenn $\frac{w_{Aa} - w_{AA}}{w_{Aa} - w_{aa}} > 0$ ist. Das ist genau dann der Fall, wenn Zähler und Nenner positiv sind (also Aa den größten Selektionskoeffizienten hat), oder aber, wenn Zähler und Nenner negativ sind (also Aa den kleinsten Selektionskoeffizienten hat). In Abbildung 7.3 sieht man, dass im ersten Fall $0 < f'(p^*) < 1$ und im zweiten Fall $f'(p^*) > 1$ ist. Das hat für die Populationsdynamik dramatische Konsequenzen, wie wir jetzt sehen werden:

Nehmen wir an, dass p_t zu einem Zeitpunkt t recht nahe bei p^* ist. Dann ist

$$p_{t+1} - p^* = f(p_t) - f(p^*) \approx f'(p^*) \cdot (p_t - p^*),$$

vergleiche Gleichung (3.2). Ist nun $0 < f'(p^*) < 1$, so bedeutet das, dass p_{t+1} noch näher bei p^* ist als p_t, und da man dieselbe Überlegung auch auf $p_{t+1}, p_{t+2}, \ldots$ anwenden kann, folgt:

$$p_{t+n} - p^* \approx (f'(p^*))^n \cdot (p_t - p^*) \to 0 \text{ mit } n \to \infty,$$

denn $(f'(p^*))^n$ ist eine gegen 0 konvergierende geometrische Folge, siehe Abschnitt 2.6. Man nennt den Fixpunkt p^* daher *stabil*. Ganz entsprechend zeigt man, dass sich p_{t+n} von p^* entfernt, wenn $f'(p^*) > 1$ ist. In diesem Fall sagt man, p^* ist *instabil*.

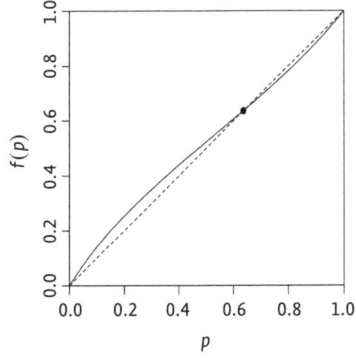

Parameter:
$w_{AA} = 0.75$, $w_{Aa} = 0.95$, $w_{aa} = 0.6$

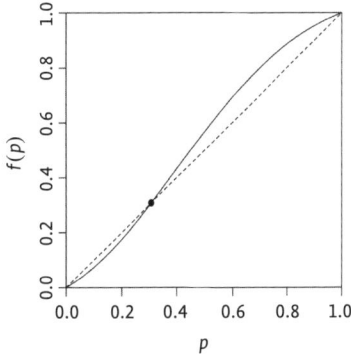

Parameter:
$w_{AA} = 0.75$, $w_{Aa} = 0.3$, $w_{aa} = 0.5$

Abb. 7.3 Die Iterationsvorschrift $f : [0, 1] \to [0, 1]$ mit Fixpunkt p^* (schwarzer Punkt). Die Diagonale ist gestrichelt eingezeichnet. *Links:* Aa hat den größten Selektionsvorteil, der Fixpunkt p^* ist stabil, da $0 < f'(p^*) < 1$. *Rechts:* Aa hat den ungünstigsten Selektionskoeffizienten, der Fixpunkt p^* ist instabil, da $f'(p^*) > 1$.

Diese Beobachtungen erklären aus dem mathematischen Modell heraus, dass nur im Fall von selektiv überlegenem Genotyp Aa eine stabile Koexistenz aller drei Genotypen möglich ist, denn nur in diesem Fall gibt es einen von $p = 0$ und $p = 1$ verschiedenen stabilen Fixpunkt für die Dynamik der Genhäufigkeiten.

Beispiel 7.3.2 (Sichelzellenanämie) Die Sichelzellenanämie ist eine genetisch bedingte qualitative Anomalie des Eiweißanteils des Hämoglobins, bei der die roten Blutkörperchen sichelförmig deformiert sind und das Blut zähflüssig wird. Verantwortlich ist ein rezessives Allel (sagen wir a) an einem Genort auf Chromosom 11. Bei Homozygoten (also aa) ist die Sichelzellenanämie oft schon im Kindesalter tödlich. Bei Heterozygoten (Aa) sind die negativen Folgen stark abgemildert ($w_{Aa} > w_{aa}$). Außerdem haben sie gegenüber den dominant Homozygoten (AA) den Vorteil, dass eine Malariainfektion bei ihnen in der Regel nicht tödlich verläuft ($w_{Aa} > w_{AA}$). Wir haben es also mit der gerade beschriebenen Situation zu tun. Bei manchen afrikanischen Stämmen beträgt der Anteil des rezessiven Allels a tatsächlich 20% am Genpool für den relevanten Genort.

Zusammenfassung: Selektion bei zwei Allelen

- Durch Selektion werden feste relative Häufigkeiten von A- und a-Allelen bestimmt, die sich ausgehend von jeder beliebigen Häufigkeit nach einiger Zeit einstellen.
- Beide Allele koexistieren nur dann, wenn die Heterozygoten den günstigsten Selektionskoeffizienten haben.
- Haben die Heterozygoten den ungünstigsten Selektionskoeffizienten, so hängt die Frage, ob sich A oder a schließlich durchsetzt, von der Anfangsverteilung der Genotypen in der Population ab

---

Bestimmung des Fixpunkts p^* aus Gleichung (7.6)   Hier ist die Rechnung: Die Bedingung $f(p) = p$ führt auf die Gleichung

$$w_{AA}p^2 + w_{Aa}p(1-p) = p\left(w_{AA}p^2 + 2w_{Aa}p(1-p) + w_{aa}(1-p)^2\right).$$

Sie ist für $p = 0$ erfüllt (wir wissen ja bereits, dass das eine Nullstelle ist), sodass wir im Weiteren $p \neq 0$ annehmen und durch p dividieren können:

$$w_{AA}p + w_{Aa}(1-p) = w_{AA}p^2 + 2w_{Aa}p(1-p) + w_{aa}(1-p)^2$$

$$p(w_{AA} - w_{Aa}) + w_{Aa} = p^2 \underbrace{(w_{AA} - 2w_{Aa} + w_{aa})}_{=:V} - p(2w_{aa} - 2w_{Aa}) + w_{aa}.$$

Nun bringen wir alle Terme auf die rechte Seite:

$$0 = p^2 V - p\left[(w_{AA} - 2w_{Aa} + w_{aa}) + (w_{aa} - w_{Aa})\right] + (w_{aa} - w_{Aa}) \qquad | : V$$

$$0 = p^2 - \left(1 + \frac{w_{aa} - w_{Aa}}{V}\right) \cdot p + \frac{w_{aa} - w_{Aa}}{V} = (p-1) \cdot \left(p - \frac{w_{aa} - w_{Aa}}{V}\right)$$

$$= (p-1) \cdot (p - p^*).$$

Wir finden also noch einmal die Nullstelle 1 und außerdem die Nullstelle p^*.

7.4 Fragen und Aufgaben

1. Bestimmen Sie die Häufigkeit des Phänotyps „rot" in der hypothetischen Wildblumenpopulation aus Abschnitt 7.1, wenn nur die Ausprägungen A: „rot" und a: „weiß" vorliegen, A dominant ist, die Population die Größe 4000 hat und die Genotypen AA und aa mit den Anzahlen $[AA] = 2300$ und $[aa] = 600$ vorkommen.
2. Bestimmen Sie in der Situation der vorherigen Aufgabe unter den idealen Hardy-Weinberg-Annahmen die Häufigkeiten der beiden Phänotypen, nachdem die Population ihr Gleichgewicht erreicht hat.
3. Bestimmen Sie die gleichen Werte bei einem Inzucht-Parameter von 0.2.
4. Bestimmen Sie das Verhältnis $(w_{Aa} - w_{AA}) : (w_{Aa} - w_{aa})$ im obigen Beispiel der Sichelzellenanämie, wenn das rezessive Allel a einen Anteil von 20% am Genpool des relevanten Genorts hat.
5. Albinismus, der auf ein rezessives Allel a zurückgeht, tritt bei uns mit der Häufigkeit 0.00005 auf. Bestimmen Sie den Anteil des Genotyps Aa (Träger des Albinismus-Gens mit Normalpigmentierung) in der Bevölkerung unter der Annahme, dass die Bevölkerung im Hardy-Weinberg-Gleichgewicht ist.

Antworten:
1) Da nur der Genotyp aa keine roten Blüten hat, tritt „rot" $4000 - 600 = 3400$-mal auf.
2) Zunächst ist $[Aa] = 1100$, also $p = \frac{2 \cdot 2300 + 1100}{8000} = 0.7125$, $q = 1 - p = 0.2875$. Daraus folgt für das Gleichgewicht: $x = p^2 = 0.5077$, $y = 2pq = 0.4097$, $z = q^2 = 0.0826$. „rot" hat daher die Häufigkeit $4000 \cdot (x + y) = 3670$, „weiß" die Häufigkeit $4000 \cdot z = 330$.
3) Nun ist $x = p^2 + 0.2 \cdot pq = 0.5486$, $y = 2 \cdot 0.8 \cdot pq = 0.3278$ und $z = q^2 + 0.2 \cdot pq = 0.1236$, also „rot": 3506 und „weiß": 494.
4) $q^* = 0.2$, also $p^* = 0.8$. Da $p^* = \frac{1}{1 + \frac{w_{Aa} - w_{AA}}{w_{Aa} - w_{aa}}}$ folgt: $\frac{w_{Aa} - w_{AA}}{w_{Aa} - w_{aa}} = \frac{1}{p^*} - 1 = 0.25$.

5) Im Hardy-Weinberg-Modell entspricht die Vorgabe der Gleichung $0.00005 = z = q^2$. Dann ist $q = \sqrt{0.00005} = 0.00707$, $p = 1 - q = 0.99293$, $y = 2pq = 0.01404$, also ist der Anteil der Träger von $[Aa]$ ca. 1.4%.

8   Wachstumsmodelle: zwei Populationen

Bisher wurde das Wachstum isoliert lebender Populationen betrachtet (eine extrem vereinfachende Annahme) und, in den Beispielen 6.3.1 und 6.3.2, die Entwicklung von Populationen, die von einer anderen Art dezimiert werden, ohne die Populationsdynamik der „Jäger" mit in das Modell einzubeziehen.

In diesem Kapitel werden beispielhaft zwei Modelle mit zwei sich gegenseitig beeinflussenden (Sub-)Populationen vorgestellt, das Räuber-Beute-Modell von Lotka und Volterra und ein Modell, mit dem die Ausbreitung einer Epidemie in einer Population beschrieben wird. Fragestellungen dieser Art werden von der *Mathematischen Biologie* behandelt. Das Lehrbuch [2] enthält viel weiteres Material dazu.

8.1   Das Räuber-Beute-Modell von Lotka und Volterra

Wir untersuchen zwei Spezies, von denen die eine der anderen als Nahrungsgrundlage dient, z. B. Hasen und Füchse oder Bakterien und Amöben. Wir nennen sie hier „Hase" und „Fuchs". Die Größe der Hasen-Population wird mit $x_H(t)$, die der Fuchs-Population mit $x_F(t)$ bezeichnet. Die Hasen für sich allein sollen sich nach einem logistischen Wachstumsgesetz entwickeln, also

$$\dot{x}_H(t) = r_H \cdot x_H(t) \cdot \left(1 - \frac{x_H(t)}{K_H} \right) .$$

wobei $r_H > 0$ die exponentielle Wachstumsrate bei kleiner Population und $K_H > 0$ die Trägerkapazität ist, vergleiche Abschnitt 6.1. Die Füchse sollen, falls keine Hasen vorhanden sind, „logistisch schrumpfen",

$$\dot{x}_F(t) = -r_F \cdot x_F(t) \cdot \left(1 + \frac{x_F(t)}{K_F} \right) .$$

Dabei ist $r_F > 0$ die exponentielle Sterberate bei kleiner Population, die bei großer Population noch um den Faktor $\left(1 + \frac{x_F(t)}{K_F} \right)$ mit $K_F > 0$ vergrößert wird. (Konkurrenz der Füchse untereinander. K_F sollte nicht als Trägerkapazität gedeutet werden.) Die Füchse würden ohne Hasen (d. h. ohne Nahrung) also exponentiell aussterben.

Nun lassen wir Hasen und Füchse im selben „Wald" leben, sodass sich die Füchse von den Hasen ernähren können. Dadurch wird die Wachstumsrate der Fuchspopulation ins Positive gewendet und die der Hasenpopulation verkleinert. Das kann man folgendermaßen modellieren:

Für den einzelnen Hasen wächst die Gefahr, von einem Fuchs gefressen zu werden, proportional mit der Anzahl $x_F(t)$ der Füchse. Die gesamte Hasenpopulation wird deshalb im Zeitraum von t bis $t + \Delta t$ von den Füchsen um $b_H x_F(t) \cdot x_H(t) \cdot \Delta t$ dezimiert, wobei b_H die Proportionalitätskonstante ist. Das führt im Grenzwert $\Delta t \to 0$ auf die neue Differentialgleichung

$$\dot{x}_H(t) = x_H(t) \cdot \left(r_H - \frac{r_H}{K_H} x_H(t) - b_H x_F(t) \right) \tag{8.1}$$

für das Populationswachstum der Hasen. [1]

Für den einzelnen Fuchs erhöhen sich seine Chancen, lange zu leben und Nachwuchs hervorzubringen, mit der Zahl der Hasen, die er fressen kann. Wir nehmen an, dass sie proportional zu $x_H(t)$ steigen. (Dabei lassen wir Konkurrenzeffekte an dieser Stelle außer Acht. Sie sind in gewisser Weise schon im Term $\left(1 + \frac{x_F(t)}{K_F} \right)$ berücksichtigt.) Die gesamte Fuchspopulation nimmt daher im Zeitraum von t bis $t + \Delta t$ aufgrund der vorhandenen Nahrung um $b_F x_H(t) \cdot x_F(t) \cdot \Delta t$ zu. Damit ergibt sich für die Füchse die neue Differenzialgleichung

$$\dot{x}_F(t) = x_F(t) \cdot \left(-r_F - \frac{r_F}{K_F} x_F(t) + b_F x_H(t) \right) . \tag{8.2}$$

Die Modellierung hat also auf ein System von zwei *gekoppelten* Differenzialgleichungen geführt, das sogenannte *Lotka-Volterra-Modell* [2]. Sie sind gekoppelt, weil in beiden Gleichungen auf der rechten Seite sowohl $x_H(t)$ als auch $x_F(t)$ vorkommt, man also die eine Gleichung nicht ohne die andere lösen kann. Eine Lösung besteht nun aus zwei „Wachstumskurven" $x_H(t)$ und $x_F(t)$, die gemeinsam die beiden Gleichungen (8.1) und (8.2) erfüllen. Tieferliegende mathematische Theorien garantieren wieder, dass es solche Lösungen gibt – in dem Sinn, dass man sie als Lösungskurven zeichnen kann – aber in der Regel sind sie nicht durch Formeln darstellbar. Zwei Beispiele von Lösungsverläufen für verschiedene Parameterwerte sind in Abbildung 8.1 dargestellt. Man beobachtet dort zwei Effekte:

- **Bei ausreichend großer Trägerkapazität der Hasen** stellt sich eine **stabile Koexistenz** von Hasen und Füchsen ein. Auf dem Weg dahin kann es aber zu größeren periodischen Schwankungen kommen.
- **Bei zu kleiner Trägerkapazität der Hasen sterben die Füchse** (und nicht die Hasen!) an Nahrungsmangel **aus**.

Um diese Effekte besser zu verstehen und um ein Gefühl dafür zu bekommen, dass sie nicht von den Details des Modells und den spezifischen Werten der Parameter abhängen, betrachten wir ein solches System von zwei gekoppelten Differenzialgleichungen auf eine neue Weise. Dazu stellen wir in Abbildung 8.2 den Zustand $x(t) = \begin{pmatrix} x_H(t) \\ x_F(t) \end{pmatrix}$ als einen Punkt in der x_H-x_F-Koordinatenebene dar und verfolgen, wie sich dieser Punkt

---

[1] Der Grenzübergang $\Delta t \to 0$ wird genauso ausgeführt wie bei der Herleitung von Gleichung (6.6).

[2] *Alfred James Lotka* (1880–1949), österreichisch-US-amerikanischer Chemiker und Demograph, arbeitete u. a. in Baltimore und New York. *Vito Volterra* (1860–1940), italienischer Mathematiker und Physiker, arbeitete in Pisa, Turin und Rom. Manchmal wird auch nur das System mit unendlich großen Kapazitäten K_H und K_F als Lotka-Volterra-Modell bezeichnet, also das System $\dot{x}_H = x_H \cdot (r_H - b_H x_F)$, $\dot{x}_F = x_F \cdot (-r_F + b_F x_H)$.

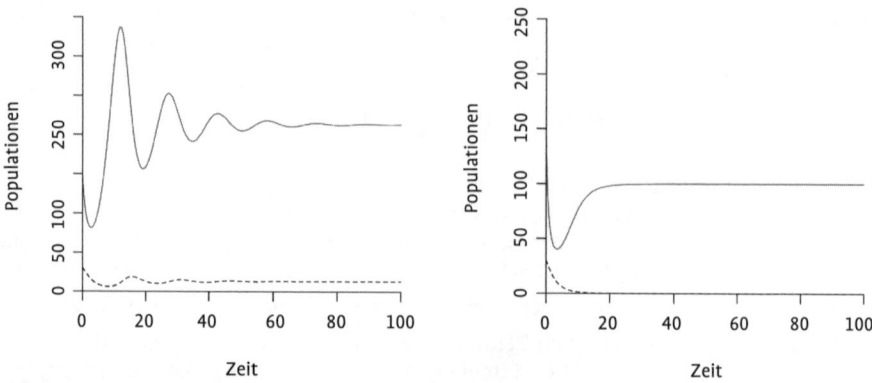

Abb. 8.1 Zeitliche Entwicklung der Hasen- und Fuchspopulation. Links: K_H = 1000, K_F = 200. Rechts: K_H = 100, K_F = 200. Die übrigen Parameter sowie die Startwerte sind in beiden Bildern: r_H = 0.5, b_H = 0.03, r_F = 0.4, b_F = 0.002 sowie $x_H(0)$ = 150 und $x_F(0)$ = 30.

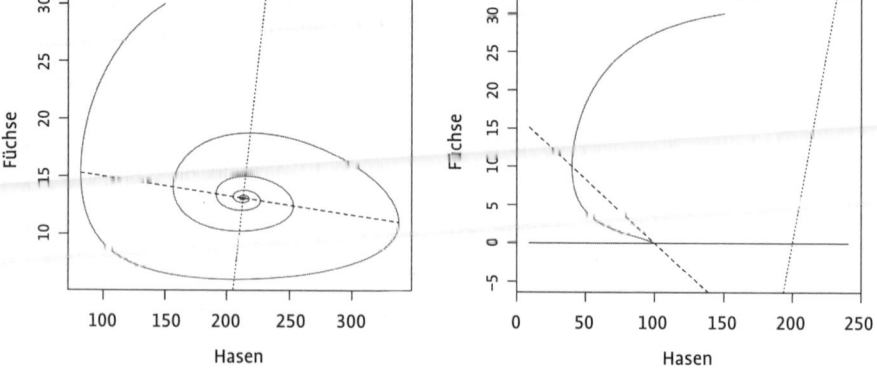

Abb. 8.2 Phasenraumdarstellung der Lösungskurven $(x_H(t)|x_F(t))$ für $0 \leq t \leq 100$. Die Parameter sind dieselben wie in Abbildung 8.1. Die gestrichelten (fallenden) Geraden sind die x_H-Nullisoklinen, die gepunkteten (steigenden) Geraden die x_F-Nullisoklinen. Im rechten Bild ist außerdem die x_H-Achse als waagerechte Gerade eingezeichnet, auf deren Schnittpunkt mit der x_H-Nullisoklinen die Lösungskurve zuläuft.

im Laufe der Zeit bewegt. Im Fall stabiler Koexistenz bewegt sich der Punkt mit den Koordinaten $(x_H(t)|x_F(t))$ im Verlauf der Zeit spiralförmig auf einen stationären Punkt (auch Gleichgewichtspunkt) zu. Im anderen Fall strebt $(x_H(t)|x_F(t))$ für große t gegen den Punkt (200|0), d. h. die Füchse sterben aus und die Hasenpopulation – dann nur ihrem eigenen logistischen Wachstumsgesetz folgend – strebt gegen ihre Trägerkapazität K_H = 200. Die x_H-x_F-Ebene heißt in diesem Zusammenhang auch *Phasenraum*.

Kann man die wesentlichen Aspekte dieser verschiedenen Arten von Langzeitverhalten auch ohne die Kenntnis expliziter Lösungskurven voraussagen, so wie es in Kapitel 6 bei Ein-Spezies-Modellen mit Hilfe des Phasendiagramms möglich war? Nun, die Situation ist jetzt komplizierter, aber man kann trotzdem ähnlich vorgehen.

Zunächst bestimmt man die Gleichgewichtspunkte des Systems, d. h. die Punkte, wo sich weder die Größe der Fuchs- noch die der Hasenpopulation ändert. Formal sind das Punkte $z = \binom{z_H}{z_F}$, für die die rechte Seite des Differenzialgleichungssystems

$$\dot{x}(t) = F(x(t)) \quad \text{mit} \quad F(x) := \begin{pmatrix} x_H \cdot \left(r_H - \frac{r_H}{K_H} x_H - b_H x_F \right) \\ x_F \cdot \left(-r_F - \frac{r_F}{K_F} x_F + b_F x_H \right) \end{pmatrix}$$

ausgewertet bei $x(t) = z$ Null wird, also Punkte z mit $F(z) = 0$, d. h. mit

$$z_H \cdot \left(r_H - \frac{r_H}{K_H} z_H - b_H z_F \right) = 0 \quad \text{und} \quad z_F \cdot \left(-r_F - \frac{r_F}{K_F} z_F + b_F z_H \right) = 0 \, .$$

Da in beiden Gleichungen ein Produkt aus je zwei Faktoren gleich null sein soll, gibt es vier Möglichkeiten, zu Lösungen $z = \binom{z_H}{z_F}$ zu gelangen:

1. $z_H = 0$ und $z_F = 0$, d. h., beide Populationen sterben aus.

2. $z_H = 0$ und $\left(-r_F - \frac{r_F}{K_F} z_F + b_F z_H \right) = 0$. Da $z_H = 0$, vereinfacht sich die zweite Gleichung zu $\left(-r_F - \frac{r_F}{K_F} z_F \right) = 0$, also zu $z_F = -K_F$. Damit müsste z_F aber negativ sein, eine Situation, die im betrachteten Modell nicht vorkommen kann, da z_F die Größe einer Population bezeichnet. Daher führt diese mathematisch korrekte Lösung nicht zu einem Gleichgewichtspunkt des Modells.

3. $z_F = 0$ und $\left(r_H - \frac{r_H}{K_H} z_H - b_H z_F \right) = 0$. Da $z_F = 0$, vereinfacht sich die zweite Gleichung zu $z_H = K_H$. Das ist genau die Situation, in der die Füchse aussterben ($z_F = 0$) und die Hasen ihrem logistischen Gleichgewicht K_H zustreben.

4. $r_H - \frac{r_H}{K_H} z_H - b_H z_F = 0$ und $-r_F - \frac{r_F}{K_F} z_F + b_F z_H = 0$. Das formt man leicht um zu

$$z_F = \frac{r_H}{b_H} - \frac{r_H}{b_H K_H} z_H \quad \text{und} \quad z_F = -K_F + \frac{b_F K_F}{r_F} z_H \, . \tag{8.3}$$

Geometrisch bedeutet das, dass der Punkt mit den Koordinaten z_H und z_F gerade der Schnittpunkt der beiden durch diese Gleichungen bestimmten Geraden ist. (Durch beide Gleichungen wird z_F als Funktion von z_H dargestellt.) Da die erste Gleichung aus der Forderung $\dot{x}_H(t) = 0$ abgeleitet wurde, nennt man die durch sie bestimmte Gerade die x_H-Nullisokline und analog die zweite die x_F-Nullisokline. Die Situation ist in Abbildung 8.2 dargestellt. Der Schnittpunkt der beiden Geraden muss aber nicht im biologisch sinnvollen Bereich $z_H \geq 0$ und $z_F \geq 0$ liegen. Um das besser zu verstehen, rechnen wir den Schnittpunkt aus, indem wir das Gleichungssystem (8.3) lösen. Da die rechten Seiten beider Gleichungen gleich z_F sind, kann man sie gleichsetzen und die resultierende Gleichung nach z_H auflösen. Wenn man den gefundenen Wert wieder in eine der beiden Gleichungen für z_F einsetzt, erhält man

$$z_H = K_H \cdot r_F \cdot \frac{r_H + b_H K_F}{r_F r_H + b_F b_H K_F K_H} \, , \quad z_F = K_F \cdot r_H \cdot \frac{-r_F + b_F K_H}{r_F r_H + b_F b_H K_F K_H} \, . \tag{8.4}$$

Die Details dieser Ausdrücke für z_H und z_F sind nicht so interessant, aber da alle Koeffizienten positiv sind, sieht man sofort, dass z_F negativ wird (und damit einen biologisch nicht sinnvoll interpretierbaren Wert annimmt), falls $r_F > b_F \cdot K_H$, was äquivalent ist zu $K_H < \frac{r_F}{b_F}$. Im Grenzfall $r_F = b_F \cdot K_H$ wird $z_F = 0$ und $z_H = K_H$, und man erhält wieder die Lösung aus Punkt 3).

Wir fassen zusammen und präzisieren die obigen Beobachtungen:

- Ist $K_H \leq \frac{r_F}{b_F}$, so gibt es nur die beiden Gleichgewichtspunkte $(0|0)$ und $(K_H|0)$. Die Simulationen legen nahe, dass $(0|0)$ instabil und $(K_H|0)$ stabil ist.
  Biologische Interpretation: Die Füchse sterben aus, die Hasen überleben.

- Ist $K_H > \frac{r_F}{b_F}$, so gibt es neben diesen beiden Gleichgewichten noch das Gleichgewicht $(z_H|z_F)$ mit z_H, z_F aus Gleichung (8.4). Die Simulationen legen nahe, dass letzteres stabil ist, während nun sowohl $(0|0)$ als auch $(K_H|0)$ instabil sind.
  Biologische Interpretation: Hasen und Füchse koexistieren.

Wird das System durch Eingriffe von außen (Jagd o. ä.) gestört, so kann es zu größeren Schwankungen kommen, bevor sich die Populationen wieder annähernd im Gleichgewicht befinden, siehe Abbildung 8.1 links.

Bemerkung 8.1.1 (Richtungsfeld) Um die Frage der Stabilität der Gleichgewichtspunkte besser beurteilen zu können, benutzen wir noch eine weitere Phasenraum-Darstellung eines Systems von zwei Differenzialgleichungen. Bisher wurden nur individuelle Lösungen im Phasenraum geplottet. Nun sollen die Gleichungen selbst grafisch dargestellt werden. Dazu müssen wir noch einmal auf die geometrische Bedeutung solcher Differenzialgleichungen zurückkommen. Die Gleichung $\dot{x}(t) = F(x(t))$ bedeutet, dass sich eine Lösungskurve, die sich zu einem Zeitpunkt t im Phasenraumpunkt x befindet, im Zeitintervall von t bis $t + \Delta t$ um den Vektor $\Delta t \cdot F(x)$ weiterbewegt. Wenn wir also

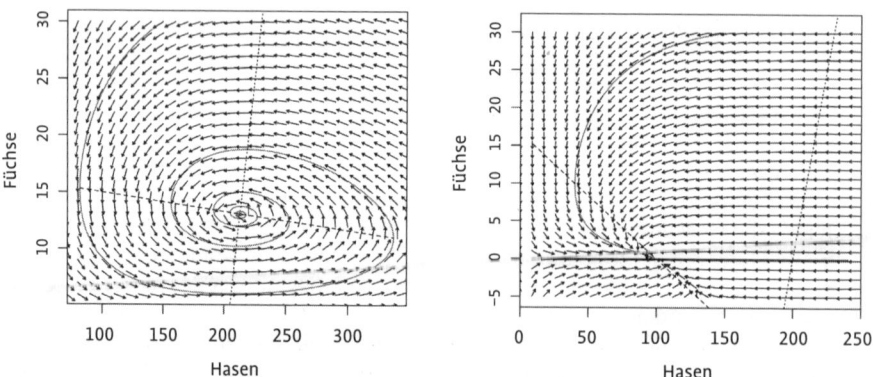

Abb. 8.3 Richtungsfelder für die Phasenraumbilder aus Abbildung 8.2. Man sieht den Richtungsfeldern an, dass alle Lösungskurven zum Schnittpunkt der beiden Nullisoklinen bzw. zum Schnittpunkt der x_H-Nullisokline mit der x_H-Achse führen. Diese Punkte sind also stabile Gleichgewichte.

an möglichst vielen Stellen der x_H-x_F-Ebene diesen Vektor einzeichnen, sollten wir ein gutes Bild von allen Lösungskurven erhalten. Abbildung 8.3 zeigt solche *Richtungsfelder*.

> Die Lösungskurven eines Differenzialgleichungssystems schmiegen sich überall an das Richtungsfeld des Systems an.

Ähnlich wie Räuber-Beute-Modelle kann man auch *Konkurrenzmodelle* untersuchen, bei denen zwei (oder mehrere) Arten in Konkurrenz um dieselben Ressourcen stehen, siehe zum Beispiel [2].

8.2 Ein einfaches Epidemiemodell

Will man die Entwicklung von Epidemien in einer Population vorhersagen, so ist ein geeignetes mathematisches Modell unverzichtbar. Hier betrachten wir das *S-I-R-Modell*, ein einfaches Modell zur Beschreibung der Ausbreitung einer ansteckenden Krankheit mit Immunitätsbildung. S-I-R steht für *susceptable* (d. h. ansteckbar, nicht immun), *infectious* (d. h. ansteckend) und *resistant* (d. h. immun und nicht mehr ansteckend). Im Verlauf der Epidemie kann jedes Individuum durch Ansteckung oder Gesundung seinen Status wechseln oder auch an der Krankheit sterben. Bezeichnen wir die Gesamtgröße der Population mit N und die Zahlen der Individuen in den drei Klassen in Abhängigkeit von der Zeit t mit $S(t), I(t)$ und $R(t)$, so hat das mathematische Modell folgende Komponenten:

Ansteckung Ein Individuum mit Status S kann sich bei einem Individuum mit Status I anstecken. Die Wahrscheinlichkeit dafür ist proportional zum Anteil der infektiösen Individuen an der Gesamtpopulation[3], also gleich $a \cdot \frac{I(t)}{N}$ mit der *Erkrankungsrate a* als Proportionalitätsfaktor. Das führt auf folgende Gleichung für $\dot{S}(t)$:

$$\dot{S}(t) = -\frac{a}{N} I(t) S(t) \tag{8.5}$$

Dementsprechend wird die Gleichung für $\dot{I}(t)$ den Term $+\frac{a}{N} I(t) S(t)$ enthalten.

Gesundung mit Immunisierung oder Tod Bezeichnet b die Gesundungsrate und c die Todesrate infizierter Individuen, so erhielte man ohne die Berücksichtigung von Neuinfektionen für $I(t)$ ein einfaches Modell des exponentiellen Abbaus: $\dot{I}(t) = -(b + c) I(t)$. Werden diese aber berücksichtigt, ergibt sich folgendes Modell:

$$\dot{I}(t) = \frac{a}{N} I(t) S(t) - (b + c) I(t) = a I(t) \cdot \left(\frac{S(t)}{N} - \frac{b + c}{a} \right). \tag{8.6}$$

---

[3] Zur Vereinfachung nehmen wir N als konstant an, obwohl sich die Populationsgröße natürlich während der Epidemie auch verändert. Aber diese Vereinfachung beeinflusst die Überlegungen nicht wesentlich.

Wie beim Räuber-Beute-Modell bestimmt man die Gleichgewichtspunkte, indem man die rechten Seiten der Gleichungen für $\dot{S}(t)$ und $\dot{I}(t)$ gleich null setzt:

$$-\frac{a}{N} I S = 0 \quad \text{und} \quad a I \cdot \left(\frac{S}{N} - \frac{b+c}{a} \right) = 0 \,.$$

Offensichtlich liegt immer ein Gleichgewicht vor, wenn $I = 0$ ist, d. h., wenn es keine infektiösen Individuen gibt (dann kann sich auch niemand anstecken!) Andernfalls können die beiden Gleichungen nur erfüllt sein, wenn sowohl $S = 0$ als auch $\frac{a}{N} S = b + c$ gilt. Das ist aber nur möglich, wenn sowohl die Gesundungsrate b als auch die Sterberate c gleich null sind.

Um den Verlauf der Epidemie zu verstehen, reicht es also nicht, nur die Gleichgewichte zu bestimmen. Deshalb schauen wir etwas genauer auf die Gleichungen (8.5) und (8.6). Aus Gleichung (8.5) folgt sofort, dass $\dot{S}(t)$ immer negativ ist, also $S(t)$ im Laufe der Zeit immer abnimmt. Ähnlich entnimmt man der Gleichung (8.6), dass $I(t)$ zunimmt, solange der relative Anteil $\frac{S(t)}{N}$ der nicht immunen Individuen größer als $\frac{b+c}{a}$ ist, und dass $I(t)$ abnimmt, sobald der Anteil diesen Schwellenwert unterschritten hat. Das sieht man deutlich im Richtungsfeld in Abbildung 8.4. Ist $\frac{b+c}{a} < 1$ und der Anteil der infektiösen Individuen zunächst klein, so ist $\frac{S(0)}{N}$ nahe bei 1 und deshalb größer als $\frac{b+c}{a}$, und die Epidemie kann sich zunächst ausbreiten, bevor sie beginnt abzuflauen. Ist aber $\frac{b+c}{a} > 1$, so nimmt sie sofort ab.

Was bedeutet das für die Chancen einer Epidemie, sich aus kleinsten Anfängen zu entwickeln? Ein zweiter Blick auf Abbildung 8.4 zeigt, dass im Fall $\frac{b+c}{a} > 1$ alle Richtungspfeile zur S-Achse, also zur Situation $I = 0$ zeigen. Das heißt, Zustände ohne infektiöse Individuen sind stabil; ein kleiner Infektionsherd hat also keine Chance sich auszubreiten. Ist $\frac{b+c}{a} < 1$, so zeigen alle Pfeile rechts von $\frac{b+c}{a}$ von der S-Achse weg. In diesem Fall

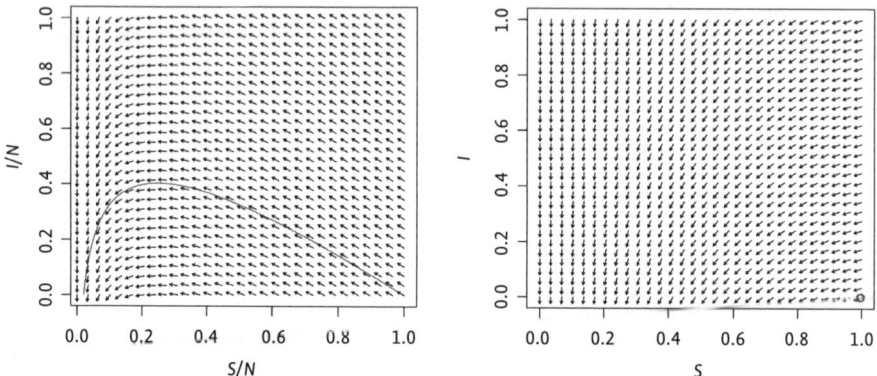

Abb. 8.4 Richtungsfelder mit Lösungskurve im Phasenraum der normierten Subpopulationsgrößen $\frac{S}{N}$ und $\frac{I}{N}$. Anfangswerte sind in beiden Fällen $\frac{I}{N} = 0.001$ und $\frac{S}{N} = 1 - \frac{I}{N}$. *Links* für $a = 4$ und $b + c = 1$. Man sieht, dass die Lösungskurven ihr Maximum bei $\frac{S}{N} = \frac{b+c}{a} = \frac{1}{4}$ annehmen. *Rechts* für $a = 3$ und $b + c = 4$. Hier ist $\frac{S}{N}$ immer kleiner als $\frac{b+c}{a} = \frac{4}{3}$, und die Lösungskurven fallen sofort gegen $\frac{I}{N} = 0$. Um ihre Position trotzdem sichtbar zu machen, sind sie hier als kleiner Kreis eingezeichnet.

sind Zustände ohne infektiöse Individuen instabil, falls $\frac{S}{N} > \frac{b+c}{a}$; ein kleiner Infektionsherd wird also zunächst wachsen.

Welche Konsequenzen hat das für die Impfstrategie bei Epidemien? Nun, man muss durch geeignete Maßnahmen erreichen, dass das Verhältnis $\frac{S}{N} < \frac{b+c}{a}$ wird. Dazu kann man a, also die Erkrankungsrate, verkleinern – zum Beispiel durch verstärkte öffentliche Hygienemaßnahmen –, und man kann auch $\frac{S}{N}$ verkleinern, indem man die Zahl der noch nicht Immunen durch Impfungen reduziert. Natürlich könnte man auch b vergrößern, also zum Beispiel durch den Einsatz neuer Medikamente die Gesundungsrate vergrößern.

8.3 Fragen und Aufgaben

1. Beschreiben Sie den Verlauf der stabilen Populationsgröße der Hasen im Räuber-Beute-Modell als Funktion von K_H. Unterscheiden Sie dazu die Fälle $K_H < \frac{r_F}{b_F}$ und $K_H > \frac{r_F}{b_F}$. Die Gleichung (8.4) kann Ihnen dabei helfen.
2. Eine nicht tödlich verlaufende Epidemie breite sich mit Ansteckungsrate 0.8 aus. Die Genesungsrate sei 0.6. Durch Impfung will man der Ausbreitung vorbeugen. Ein wie großer Prozentsatz der Population muss zu diesem Zweck geimpft werden?

Antworten:
1) Ist $K_H < \frac{r_F}{b_F}$, so ist die stabile Populationsgröße immer gleich K_H. Ist $K_H > \frac{r_F}{b_F}$, so herrscht Koexistenz, und die stabile Populationsgröße z_H der Hasen wächst monoton von $z_H = K_H$ bei $K_H = \frac{r_F}{b_F}$ bis $z_H = \frac{r_F r_H}{b_F b_H K_F} + \frac{r_F}{b_F}$ wenn $K_H \to \infty$.
2) Hier ist $a = 0.8$, $b = 0.6$ und $c = 0$. Durch Impfung, und das heißt durch Reduktion der Zahl S der Suszeptiblen, muss man erreichen, dass $\frac{S}{N} < \frac{b+c}{a} = \frac{0.6}{0.8} = 75\%$ wird, d. h. man sollte mindestens ein Viertel der Population impfen.

9 Wahrscheinlichkeitsrechnung

Grundbegriffe der Wahrscheinlichkeitsrechnung sind für eine sachgemäße Interpretation von Ergebnissen der schließenden Statistik unerlässlich. Dazu gehören insbesondere die Begriffe Zufallsvariable und Unabhängigkeit sowie die Kenntnis einiger grundlegender Verteilungen, die in diesem Kapitel auf eher informelle Weise vermittelt werden.

In den bisher behandelten Modellen wurden zufällige Einflüsse nicht berücksichtigt. Dabei hätte es in einigen Fällen schon allen Grund dazu gegeben: Wir haben zufällige Schwankungen von Populationsgrößen um eine „ideale" Kurve gesehen und haben im Hardy-Weinberg-Modell angenommen, dass die Population sehr groß (d. h. praktisch unendlich groß) ist, um schließen zu können, dass die erwartete Zahl gewisser Paarungen gleich der tatsächlich realisierten Zahl ist. In sehr kleinen Populationen könnten dagegen auch untypische Paarungen (z. B. nur Inzucht) mit positiver Wahrscheinlichkeit auftreten. Das ist tatsächlich eine Alltagserfahrung: Wenn jemand beim zweifachen Wurf einer Münze nur „Kopf" wirft, überrascht uns das nicht sehr. Wenn das aber bei 100-maligem Wurf geschieht, können wir es kaum glauben; wir erwarten je ca. 50 mal „Kopf" und „Zahl", obwohl es natürlich nicht völlig unmöglich ist, dass tatsächlich 100-mal nur Kopf geworfen wird.

Die Frage „Was ist Zufall?" müssen wir dabei glücklicherweise nicht beantworten. Das würde uns tief in schwieriges philosophisches Gelände führen, ohne uns für praktische Fragen wirklich weiterzuhelfen. In der Wahrscheinlichkeitsrechnung und Statistik umgeht man dieses Problem, indem man gewisse Regeln für das Rechnen mit Wahrscheinlichkeiten *axiomatisch*[1] fordert, mit Hilfe dieser Regeln mathematische Sätze über Wahrscheinlichkeiten beweist und dann zufrieden feststellt, dass die Folgerungen aus diesen Sätzen zu in der Praxis sehr zuverlässigen statistischen Verfahren führen. Die Frage, was Wahrscheinlichkeit und Zufall „wirklich" sind, muss bei diesem axiomatischen Zugang nicht beantwortet werden.

9.1 Zufallsvariablen

Zufallsvariablen sind mathematische Größen, mit denen man Beobachtungen mit noch unbekanntem Ergebnis beschreibt, z. B. das Resultat einer Messung, bevor sie tatsächlich ausgeführt wird. Sie werden oft mit Großbuchstaben wie X, Y, Z, B, S bezeichnet. Wir unterscheiden zwischen *diskreten* und *kontinuierlichen* Zufallsvariablen.

---

[1] *Axiomatisch* heißt, dass man die Regeln zunächst so aufstellt, dass sie einem „vernünftig" scheinen, und dann diese Regeln als gegeben hinnimmt, sie bei allen Rechnungen befolgt und nicht weiter hinterfragt.

9.1.1 Diskrete Zufallsvariablen

Die Wertemenge einer diskreten Zufallsvariablen ist eine Teilmenge der Menge $\mathbb{Z}$ der ganzen Zahlen, oder sie ist endlich (z. B. {„Kopf", „Zahl"} beim Münzwurf oder {„Erfolg", „Misserfolg"} bei einem Experiment). Jedem möglichen Wert wird die Wahrscheinlichkeit zugeordnet, mit der man seine Realisierung erwartet. Hier zwei einfache Beispiele:

Münzwurf Die Zufallsvariable X nimmt die Werte „Kopf" und „Zahl" jeweils mit Wahrscheinlichkeit $\frac{1}{2}$ an. In mathematischer Notation schreibt man

$$P[X = \text{„Kopf"}] = \frac{1}{2}, \quad P[X = \text{„Zahl"}] = \frac{1}{2}.$$

Die Summe der Wahrscheinlichkeiten aller möglichen Werte, die die Zufallsvariable annehmen kann (hier „Kopf" und „Zahl") ist also gleich eins (hier $0.5 + 0.5 = 1$). Das ist immer so, denn man fordert, dass auf jeden Fall einer der möglichen Werte angenommen wird, und ein sicher auftretendes Ereignis hat Wahrscheinlichkeit eins. [2]

Bernoulli-Experiment Die Zufallsvariable B nimmt mit einer gewissen Wahrscheinlichkeit $p \in [0, 1]$ den Wert 1 (für „Erfolg") und sonst den Wert 0 (für „Misserfolg") an:

$$P[B = 1] = p, \quad P[B = 0] = 1 - p.$$

Solche Zufallsvariablen heißen auch *Bernoulli-Variablen mit Erfolgswahrscheinlichkeit p*. [3] Für $p = \frac{1}{2}$ erhält man wieder die Zufallsvariable für den Münzwurf.

Die Festlegung, dass beim Münzwurf „Kopf" und „Zahl" jeweils mit Wahrscheinlichkeit 0.5 realisiert werden, wird mit der Symmetrie der Münze begründet, die erwarten lässt, dass die beiden möglichen Ergebnisse gleich wahrscheinlich sind, dass also beide mit Wahrscheinlichkeit 0.5 eintreten. Solche Symmetrieüberlegungen sind in vielen Situationen aber nicht möglich. Daher argumentiert man mit folgender Erfahrungstatsache: Bei *sehr vielen* wiederholten Münzwürfen liegt die relative Häufigkeit von „Kopf" und „Zahl" sehr nahe bei 0.5. [4] Entsprechend identifizieren wir die Wahrscheinlichkeit p eines Erfolges in einem allgemeinen Bernoulli-Experiment mit der beobachteten relativen Häufigkeit von Erfolgen bei oftmaliger *unabhängiger* Wiederholung des Experiments.

Poisson-Verteilung Eine Zufallsvariable X mit Werten in $\{0, 1, 2, \dots\}$ ist *Poisson-verteilt* [5] *zum Parameter* $\lambda > 0$, falls für die Wahrscheinlichkeiten $P[X = k]$ gilt:

$$P[X = k] = e^{-\lambda} \frac{\lambda^k}{k!}. \tag{9.1}$$

---

[2] Der Buchstabe P hat sich international für Wahrscheinlichkeiten eingebürgert (engl.: probability, franz.: probabilité).

[3] Diese Bezeichnung soll an den schweizer Mathematiker *Jakob I. Bernoulli* (1655–1705) und seine Beiträge zur Wahrscheinlichkeitsrechnung erinnern.

[4] Das ist ein Beispiel für eine Aussage, die sich aus den Axiomen der Wahrscheinlichkeitsrechnung herleiten lässt, das sogenannte *Gesetz der Großen Zahl*. Doch Vorsicht: Kann es nicht passieren, dass auch bei 1000 Würfen immer nur „Kopf" realisiert wird? Ja, das ist theoretisch möglich, aber die Wahrscheinlichkeit, dass das geschieht, ist so klein, nämlich $2^{-1000} \approx 10^{-30}$, dass wir das kaum erleben werden. Eine mathematisch präzise Formulierung des Gesetzes der Großen Zahl muss diese Subtilität berücksichtigen.

[5] *Siméon Denis Poisson* (1781–1840), französischer Mathematiker und Physiker, wirkte in Paris.

Das ist tatsächlich eine Wahrscheinlichkeitsverteilung, denn diese Zahlen summieren sich zu 1:

$$\sum_{k=0}^{\infty} P[X = k] = e^{-\lambda} \sum_{k=0}^{\infty} \frac{\lambda^k}{k!} = e^{-\lambda} \cdot e^{\lambda} = 1$$

nach Definition der Exponentialfunktion in Gleichung (5.7).

9.1.2 Kontinuierliche Zufallsvariablen

Die Werte einer kontinuierlichen Zufallsvariablen X sind reelle Zahlen. Man benutzt sie daher oft zur Modellierung von Messvorgängen. Da es überabzählbar unendlich viele reelle Zahlen gibt, ist die Wahrscheinlichkeit, dass eine solche Zufallsvariable X genau einen Wert $a \in \mathbb{R}$ annimmt, in der Regel $P[X = a] = 0$. Man kann also nicht einzelnen Werten Wahrscheinlichkeiten zuordnen, aber es ist sinnvoll, die Wahrscheinlichkeiten $P[X \leq t]$, d. h. die Wahrscheinlichkeit, dass der beobachtete Wert von X nicht größer als eine vorgegebene Zahl t ist, für beliebige $t \in \mathbb{R}$ zu betrachten.

Die Wahrscheinlichkeitsverteilung der Zufallsvariablen X wird beschrieben durch die **Verteilungsfunktion**

$$F_X(t) := P[X \leq t] \,.$$

Ist die Verteilungsfunktion einer Zufallsvariablen X bekannt, so kann man mit ihrer Hilfe auch die folgende Wahrscheinlichkeit für reelle Zahlen $a < b$ bestimmen:

$$P[a < X \leq b] = P[X \leq b \text{ aber nicht } X \leq a] = P[X \leq b] - P[X \leq a]$$
$$= F_X(b) - F_X(a) \tag{9.2}$$

Ganz ähnlich schreibt man für $a \in \mathbb{R}$ und $\delta > 0$:

$$P[|X - a| \leq \delta] = P[a - \delta \leq X \leq a + \delta] = P[X = a - \delta] + P[a - \delta < X \leq a + \delta]$$
$$= F_X(a + \delta) - F_X(a - \delta) + P[X = a - \delta] \tag{9.3}$$

Dabei ist der Summand $P[X = a - \delta]$ oft gleich 0. Das gilt insbesondere in folgender Situation:

Viele (wenn auch nicht alle) Verteilungsfunktionen kontinuierlicher Zufallsvariablen lassen sich auf folgende Weise mathematisch beschreiben: Es gibt eine Funktion $f : \mathbb{R} \rightarrow [0, \infty)$ (eine sogenannte **Verteilungsdichte**), sodass

$$F_X(t) = \int_{-\infty}^{t} f(x)\,dx \,, \tag{9.4}$$

d. h. F_X ist eine Stammfunktion von f mit $F_X(-\infty) = 0$, siehe auch Abbildung 3.3 auf Seite 32. f muss so gewählt sein, dass $F_X(\infty) = 1$ ist.

Beispiel: Die Normalverteilung Am Beispiel der Verteilungsdichte $g(x) = \frac{1}{\sqrt{2\pi}}e^{-x^2/2}$ (*Gauß'sche Glockenkurve*) wurde die Bedeutung von Gleichung (9.4) bereits in Abschnitt 3.3 erläutert. Die Stammfunktion Φ der Glockenkurve ist die Verteilungsfunktion der *Normalverteilung*.

Abbildung 3.3 legt nahe, dass $\lim_{t \to -\infty} \Phi(t) = 0$ (für sehr kleine t ist die Fläche links von t winzig), und man kann zeigen, dass $\lim_{t \to +\infty} \Phi(t) = 1$ (so ist der Vorfaktor $\frac{1}{\sqrt{2\pi}}$ gerade gewählt.) Daher liegen alle Werte von $P[X \le t] = \Phi(t)$ zwischen 0 und 1, also in dem Bereich, wo Werte von Wahrscheinlichkeiten liegen müssen. Mit R kann man Werte von Φ leicht bestimmen: $\Phi(t)$ erhält man mit `pnorm(t)`.

9.2 Unabhängigkeit diskreter Zufallsvariablen

Wenn Sie eine Münze und einen Würfel werfen, werden Sie nicht zögern zu sagen, dass das Ergebnis „Kopf und 4" die Wahrscheinlichkeit $\frac{1}{12}$ hat, und das damit begründen, dass $\frac{1}{12} = \frac{1}{2} \cdot \frac{1}{6}$ gerade das Produkt der Einzelwahrscheinlichkeiten in diesem zusammengesetzten Ereignis ist. Ist X die Zufallsvariable für den Münzwurf und Y die für den Würfel, so schreibt sich diese Überlegung als Formel

$$P[X = \text{„Kopf" und } Y = 4] = P[X = \text{„Kopf"}] \cdot P[Y = 4] = \frac{1}{2} \cdot \frac{1}{6} = \frac{1}{12}.$$

Dabei haben Sie implizit vorausgesetzt, dass der Münzwurf und der Wurf des Würfels voneinander *unabhängig* sind. Ganz allgemein sagt man:

Unabhängigkeit diskreter Zufallsvariablen

Die diskreten Zufallsvariablen $X_1, \ldots, X_N$ sind **unabhängig**, falls für alle möglichen Werte $x_1, \ldots, x_N$, die von diesen Zufallsvariablen angenommen werden können, gilt:

Die Ereignisse $[X_1 = x_1], [X_2 = x_2], \ldots, [X_N = x_N]$ sind unabhängig.

Das heißt, dass

$$P[X_1 = x_1 \text{ und } X_2 = x_2 \ldots \text{ und } X_N = x_N] = P[X_1 = x_1] \cdot P[X_2 = x_2] \cdot \ldots \cdot P[X_N = x_N].$$

Beispiel 9.2.1 (Der Begriff der Unabhängigkeit ist subtil) Seien B_1 und B_2 zwei unabhängige Bernoulli-Variablen mit $p = \frac{1}{2}$ („Münzwurf"). Wir definieren eine dritte Bernoulli-Variable B_3 durch

$$B_3 = \begin{cases} 1 & \text{falls } B_1 = B_2 \\ 0 & \text{falls } B_1 \ne B_2. \end{cases}$$

(In der Tat rechnet man sofort nach, dass $P[B_3 = 1] = P[B_1 = 1 \text{ und } B_2 = 1] + P[B_1 = 0 \text{ und } B_2 = 0] = \frac{1}{4} + \frac{1}{4} = \frac{1}{2}$ und daher auch $P[B_3 = 0] = 1 - P[B_3 = 1] = \frac{1}{2}$.) Dann sind die drei Zufallsvariablen (wie man auch nicht anders erwarten würde) nicht unabhängig, denn da $B_3 = 0$ nicht auftreten kann, wenn $B_1 = B_2 = 1$ ist, folgt

$$P[B_1 = 1 \text{ und } B_2 = 1 \text{ und } B_3 = 0] = 0 \ne \frac{1}{8} = P[B_1 = 1] \cdot P[B_2 = 1] \cdot P[B_3 = 0].$$

Andererseits beobachtet man $B_1 = B_3 = 1$ genau dann, wenn $B_1 = B_2 = 1$ vorliegt. Also ist

$$P[B_1 = 1 \text{ und } B_3 = 1] = P[B_1 = 1 \text{ und } B_2 = 1] = \frac{1}{2} \cdot \frac{1}{2} = \frac{1}{4} = P[B_1 = 1] \cdot P[B_3 = 1],$$

und für andere Werte von B_1 und B_3 zeigt man das gleiche. Also sind B_1 und B_3 unabhängig, genauso B_2 und B_3. Wir haben also eine Situation, wo die drei Zufallsvariablen zwar nicht unabhängig, aber trotzdem *paarweise unabhängig* sind.

9.2.1   Bedingte Wahrscheinlichkeit und Unabhängigkeit

Beobachtet man zwei Zufallsvariablen, die nicht unabhängig sind, so ist die *Wahrscheinlichkeit, dass $X_2 = x_2$ unter der Bedingung $X_1 = x_1$*, eine wichtige Größe. Als Formel:

$$P[X_2 = x_2 | X_1 = x_1] := \frac{P[X_2 = x_2 \text{ und } X_1 = x_1]}{P[X_1 = x_1]} \tag{9.5}$$

Man sieht sofort ein, dass $P[X_2 = x_2 | X_1 = x_1] = P[X_2 = x_2]$ genau dann gilt, wenn $P[X_1 = x_1 \text{ und } X_2 = x_2] = P[X_1 = x_1] \cdot P[X_2 = x_2]$ ist. Also sind X_1 und X_2 unabhängig genau dann, wenn $P[X_2 = x_2 | X_1 = x_1] = P[X_2 = x_2]$ für alle möglichen Werte x_1 und x_2 gilt. Das interpretiert man so, dass sich die Erwartung an die Realisierung von X_2 nicht dadurch ändert, dass man die Realisierung von X_1 schon zur Kenntnis genommen hat.

9.2.2   Die Binomialverteilung

Nun soll ein Experiment wie das der Bohnenkeimung in Unterabschnitt 9.1.1 mehrfach unabhängig voneinander durchgeführt werden. Dabei spielt es keine Rolle, ob die einzelnen Experimente gleichzeitig oder nacheinander durchgeführt werden, es muss nur sichergestellt sein, dass die Experimente unabhängig voneinander realisiert werden.

Seien also $B_1, \dots, B_N$ unabhängige Bernoulli-Variablen mit Erfolgswahrscheinlichkeit p. Betrachte die Zufallsvariable

$$S_N := B_1 + \cdots + B_N. \tag{9.6}$$

S_N ist die Zahl der Erfolge bei N Versuchen, kann also alle Werte in $\{0, \dots, N\}$ annehmen. Wir interessieren uns für die Wahrscheinlichkeit, dass bei N Versuchen genau (oder auch höchstens oder mindestens) k Erfolge auftreten.

Zur Illustration beginnen wir mit einer konkreten Zahl von Versuchen, $N = 5$. Mit $B = (B_1, \dots, B_5)$ wird der Vektor der Zufallsvariablen und mit $b = (b_1, \dots, b_5)$ der Vektor der Realisierungen bezeichnet. Aus der Unabhängigkeitsannahme an die B_i folgt:

$$P[B = b] = P[B_1 = b_1 \text{ und } B_2 = b_2 \text{ und } B_3 = b_3 \text{ und } B_4 = b_4 \text{ und } B_5 = b_5]$$

$$= P[B_1 = b_1] \cdot P[B_2 = b_2] \cdot P[B_3 = b_3] \cdot P[B_4 = b_4] \cdot P[B_5 = b_5].$$

So ist z. B. $P[B = (1, 1, 0, 1, 0)] = p^3(1 - p)^2$, denn 3 ist die Zahl der Erfolge, 2 die der Misserfolge. 3 Erfolge und 2 Misserfolge können aber auch auf andere Weise zustande kommen. Hier ist eine Liste aller Möglichkeiten:

$$\begin{array}{ccccc} (0,0,1,1,1) & (0,1,0,1,1) & (0,1,1,0,1) & (0,1,1,1,0) & (1,0,0,1,1) \\ (1,0,1,0,1) & (1,0,1,1,0) & (1,1,0,0,1) & (1,1,0,1,0) & (1,1,1,0,0) \end{array}$$

Das sind 10 Möglichkeiten, sodass die Wahrscheinlichkeit, genau drei Erfolge zu beobachten, gleich $10 \cdot p^3(1-p)^2$ ist.

Kehren wir nun zu einer beliebigen Zahl N von Versuchen zurück. Natürlich ist es für große N nicht praktikabel, wie eben eine Liste aller Möglichkeiten aufzuschreiben, wie sich k Erfolge auf die N Experimente verteilen, um so die Anzahl solcher Möglichkeiten herauszufinden. Glücklicherweise gibt es eine allgemeine Formel dafür (in ihr treffen wir wieder auf die Fakultäten $n!$ aus Abschnitt 2.1): Führt man N Experimente durch und beobachtet man k Erfolge, so gibt es

$$\binom{N}{k} := \frac{N!}{k!(N-k)!} = \frac{(N-k+1) \cdot (N-k+2) \cdots \cdot N}{1 \cdot 2 \cdots \cdot k}$$

verschiedene „Muster", in welcher Reihenfolge diese k Erfolge unter den N Versuchen auftreten[6], und jedes dieser Muster hat die Wahrscheinlichkeit $p^k(1-p)^{N-k}$. Die Wahrscheinlichkeit, k Erfolge zu beobachten ist also gleich $\binom{N}{k}p^k(1-p)^{N-k}$.

Binomialverteilung

Sind $B_1, \ldots, B_N$ *unabhängige Bernoulli-Variablen*, die jeweils mit Wahrscheinlichkeit p den Wert 1 und mit Wahrscheinlichkeit $1-p$ den Wert 0 annehmen, und bezeichnet $S_N = B_1 + \cdots + B_N$, so ist

$$P[S_N = k] = \binom{N}{k}p^k(1-p)^{N-k}$$

und daher

$$P[S_N \le k] = \sum_{j=0}^{k} P[S_N = j] = \sum_{j=0}^{k} \binom{N}{j}p^j(1-p)^{N-j}.$$

Die Zahlen $\binom{N}{k}$ heißen **Binomialkoeffizienten** und die Wahrscheinlichkeitsverteilung der diskreten Zufallsvariablen S_N heißt **Binomialverteilung mit Parametern N und p**.

Achtung: $\binom{N}{k}$ ist also *kein* Vektor, sondern steht für die natürliche Zahl $\frac{N!}{k!(N-k)!}$.

Gesprochen wird $\binom{N}{k}$ als „N **über** k".

---

[6] Das kann man folgendermaßen zeigen: Zunächst macht man sich klar, dass man auf dieselbe Zahl kommt, wenn man berechnet, auf wieviele Weisen man k Personen auf N verschiedene Plätze verteilen kann. Dieses Problem behandelt man dann so: Für die erste Person hat man die Wahl unter N Plätzen, für die zweite kann man noch unter $N-1$ Plätzen wählen, für die dritte unter $N-2$ usw. Für die k-te Person hat man noch die Wahl unter $N-k+1$ freien Plätzen. Insgesamt ergibt das $N \cdot (N-1) \cdot (N-2) \cdots \cdot (N-k+1) = \frac{N!}{(N-k)!}$ verschiedene Möglichkeiten, die Personen Nr. 1 bis Nr. k auf die N Plätze aufzuteilen. Wenn die k besetzten Plätze einmal festgelegt sind, kann ich die Personen auf diesen Plätzen beliebig vertauschen, ohne dass das Muster der belegten Plätze sich dadurch ändert. Da man k Personen aber auf genau $k!$ Weisen auf k feste Plätze aufteilen kann (obiges Argument mit $N=k$), erhält man schließlich $\frac{N!}{k!(N-k)!}$ als Anzahl der möglichen Muster von k Personen auf N Plätzen.

Beispiel 9.2.2 (Beispiel zur Binomialverteilung) Die Wahrscheinlichkeit, bei 5-maligem Würfeln genau zweimal eine 6 zu erzielen, ist ($N = 5$, $p = \frac{1}{6}$, $k = 2$)

$$\binom{5}{2} \cdot \left(\frac{1}{6}\right)^2 \left(\frac{5}{6}\right)^3 = \frac{5!}{2!3!} \cdot \frac{5^3}{6^5} = \frac{4 \cdot 5}{1 \cdot 2} \cdot \frac{5^3}{6^5} = 2\frac{5^4}{6^5} = \frac{625}{3888} \approx 0.161 \, .$$

Die Wahrscheinlichkeit, bei 5-maligem Würfeln mindestens zweimal eine 6 zu erzielen, ist 1 minus die Wahrscheinlichkeit höchstens einmal eine 6 zu erzielen, also ($N = 5$, $p = \frac{1}{6}$)

$$1 - \binom{5}{0} \cdot \left(\frac{1}{6}\right)^0 \left(\frac{5}{6}\right)^5 - \binom{5}{1} \cdot \left(\frac{1}{6}\right)^1 \left(\frac{5}{6}\right)^4 = 1 - 1 \cdot \frac{5^5}{6^5} - 5 \cdot \frac{5^4}{6^5} = \frac{763}{3888} \approx 0.196 \, .$$

Mit R kann man diese Werte auch für größere N und k leicht bestimmen. Den ersten Wert erhält man durch `dbinom(2,5,1/6)`, den zweiten durch `1-pbinom(1,5,1/6)`.

9.3 Unabhängigkeit kontinuierlicher Zufallsvariablen

In Verallgemeinerung des Unabhängigkeitsbegriffs für diskrete Zufallsvariablen aus Abschnitt 9.2 sagt man:

> **Unabhängigkeit kontinuierlicher Zufallsvariablen**
>
> Die Zufallsvariablen $X_1, \ldots, X_N$ sind **unabhängig**, falls für alle Zahlen $x_1, \ldots, x_N \in \mathbb{R}$ gilt:
>
> Die Ereignisse $[X_1 \leq x_1]$, $[X_2 \leq x_2]$, $\ldots, [X_N \leq x_N]$ sind unabhängig.
>
> Das heißt nichts anderes als
>
> $$P[X_1 \leq x_1 \text{ und } X_2 \leq x_2 \ldots \text{ und } X_N \leq x_N] = P[X_1 \leq x_1] \cdot P[X_2 \leq x_2] \ldots P[X_N \leq x_N] \, .$$

An Stelle von $\leq$ kann in dieser Definition auch $<$, $\geq$ oder $>$ stehen. Es reicht aber nicht, die Unabhängigkeit nur für $=$ zu fordern!

Sind $X_1, \ldots, X_N$ Zufallsvariablen, die nur endlich viele Zahlen als Werte annehmen können, so kann man auf sie sowohl die Unabhängigkeitsdefinition aus Abschnitt 9.2 als auch die obige Definition anwenden. Man kann zeigen, dass beide Definitionen in diesem Fall gleichwertig sind.

9.4 Histogramm unabhängiger Beobachtungen

Beobachtet man eine große Stichprobe, die man als eine Folge unabhängiger Realisierungen einer Zufallsvariablen mit Verteilungsdichte f auffassen kann, und stellt man diese Stichprobe durch ein Histogramm grafisch dar, so hat das Histogramm annähernd die Gestalt der Dichte f. Für den Fall, dass f die Glockenkurve und die Beobachtungen daher normalverteilt sind, wird das in Abbildung 9.1 illustriert, bei deren Erstellung die

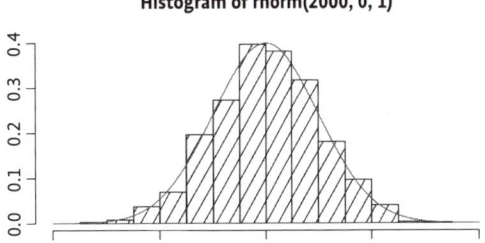

Abb. 9.1 Histogramm einer Stichprobe von 2000 unabhängigen normalverteilten Zufallszahlen und die Glockenkurve.

Fähigkeit von R genutzt wurde, Zufallszahlen mit vorgegebener Verteilung zu erzeugen. Hier geschieht das durch den Befehl `rnorm(2000,0,1)`, der 2000 unabhängige Realisierungen einer normalverteilten Zufallsvariablen erzeugt. (Die 0 steht für den Erwartungswert, die 1 für die Varianz.)

9.5 Erwartungswert und Varianz

9.5.1 Erwartungswert und Varianz diskreter Zufallsvariablen
Sei X eine Zufallsvariable, die die Zahlenwerte $u_1, u_2, \ldots, u_r$ annehmen kann.

- Als *Erwartungswert* von X bezeichnet man

$$E[X] := \sum_{i=1}^{r} u_i \cdot P[X = u_i].$$

Ist $E[X] = 0$, so sagt man, X ist *zentriert*. Man kann jede Zufallsvariable zentrieren, indem man ihren Erwartungswert von ihr subtrahiert, denn

$$E[X - E[X]] = \sum_{k=1}^{r}(u_k - E[X]) \cdot P[X = u_k] = \sum_{k=1}^{r} u_k \cdot P[X = u_k] - \sum_{k=1}^{r} E[X] \cdot P[X = u_k]$$

$$= E[X] - E[X] \cdot \underbrace{\sum_{k=1}^{r} P[X = u_k]}_{=1} = E[X] - E[X] = 0.$$

- Sind $X_1, \ldots, X_N$ solche Zufallsvariablen, so ist

$$E[X_1 + X_2 + \cdots + X_N] = E[X_1] + E[X_2] + \cdots + E[X_N].$$

Diese Aussage ist zwar naheliegend, ein mathematischer Beweis aber trotzdem etwas langwierig. Weiterhin gilt für jede (nichtzufällige!) Zahl a:

$$E[a \cdot X] = a \cdot E[X].$$

- Sind X_1 und X_2 *unabhängige* Zufallsvariablen, so ist $E[X_1 X_2] = E[X_1] \cdot E[X_2]$. Entsprechend gilt das auch für das Produkt von mehreren unabhängigen Zufallsvariablen.

Beispiel 9.5.1 (Erwartungswert binomialverteilter Zufallsvariablen) Ist B wieder eine Zufallsvariable, die mit Wahrscheinlichkeit p den Wert 1 und mit Wahrscheinlichkeit $1 - p$ den Wert 0 annimmt, so ist $E[B] = 0 \cdot (1 - p) + 1 \cdot p = p$. Für die Summe $X := B_1 + B_2 + \cdots + B_N$ von N solchen Zufallsvariablen gilt daher

$$E[X] = E[B_1] + E[B_2] + \cdots + E[B_N] = N \cdot p \quad \text{und} \quad E[X - Np] = 0 \, .^{7}$$

Wir fahren mit der allgemeinen Begriffsbildung fort:

- Als *Varianz* von X bezeichnet man

$$V[X] := E\left[(X - E[X])^2\right] = E[X^2] - (E[X])^2 \, .$$

Die Gleichheit der beiden Ausdrücke ergibt sich aus den obigen Rechenregeln. [8] Es folgt leicht, dass [9]

$$E\left[\frac{X - E[X]}{\sqrt{V[X]}}\right] = 0 \quad \text{und} \quad V\left[\frac{X - E[X]}{\sqrt{V[X]}}\right] = 1 \, .$$

Die Zufallsvariable $\frac{X - E[X]}{\sqrt{V[X]}}$ heißt *Standardisierung* von X, da sie immer Erwartungswert 0 und Varianz 1 hat.
- Oftmals benötigt man folgende Rechenregel: Sind $X_1, X_2, \ldots, X_N$ *unabhängige* Zufallsvariablen, so ist [10]

$$V[X_1 + X_2 + \cdots + X_N] = V[X_1] + V[X_2] + \cdots + V[X_N] \, .$$

Der Beweis ist elementar aber etwas länglich. [11] *Achtung:* Im Gegensatz zur Summenregel für den Erwartungswert, gilt diese Summenregel für die Varianz in der Regel nur, wenn die Zufallsvariablen unabhängig sind!

---

[7]   Da X binomialverteilt ist, folgt aus dieser Überlegung übrigens

$$N \cdot p = E[X] = \sum_{k=0}^{N} k \cdot P[X = k] = \sum_{k=0}^{N} k \cdot \binom{N}{k} p^k (1 - p)^{N-k} \, .$$

[8] $E\left[(X - E[X])^2\right] = E\left[X^2 - 2E[X] \cdot X + E[X]^2\right] = E[X^2] - 2E[X] \cdot E[X] + E[X]^2 = E[X^2] - E[X]^2$

[9] $E\left[\frac{X - E[X]}{\sqrt{V[X]}}\right] = \frac{1}{\sqrt{V[X]}} \underbrace{E[X - E[X]]}_{= 0} = 0$ und $V\left[\frac{X - E[X]}{\sqrt{V[X]}}\right] = E\left[\frac{(X - E[X])^2}{(\sqrt{V[X]})^2}\right] = \frac{1}{V[X]} \cdot V[X] = 1$.

[10]   Diese Gleichung wird auch Bienaymé-Gleichung genannt nach dem französischen Mathematiker *Irénée-Jules Bienaymé* (1796–1878).

[11]   Wir führen ihn für $N = 2$ durch:

$$V[X_1 + X_2] = E\left[(X_1 + X_2 - E[X_1 + X_2])^2\right] = E\left[((X_1 - E[X_1]) + (X_2 - E[X_2]))^2\right]$$

$$= E\left[(X_1 - E[X_1])^2 + 2(X_1 - E[X_1])(X_2 - E[X_2]) + (X_2 - E[X_2])^2\right]$$

$$= E\left[(X_1 - E[X_1])^2\right] + 2E\left[(X_1 - E[X_1])(X_2 - E[X_2])\right] + E\left[(X_2 - E[X_2])^2\right] \, .$$

Beispiel 9.5.2 (Standardisierung binomialverteilter Zufallsvariablen) Seien B und $X = B_1 + B_2 + \cdots + B_N$ wie in Beispiel 9.5.1. Da B nur die Werte 0 und 1 annimmt, ist $B^2 = B$, und es folgt

$$V[B] = E[B^2] - E[B]^2 = E[B] - E[B]^2 = p - p^2 = p(1-p) \,.$$

Nehmen wir zusätzlich an, dass die B_k untereinander unabhängig sind, so ist

$$V[X] = V[B_1] + V[B_2] + \cdots + V[B_N] = N \cdot p(1-p) \,.$$

Die Standardisierung von X ist daher $\frac{X - Np}{\sqrt{Np(1-p)}}$.

9.5.2 Erwartungswert und Varianz kontinuierlicher Zufallsvariablen

Wir betrachten hier nur den Fall, dass die Verteilungsfunktion F_X der Zufallsvariablen X Stammfunktion einer Dichte f ist, siehe Unterabschnitt 9.1.2. Dann definiert man den

$$\textit{Erwartungswert:} \qquad E[X] := \int_{-\infty}^{+\infty} x \cdot f(x)\,dx \,. \tag{9.7}$$

Die *Varianz* ist wieder $V[X] := E[(X - E[X])^2] = E[X^2] - (E[X])^2$, wo, in Übereinstimmung mit Gleichung (9.7), $E[X^2] = \int_{-\infty}^{+\infty} x^2 \cdot f(x)\,dx$. Es gelten die gleichen Rechenregeln wie bei diskreten Zufallsvariablen, insbesondere $E[X_1 + X_2 + \cdots + X_N] = E[X_1] + E[X_2] + \cdots + E[X_N]$ (das gilt immer) und $E[X_1 X_2] = E[X_1] \cdot E[X_2]$ falls X_1 und X_2 *unabhängig* sind.

Die Auswertung von Integralen wie in Gleichung (9.7) ist nicht immer leicht. Wir geben hier nur zwei für uns wichtige Werte an:

Beispiel 9.5.3 (Erwartungswert und Varianz der Normalverteilung) Betrachte die Dichte $f(x) = g_{\mu,\sigma^2}(x) := \frac{1}{\sqrt{2\pi\sigma^2}} \exp(-\frac{(x-\mu)^2}{\sigma^2})$. Eine Zufallsvariable X mit dieser Verteilungsdichte heißt *normalverteilt mit Erwartung μ und Varianz σ^2*. Für $\mu = 0$ und $\sigma^2 = 1$ erhält man gerade die Gauß'sche Glockenkurve aus Unterabschnitt 9.1.2. Man kann zeigen:

$$E[X] = \mu, \quad V[X] = \sigma^2 \,.$$

Es überrascht daher nicht, dass die Standardisierung von X wieder die Gauß'sche Glockenkurve als Verteilungsdichte hat: Sie ist normalverteilt mit Erwartung 0 und Varianz 1, und man sagt auch, sie ist *standardnormalverteilt*.

Da X_1 und X_2 unabhängig sind, sind auch $X_1 - E[X_1]$ und $X_2 - E[X_2]$ unabhängig, und es folgt aus den Rechenregeln für unabhängige Zufallsvariablen, dass $E\left[(X_1 - E[X_1])(X_2 - E[X_2])\right] = E[X_1 - E[X_1]] \cdot E[X_2 - E[X_2]]$, und dieses Produkt ist gleich 0, da die $X_i - E[X_i]$ zentriert sind. Daher folgt

$$V[X_1 + X_2] = E\left[(X_1 - E[X_1])^2\right] + E\left[(X_2 - E[X_2])^2\right] = V[X_1] + V[X_2] \,.$$

9.6   Normal- und Poisson-Approximation der Binomialverteilung

Die Berechnung von Wahrscheinlichkeiten wie

$$P_p\left[\sum_{i=1}^{N} B_i \le k\right] = \sum_{j=0}^{k} \binom{N}{j} p^j (1-p)^{N-j}$$

im vorigen Abschnitt ist, wie wir gerade gesehen haben, mit Hilfe eines Programms wie R heute einfach. Früher mussten solche Werte aus Tabellen entnommen werden, was bei der Vielzahl der Möglichkeiten für die drei Zahlen N, k und p nur in Grenzen praktikabel war. Daher hatte man großes Interesse daran, gute Approximationen für diese Werte zu finden, die sich besser tabellieren lassen. Auch wenn diese Motivation heute in den Hintergrund tritt, sind die dabei gewonnenen Einsichten über die Rolle der *Normalverteilung* und der *Poisson-Verteilung* in der Statistik so wichtig, dass sie hier kurz erläutert werden sollen. Das erfordert ein paar Vorbereitungen.

9.6.1   Verteilungsfunktionen binomialverteilter Zufallsvariablen

Da binomialverteilte Zufallsvariablen Zahlen als Werte annehmen, kann man auch ihre Verteilungsfunktion betrachten. Zur Erinnerung: Die *Verteilungsfunktion* F_X einer Zufallsvariablen X ist

$$F_X(t) := P[X \le t]$$

Ist nun S_N binomialverteilt mit Parametern N und p wie in Unterabschnitt 9.2.2, d. h. ist $S_N = B_1 + B_2 + \cdots + B_N$ mit unabhängigen Bernoulli-Variablen B_i mit Erfolgswahrscheinlichkeit p, so ist

$$F_{S_N}(t) = \begin{cases} 0 & \text{für } t < 0 \\ \sum_{j=0}^{k} \binom{N}{j} p^j (1-p)^{N-j} & \text{für } 0 \le k \le t < k+1 \le N \\ 1 & \text{für } t \ge N. \end{cases}$$

Mit R lässt sich F_{S_N} leicht berechnen: $F_{S_N}(x) = $ `pbinom(x,N,p)`.

Bezeichnet $Y_N := \frac{S_N - Np}{\sqrt{Np(1-p)}}$ die Standardisierung von S_N, so kann man diese Gleichung nach S_N auflösen und erhält $S_N = Np + \sqrt{Np(1-p)} \cdot Y_N$. Daher ist

$$F_{S_N}(t) = P\left[Np + \sqrt{Np(1-p)} \cdot Y_N \le t\right] = P\left[Y_N \le \frac{t - Np}{\sqrt{Np(1-p)}}\right]$$

$$= F_{Y_N}\left(\frac{t - Np}{\sqrt{Np(1-p)}}\right).$$

$$(9.8)$$

Die Vorteile der Umformung von F_{X_N} auf F_{Y_N} werden wir im Folgenden untersuchen.

9.6.2 Normalapproximation der Binomialverteilung

Für nicht zu kleine N betrachten wir wieder

$$Y_N := \frac{S_N - Np}{\sqrt{Np(1-p)}} \quad \text{mit} \quad S_N = B_1 + B_2 + \cdots + B_N$$

wie im vorhergehenden Abschnitt. Bei festem p und wachsendem N (d. h. bei wachsendem Stichprobenumfang) stellt man fest, dass die Verteilungsfunktionen $F_{Y_N}(t)$ gegen die Verteilungsfunktion $\Phi(t)$ der Standardnormalverteilung (Abbildung 3.3) konvergieren. Das wird in Abbildung 9.2 illustriert. Diesen Sachverhalt präzisiert man folgendermaßen: Da

$$P[a < Y_N \le b] = P[Y_N \le b] - P[Y_N \le a] = F_{Y_N}(b) - F_{Y_N}(a),$$

gilt:

Normalapproximation: Zentraler Grenzwertsatz für die Binomialverteilung
Sei F_{Y_N} die Verteilungsfunktion der Standardisierung einer Summe unabhängiger Bernoulli-Variablen B_i mit $P[B_i = 1] = p$. Dann gilt für beliebige Zahlen $a < b$ und große N:

$$P[a < Y_N \le b] = F_{Y_N}(b) - F_{Y_N}(a) \approx \Phi(b) - \Phi(a) \text{ und}$$

$$P[Y_N \le b] = F_{Y_N}(b) \approx \Phi(b),$$

wo $\Phi(t)$ die Verteilungsfunktion der Standardnormalverteilung ist, siehe Unterabschnitt 9.1.2. In der Praxis wird N als „groß" angesehen, wenn $Np(1-p) > 9$ ist.

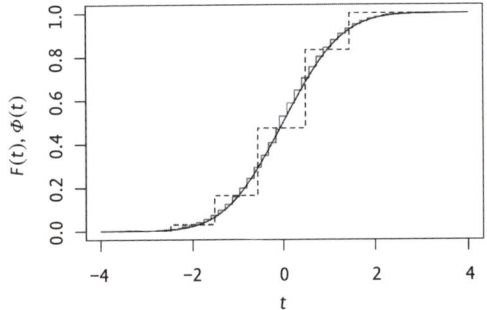

Abb. 9.2 Die Verteilungsfunktionen $F_{Y_5}(t)$ (große Sufen), $F_{Y_{200}}(t)$ (kleine Stufen) und $\Phi(t)$ (glatte Kurve), hier mit $p = 0.7$.

Beispiel 9.6.1 (Binomialverteilung am Beispiel Bohnenkeimung) Wir betrachten eine Testaussaat von $N = 100$ Bohnen, die eine Keimungswahrscheinlichkeit von $p = 0.9$ haben. Berechnen wollen wir die Wahrscheinlichkeit

$$P\,[\text{Höchstens 85 Keimungen bei 100 Bohnen}] = F_{S_{100}}(85)\,.$$

Wegen Gleichung (9.8) ist $F_{S_{100}}(85) = F_{Y_{100}}\left(\frac{85-100\cdot0.9}{\sqrt{100\cdot0.9\cdot0.1}}\right) = F_{Y_{100}}(-1.667)$. Da $Np(1-p) = 100\cdot0.9\cdot0.1 = 9$, ist die Anwendung der Normalapproximation noch problematisch, aber nicht ausgeschlossen. Dann erhalten wir

$$F_{S_{100}}(85) = F_{Y_{100}}(-1.667) \approx \Phi(-1.667) = \texttt{pnorm(-1.667,0,1)} = 0.048 .$$

Das ist recht verschieden vom exakten Wert $F_{S_{100}} = \texttt{pbinom(85,100,0.9)} = 0.073$, und wir werden später sehen, dass solche Unterschiede, gerade wenn es um das „Überspringen" der 5%-Marke geht, ganz wichtig sind.

> **Man muss mit Approximationen also sehr vorsichtig umgehen!**

9.6.3 Poisson-Approximation der Binomialverteilung

Ist p sehr nahe bei 0, so kann $Np(1-p)$ auch für recht große N noch kleiner als 9 sein, und die Normalapproximation ist u.U. nicht zulässig. Oft hilft aber folgende Beobachtung, die eine Beziehung zwischen der Binomialverteilung und der Poisson-Verteilung aus Gleichung (9.1) herstellt:

> **Poisson-Approximation der Binomialverteilung**
> Ist $\lambda := Np$ nicht zu groß, so ist
>
> $$\binom{N}{k}p^k(1-p)^{N-k} \approx e^{-\lambda}\frac{\lambda^k}{k!} \quad \text{für alle } k.$$
>
> Einer Faustregel zufolge kann man die Poisson-Approximation anwenden, wenn $\lambda \le 10$ und gleichzeitig $p \le 0.05$ und $N \ge 20$ ist. Da das nur bei kleinem p der Fall ist, dient die Poisson-Verteilung also zur Beschreibung **seltener Ereignisse**.

Beispiel 9.6.2 Eine seltene Erbkrankheit tritt durchschnittlich einmal unter 10000 Menschen auf. Wie groß ist die Wahrscheinlichkeit, dass sie in einer Stichprobe von 5000 Menschen mindestens zweimal auftritt?

Hier ist $p = 10^{-4}$, $N = 5\cdot10^3$, also $Np(1-p) \approx Np = \lambda = 0.5 < 9$. Die gesuchte Wahrscheinlichkeit ist also bis auf einen kleinen Fehler [12] gleich

$$1 - \underbrace{e^{-\lambda}}_{\text{W'keit für 0 Erkrankungen}} - \underbrace{e^{-\lambda}\lambda}_{\text{W'keit für 1 Erkrankung}} = \texttt{1-ppois(1,0.5)} = 0.09020401 .$$

Zum Vergleich: der exakte Wert ist

$$\texttt{1-pbinom(1,5000,1/10000)} = 0.09019643 .$$

---

[12] Man kann zeigen, dass man bei der Approximation höchstens einen Fehler von von $2p\lambda$ macht, in unserem Beispiel also von höchstens $\approx 10^{-4}$. Oft ist der Fehler aber noch viel kleiner.

9.7 Fragen und Aufgaben

1. Sei Y eine Zufallsvariable, die den einmaligen Wurf eines Würfels beschreibt. Bestimmen Sie $P[Y = 2]$, $P[Y = 6]$ und $P[Y \text{ ungerade}]$.
2. Wie groß ist die Wahrscheinlichkeit, bei fünffachem Werfen einer Münze genau zweimal „Kopf" zu erhalten?
3. Wie groß ist die Wahrscheinlichkeit, beim Würfeln mit zwei Würfeln insgesamt 12 Punkte zu erzielen? Und wie groß ist sie für 11 Punkte?
4. Bei einer (hypothetischen) Blumenart können die Blütenblätter weiß oder rot sein. Außerdem können die Blüten 10 oder 12 Blätter haben. Durch umfangreiche Datenerhebungen weiß man, dass die vier möglichen Kombinationen von Farbe und Anzahl der Blütenblätter mit folgenden Wahrscheinlichkeiten auftreten: (weiß, 10): 0.12, (weiß, 12): 0.18, (rot, 10): 0.32, (rot, 12): 0.38.

   a) Wie groß ist die Wahrscheinlichkeit dass eine Blüte rot ist?
   b) Wie groß ist die Wahrscheinlichkeit, dass eine Blüte rot ist unter der Bedingung, dass sie 10-blättrig ist?
   c) Sind die beiden Merkmale unabhängig?
5. Die Erfolgswahrscheinlichkeit bei einem Experiment beträgt 80%. Wieviele unabhängige Wiederholungen des Experiments muss man durchführen, um mit einer Wahrscheinlichkeit von mindestens 98% mindestens 3 Erfolge zu beobachten?
6. Eine Zufallsvariable X habe Varianz 3. Wie groß ist die Varianz von $\frac{1}{2}X$?
7. Es ist bekannt, dass ein Messgerät im Labor durchschnittlich bei 1000 Messungen zweimal falsche Ergebnisse liefert. Wie groß ist die Wahrscheinlichkeit, dass es bei einer Reihe von 100 Messungen mindestens drei falsche Ergebnisse liefert?

$$V[\tfrac{1}{2}x] = \left(\tfrac{1}{2}\right)^2 \cdot 3 = \tfrac{3}{4}$$

Antworten:
1) $P[Y = 2] = \frac{1}{6}$, $P[Y = 6] = \frac{1}{6}$, $P[Y \text{ ungerade}] = \frac{1}{2}$.
2) $\binom{5}{2} \cdot \left(\frac{1}{2}\right)^5 = \frac{5}{16} \approx 0.313$.
3) $\frac{1}{36}$ bzw. $\frac{2}{36} = \frac{1}{18}$.
4) a) $P[\text{rot}] = 0.32 + 0.38 = 0.7$ b) $P[\text{rot}|10] = P[\text{rot}, 10]/P[10] = \frac{0.32}{0.12+0.32} = 0.\overline{72}$ c) Nein, denn die beiden Wahrscheinlichkeiten in a) und b) sind verschieden.
5) 6. Begründung: Erfolgswahrscheinlichkeit $p = 0.8$. Gesucht ist das kleinste N, sodass die Wahrscheinlichkeit w_N bei N Wiederholungen höchstens zwei Erfolge zu haben, maximal 2% beträgt, d. h. $w_N = 0.2^N + N0.2^{N-1}0.8 + N(N-1)/2 \cdot 0.2^{N-2}0.8^2 \le 0.02$. Durch Probieren findet man $w_5 = 0.058$, $w_6 = 0.017$.
6) $\frac{3}{4}$
7) $1 - e^{-\lambda}(1 + \lambda + \frac{\lambda^2}{2})$ für $\lambda = 100\frac{2}{1000} = 0.2$. Das ergibt 0.001148481.

10 Beurteilende Statistik: Testen

Die Aufgabe der beurteilenden Statistik ist es, aus der Beobachtung einer Stichprobe Rückschlüsse auf Eigenschaften und Gesetzmäßigkeiten des die Stichprobe erzeugenden Vorgangs zu ziehen. Das wird in diesem Kapitel am Beispiel des Binomialtests und verschiedener Chi-Quadrat-Tests illustriert.

10.1 Der Binomialtest

Beispiel 10.1.1 (Keimungsrate) Von einer Bohnensorte wird behauptet, dass sie eine Keimungsrate von mindestens 90% hat. Das ist so zu verstehen, dass „im Schnitt" 9 von 10 Bohnen keimen, aber es können natürlich auch deutlich weniger, oder auch mehr sein. Von 10 000 Bohnen sollten aber etwa 9000 keimen. Wenn nun aus einer Stichprobe von 100 Bohnen 85 keimen, muss man das dann noch als zufällige Schwankung hinnehmen, oder sollte man der Zusage, dass die Keimungsrate mindestens 90% beträgt, nicht glauben? Und wie sieht das bei 81 keimenden Bohnen aus?

Um eine Antwort auf die gerade formulierte Frage zu finden, müssen wir zunächst ein mathematisches Modell für die Bohnenkeimung aufstellen, das möglichst so allgemein gehalten ist, dass es auch für andere gleich gelagerte Situationen gültig ist.[1]

10.1.1 Formulierung des Testproblems

Wir betrachten die Keimung einer einzelnen Bohne als ein *Bernoulli-Experiment*, das mit Wahrscheinlichkeit p den Wert 1 (für „Keimung") und sonst den Wert 0 (für „keine Keimung") liefert. Das ist ähnlich wie beim Wurf einer Münze, wo man das Wurfergebnis „Kopf" durch eine 1 und das Wurfergebnis „Zahl" durch eine 0 beschreiben kann. Einen wesentlichen Unterschied gibt es aber: Während wir bei der Münze davon ausgehen, dass Kopf und Zahl mit gleicher Wahrscheinlichkeit (also mit Wahrscheinlichkeit 0.5) realisiert werden, kennen wir im Keimungsexperiment die Erfolgswahrscheinlichkeit p nicht. Zur Beantwortung der in Beispiel 10.1.1 aufgeworfenen Frage müssen wir beurteilen, ob die *Hypothese*

$$H_0 : p \geq 0.9$$

angesichts der Beobachtung, dass nur 85 Bohnen unserer Stichprobe vom Umfang 100 gekeimt haben, aufrecht zu erhalten ist. Falls ja, so sagt man: *Die Hypothese muss angenommen werden*, falls nein, sagt man: *Die Hypothese kann verworfen werden*. Aus der Sprechweise geht schon hervor, dass die beiden Möglichkeiten *Hypothese* $H_0 : p \geq 0.9$

---

[1] Was wir hier als „mathematisches Modell" bezeichnen ist in puncto begrifflicher Präzision allerdings noch weit von streng mathematischer Modellbildung entfernt.

und *Alternative* $H_1 : p < 0.9$ unterschiedliche Rollen spielen. [2] Wir werden eine Entscheidungsregel (einen sogenannten *Test*) angeben, der folgende Eigenschaft hat:

Kleiner Fehler 1. Art

Ist die Hypothese H_0 richtig (d. h. in unserem Beispiel $p \geq 0.9$), so ist die Wahrscheinlichkeit, dass wir H_0 trotzdem verwerfen (man sagt dann, dass wir einen *Fehler 1. Art* begehen) nur klein.

Wenn wir $H_0 : p \geq 0.9$ verwerfen, können wir uns also mit Fug und Recht beim Bohnenlieferanten darüber beschweren, dass die gelieferten Bohnen nicht die von ihm zugesicherten Eigenschaften haben. Die Wahrscheinlichkeit, dass unsere Stichprobe rein zufällig so viele nicht keimende Bohnen enthalten hat, ist sehr gering.

Der Test wird aber nicht den umgekehrten Schluss erlauben. Wenn wir H_0 akzeptieren müssen (und das wird bei 85 keimenden Bohnen der Fall sein), so können wir natürlich nicht schließen, dass $p \geq 0.9$ ist. Wir können nur nicht hinreichend sicher sein, dass $p < 0.9$ ist, um uns guten Gewissens beim Lieferanten zu beschweren.

10.1.2 Durchführung des Tests

Wie kommt man zu einem solchen Test? Nun, wenn die Keimungen der 100 Bohnen *unabhängig* voneinander sind, ist die Zahl 85 der Erfolge eine Realisierung einer binomialverteilten Zufallsvariable mit Parametern $N = 100$ und unbekanntem p, das wir auf $p \geq 0.9$ testen sollen. Wir müssen also die Wahrscheinlichkeit bestimmen, dass unter der Nullhypothese $H_0 : p \geq 0.9$ höchstens 85 Bohnen keimen.

Das wird am ehesten passieren, wenn p den kleinsten mit der Nullhypothese verträglichen Wert hat, wenn also p exakt gleich 0.9 ist. Wir werten daher die Binomialverteilung für $N = 100$, $k = 85$ und $p = 0.9$ mit R (oder mit fast jedem Taschenrechner) aus. Die Wahrscheinlichkeit, genau $k = 85$ Keimungen zu beobachten, ist 0.033:

```
> dbinom(85,100,0.9)
[1] 0.03268244
```

Das ist aber nicht die Wahrscheinlichkeit, die uns interessiert. Wir müssen die Wahrscheinlichkeit ausrechnen, höchstens 85 Keimungen (also $k = 0$ oder $k = 1$ oder $k = 2 \ldots$ oder $k = 85$) zu beobachten, und die ist 0.073:

```
> sum(dbinom(0:85,100,0.9))
[1] 0.07257297
```

Dafür gibt es auch einen separaten Befehl:

```
> pbinom(85,100,0.9)
[1] 0.07257297
```

Daher ist der aus der beobachteten Zahl von Keimungen berechnete *p-Wert* dieses Tests

$$P\,[\text{höchstens 85 Keimungen bei 100 Bohnen}] = 0.073\,.$$

---

[2] H_0 und H_1 haben sich als Namen für Hypothese und Alternative eingebürgert. Die Notation hat keine tiefere Bedeutung.

Ist das nun viel oder wenig? Auf diese Frage gibt es keine mathematisch begründete Antwort. In vielen Wissenschaftsbereichen, in denen statistische Methoden angewandt werden, besteht aber die Übereinkunft, den p-Wert als „klein" anzusehen, wenn er höchstens gleich 0.05 ist. Dem schließen wir uns hier an. Dann ist die Wahrscheinlichkeit, bei einer Keimungsrate von 0.9 höchstens 85 Keimungen zu beobachten, nicht „klein"; d. h., wir müssen ein solches Ergebnis als nicht ungewöhnlich akzeptieren.

In der Statistik wird die obige Überlegung oft etwas anders umgesetzt. Man bestimmt schon vor Durchführung des Experiments den *kritischen Wert* von Keimungen; das ist in diesem Fall die größte Zahl k_{krit}, für die – bei angenommener Keimungsrate von 0.9 – die Wahrscheinlichkeit weniger als k_{krit} Keimungen zu beobachten, höchstens gleich $\alpha = 0.05$ ist. Das kann z. B. durch Probieren geschehen:

```
> pbinom(82:86,100,0.9)
[1] 0.01000728 0.02059881 0.03989053 0.07257297 0.12387679
```

Wir sehen: Die Wahrscheinlichkeit, höchstens 84 Keimungen zu beobachten, ist nur noch ca. 0.04. Also ist der kritische Wert gleich 85. Diesen Wert, den man auch als das *5%-Quantil* der Verteilung bezeichnet, kann R auch direkt bestimmen:

```
> qbinom(0.05,100,0.9)
[1] 85
```

Nun können wir das Testkriterium festlegen, *bevor* wir Beobachtungen gemacht haben: Auf der Basis von 100 unabhängigen Keimungsversuchen können wir die Hypothese, dass die Keimungsrate mindestens 0.9 ist, ablehnen, wenn wir weniger als 85 Keimungen beobachten. Denn dann ist die Wahrscheinlichkeit, die Hypothese abzulehnen, obwohl sie richtig ist – also die Wahrscheinlichkeit eines *Fehlers 1. Art* – höchstens $\alpha = 0.05$, und das ist die vorgegebene maximale Irrtumswahrscheinlichkeit für einen solchen Fehler. Andernfalls muss die Hypothese akzeptiert werden, auch wenn bei uns leichte Zweifel zurück bleiben. Aus diesen Überlegungen ergibt sich, dass die Orientierung am kritischen Wert letztlich zur selben Testentscheidung führt wie die Betrachtung des *p*-Wertes. Da letztere in der Praxis leichter umzusetzen ist, orientieren wir uns in diesem Buch immer nur am *p*-Wert.

Bei den bisherigen Berechnungen sind wir immer von einem festen $p = p_0 = 0.9$ ausgegangen. Um auch einen Eindruck von der Wahrscheinlichkeit eines *Fehlers 2. Art* zu erhalten, nämlich von der Wahrscheinlichkeit, die Hypothese akzeptieren zu müssen, obwohl sie falsch ist, betrachtet man die *Gütefunktion*, in unserem Beispiel

$$G(p) := P_p \text{[Hypothese wird abgelehnt]}$$

$$= P_p \text{[p-Wert} < 0.05]$$

Ist die wahre Keimungsrate $p < 0.9$, d. h. ist die Hypothese verletzt, so ist die Wahrscheinlichkeit eines Fehlers 2. Art gerade $1 - G(p)$. In Abbildung 10.1 sieht man, dass selbst bei $p = 0.8$ die Hypothese immer noch mit einer Wahrscheinlichkeit von ca. 0.13 akzeptiert wird. Fehler 2. Art lassen sich also im Allgemeinen nicht vermeiden.

10.1.3 Unabhängigkeit der Beobachtungen

Die Rechnungen im vorigen Abschnitt sind davon ausgegangen, dass die Zahl der Keimungen eine Realisierung einer binomialverteilten Zufallsvariablen mit $N = 100$ und

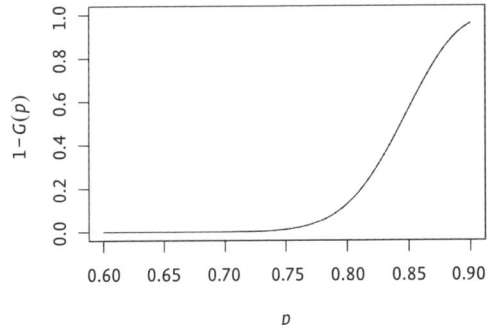

Abb. 10.1 Wahrscheinlichkeit $1 - G(p)$ eines Fehlers 2. Art.

unbekanntem p ist. Das kann man nur annehmen, wenn die 100 einzelnen Keimungsexperimente statistisch unabhängig voneinander sind, siehe Unterabschnitt 9.2.2. Aber wie soll man feststellen, ob in unserem Bohnenexperiment, in dem wir jede Bohne nur einmal beobachten können, die Keimungen tatsächlich unabhängig sind? Ob das Unabhängigkeitskriterium aus Abschnitt 9.2 erfüllt ist, kann man mit dem *Wald-Wolfowitz-Test*[3] (auch *Runs-Test*) überprüfen, falls man nicht nur die Zahl der Keimungen kennt, sondern auch die Einzelergebnisse in der Reihenfolge, wie sie vor Beginn der Experimente festgelegt worden ist.[4] Trotzdem sollte man schon bei der Planung des Gesamtexperiments sorgfältig vorgehen und darauf achten, dass durch den Versuchsaufbau keine ungewollten Abhängigkeiten erzeugt werden.

10.2 Chi-Quadrat-Tests

Hätten wir im obigen Bohnenbeispiel nicht testen wollen, ob die Keimungsrate *mindestens* 90%, sondern ob sie *genau* 90% beträgt, so hätten wir die Hypothese

$$H_0 : p = p_0 = 0.9$$

aufgestellt. Diese Hypothese könnten wir ähnlich wie in Abschnitt 10.1 auf Basis der Binomialverteilung oder ihrer Normalapproximation testen. Wir wählen hier aber einen anderen Zugang zur Konstruktion eines geeigneten Tests, nämlich einen Zugang, der auch auf viele andere Fragestellungen übertragbar ist.

Die *beobachtete Häufigkeit* $S_N = B_1 + B_2 + \cdots + B_N$ keimender Bohnen wird meistens (d. h. mit großer Wahrscheinlichkeit) nahe bei der *erwarteten Häufigkeit* $N \cdot p$ liegen (p ist die tatsächliche Keimungsrate), während die Zahl $N - S_N$ der nicht keimenden Bohnen meistens nahe bei $N(1-p)$ liegt. Daher liegen $(S_N - Np_0)^2$ und $\big((N-S_N) - (N(1-p_0))\big)^2$ meistens

---

[3] *Abraham Wald* (1902–1945), deutschsprachiger Mathematiker aus Siebenbürgen, lehrte in New York. *Jacob Wolfowitz* (1910–1981) polnischer Statistiker, lehrte im Staat New York und in Florida.

[4] Der Test ist z. B. im R-Paket `lawstat` enthalten, das mit dem Befehl `install.packages("lawstat")` installiert werden kann. Bei der Installation kann man aufgefordert werden, weitere Pakete oder auch einen Fortran-Compiler zu installieren. Deshalb wird er in den R-Übungen nicht behandelt.

nahe bei $N^2(p - p_0)^2$.[5] Insbesondere sind beide Größen mit großer Wahrscheinlichkeit nahe bei 0, falls $p = p_0$, d. h., falls die Hypothese erfüllt ist. Wir betrachten daher die Teststatistik

$$V := \frac{(S_N - Np_0)^2}{Np_0} + \frac{((N - S_N) - N(1 - p_0))^2}{N(1 - p_0)} . \qquad (10.1)$$

Ist $p = p_0$, so ist mit großer Wahrscheinlichkeit $V \approx 0$, während im Fall $p \neq p_0$ deutlich von 0 verschiedene Werte von V zu erwarten sind. Deshalb wird die Hypothese $H_0 : p = p_0$ bei zu großen Werten von V abgelehnt. Ähnlich wie bei der Anpassung von Wachstumsodellen an Daten wird also auch hier die Abweichung der Daten von einer „Idealsituation" durch eine Summe von Fehlerquadraten gemessen, vergl. die Diskussion in Unterabschnitt 5.2.2.[6] Aber wann sind Werte von V „zu groß"? Zunächst sieht man durch Umformen, dass unter der Hypothese $p = p_0$ gilt,

$$V = \frac{(S_N - Np_0)^2}{Np_0} + \frac{(Np_0 - S_N)^2}{N(1 - p_0)} = \frac{(S_N - Np_0)^2}{N} \cdot \underbrace{\left(\frac{1}{p_0} + \frac{1}{1 - p_0} \right)}_{= \frac{1}{p_0(1 - p_0)}} = Y_N^2 ,$$

wo wie bisher $Y_N = \frac{S_N - Np_0}{\sqrt{Np_0(1 - p_0)}}$. Y_N ist aber approximativ standardnormalverteilt (siehe Unterabschnitt 9.6.1), sodass $V = Y_N^2$ annähernd die Verteilung des Quadrats einer standardnormalverteilten Zufallsvariablen Z hat. Diese Verteilung heißt χ^2-*Verteilung mit einem Freiheitsgrad*. Allgemeiner sagt man:

χ^2-**Verteilungen** (gesprochen: **Chi-Quadrat**)

Sind $Z_1, Z_2, \ldots, Z_k$ unabhängige standardnormalverteilte Zufallsvariablen, so heißt die Verteilung von $Z_1^2 + Z_2^2 + \cdots + Z_k^2$ die χ^2-*Verteilung mit k Freiheitsgraden, kurz:* χ_k^2-*Verteilung.*

Diese Verteilungen spielen in der Statistik eine überragende Rolle, wenn die Testprobleme etwas schwieriger als in unserem Bohnenbeispiel sind. Die zugehörigen Teststatistiken sind Verallgemeinerungen der Größe V aus Gleichung (10.1). Sie werden als χ_k^2-*Tests* bezeichnet. Die Verteilungsfunktionen χ_k^2-verteilter Zufallsvariablen können mit R ausgewertet werden:

$$P[Z_1^2 + Z_2^2 + \cdots + Z_k^2 \leq t] = F_{\chi_k^2}(t) = \texttt{pchisq(t,k)} .$$

Im Folgenden wird die Konstruktion und Handhabung von χ^2-Tests anhand mehrerer Beispiele erläutert.

Beispiel 10.2.1 (Testen mehrerer Wahrscheinlichkeiten) Wie in Kapitel 7 betrachten wir eine Population, bei der an einem gegebenen Genort die Allele A und a auftreten

---

[5] $(S_N - Np_0)^2 \approx (Np - Np_0)^2 = N^2(p - p_0)^2$ und $\left((N - S_N) - (N(1 - p_0))\right)^2 \approx \left(N(1 - p) - (N(1 - p_0))\right)^2 = N^2(p - p_0)^2.$

[6] Die „Normierung" der beiden Summanden durch Np_0 bzw. $N(1 - p_0)$ ist nicht sofort einsichtig, wird aber durch unsere weiteren Überlegungen gerechtfertigt.

können. Wir wollen in diesem Beispiel annehmen, dass die Häufigkeiten $p = 0.8$ und $q = 0.2$ von A bzw. a bekannt sind. Überprüft werden soll die Hypothese, dass sich die betrachtete Population im Hardy-Weinberg-Gleichgewicht befindet, dass also die Genotyp-Häufigkeiten für AA, Aa und aa gleich $x = 0.64$, $y = 0.32$ und $z = 0.04$ sind, siehe Beispiel 7.1.3. Dazu werden N Individuen *zufällig* ausgewählt – es darf z. B. nicht passieren, dass einige Individuen nur wegen ihres Phänotyps häufiger gewählt werden als andere! Seien n_{AA}, n_{Aa}, n_{aa} die *beobachteten Häufigkeiten* der drei Genotypen. Die zugehörigen *erwarteten Häufigkeiten* sind Nx, Ny und Nz. Dann gilt:

χ^2-Anpassungstest für drei Wahrscheinlichkeiten

Die Teststatistik

$$V := \frac{(n_{AA} - Nx)^2}{Nx} + \frac{(n_{Aa} - Ny)^2}{Ny} + \frac{(n_{aa} - Nz)^2}{Nz}$$

hat annähernd eine χ_2^2-Verteilung, wenn die erwarteten Häufigkeiten alle mindestens 5 sind.

Ganz analog lässt sich in anderen Situationen auch ein Test für mehr als drei Wahrscheinlichkeiten konstruieren.

Liegen zum Beispiel Beobachtungen an $N = 150$ Individuen vor, so ist $Nx = 96$, $Ny = 48$ und $Nz = 6$. Wir nehmen nun an, dass $n_{AA} = 82$, $n_{Aa} = 59$, und $n_{aa} = 9$ beobachtet wurden. Das ergibt den Testwert $V = 6.0625$. Da alle erwarteten Häufigkeiten mindestens 5 sind, können wir die Wahrscheinlichkeit, einen so großen (oder noch größeren) Testwert zu beobachten, mit der χ^2-Verteilung approximativ berechnen. Da pchisq(6.0625,2) die Wahrscheinlichkeit liefert, dass der Testwert höchstens 6.0625 ist, müssen wir 1 − pchisq(6.0625, 2) bestimmen:

```
> 1-pchisq(6.0625,2)
[1] 0.04825528
```

Diese Wahrscheinlichkeit, die oft als *p-Wert* (engl. *p-value*) bezeichnet wird, ist also kleiner als das übliche Signifikanzniveau $\alpha = 0.05$, sodass die Hypothese abgelehnt werden kann.

Wie schon in Abschnitt 10.1 können wir alternativ auch den kritischen Wert für die Teststatistik V zum Niveau $\alpha = 0.05$ bestimmen und ihn mit dem beobachteten Wert $V = 6.0625$ vergleichen. Doch Vorsicht: Aus dem gleichen Grund, aus dem wir eben 1 − pchisq(6.0625, 2) bestimmt haben, müssen wir jetzt das Niveau $1 - \alpha = 0.95$ ansteuern:

```
> qchisq(0.95,2)
[1] 5.991465
```

Der beobachtete Wert $V = 6.0625$ ist also größer als der kritische Wert 5.991465, was uns erlaubt, die Hypothese abzulehnen.

Schließlich bietet R noch eine dritte Möglichkeit, den Test durchzuführen – es ist die komfortabelste, da sie uns die Berechnung des Testwerts V abnimmt. Wir müssen nur die *beobachteten Häufigkeiten* und die *erwarteten Wahrscheinlichkeiten* angeben und erhalten dann sowohl den Wert der Teststatistik als auch den p-Wert:

```
> chisq.test(c(82,59,9),p=c(0.64,0.32,0.04))

        Chi-squared test for given probabilities

data:  c(82, 59, 9)
X-squared = 6.0625, df = 2, p-value = 0.04826
```

Bemerkung 10.2.2 (Bestimmung der Freiheitsgrade) Die Zahl $2 = 3 - 1$ der Freiheitsgrade im vorangegangenen Beispiel kommt so zustande: „drei beobachtete zufällige Größen n_{AA}, n_{Aa} und n_{aa} minus eine nicht zufällige Relation zwischen ihnen ($n_{AA} + n_{Aa} + n_{aa} = N$), mit deren Hilfe sich eine der drei beobachteten Größen durch die zwei anderen ausdrücken lässt". Auf diese Weise lässt sich übrigens auch die Anzahl der Freiheitsgrade der Testgröße V aus Gleichung (10.1) bestimmen: „zwei beobachtete Größen minus eine Relation" ergibt einen Freiheitsgrad, und das stimmt mit unserer Beobachtung überein, dass das dortige V eine $\chi^2 = \chi_1^2$-Verteilung hat.

Beispiel 10.2.3 (Testen mehrerer Wahrscheinlichkeiten mit unbekanntem Parameter) Im vorhergehenden Beispiel haben wir getestet, ob die Population bzgl. der Allele A und a im Hardy-Weinberg-Gleichgewicht zu den uns *bekannten* Parametern $p = 0.8$ und $q = 0.2$ ist. Kennen wir diese Parameter nicht, so müssen wir sie beim Testen aus den vorliegenden Beobachtungen schätzen. Die zu überprüfende Hypothese ist nun, dass sich die Population bzgl. der Allele A und a *überhaupt* in einem Hardy-Weinberg-Gleichgewicht befindet, d. h. dass die Parameter x, y und z die Gestalt $x = p^2$, $y = 2pq$, $z = q^2$ für irgendwelche p und $q = 1 - p$ haben. Ersetzt man q durch $1 - p$ in den Formeln für x, y und z, so erhält man

$$x = p^2, \quad y = 2p(1 - p), \quad z = (1 - p)^2,$$

also eine Darstellung, die nur noch von *einem* unbekannten Parameter p abhängt, vergleiche Abbildung 7.1. In Analogie zum vorigen Beispiel führt das zunächst auf die Teststatistik

$$V(p) := \frac{(n_{AA} - Np^2)^2}{Np^2} + \frac{(n_{Aa} - N2p(1-p))^2}{N2p(1-p)} + \frac{(n_{aa} - N(1-p)^2)^2}{N(1-p)^2},$$

wobei allerdings der Parameter p noch unbekannt ist. Mit diesem Problem können wir auf verschiedene Weisen umgehen. Am üblichsten ist folgende Vorgehensweise:
Da p die theoretische Häufigkeit des Allels A in der gesamten Population ist, ersetzen wir p durch die beobachtete Häufigkeit von A und erhalten den *Schätzwert* $\hat{p} := \frac{1}{2N}(2n_{AA} + n_{Aa}) = \frac{n_{AA}}{N} + \frac{n_{Aa}}{2N}$. Außerdem schreiben wir $\hat{q} := 1 - \hat{p}$, siehe auch Abschnitt Abschnitt 7.1. Das führt auf folgende Teststatistik:

χ^2-Anpassungstest für drei Wahrscheinlichkeiten mit unbekanntem Parameter
Die Teststatistik

$$V := \frac{(n_{AA} - N\hat{p}^2)^2}{N\hat{p}^2} + \frac{(n_{Aa} - N2\hat{p}\hat{q})^2}{N2\hat{p}\hat{q}} + \frac{(n_{aa} - N\hat{q}^2)^2}{N\hat{q}^2},$$

hat annähernd eine χ_1^2-Verteilung, wenn die erwarteten Häufigkeiten alle mindestens 5 sind.

Der Verlust eines weiteren Freiheitsgrades gegenüber dem vorigen Beispiel rührt daher, dass ein Parameter, nämlich p, aus denselben Daten geschätzt wird, auf denen der χ^2-Test basiert. (Natürlich lässt sich auch dieser Test leicht auf mehr als drei anzupassende Wahrscheinlichkeiten verallgemeinern.)

Für dieselben beobachteten Häufigkeiten wie im letzten Beispiel (aber mit aus den Daten geschätzten erwarteten Häufigkeiten) berechnen wir mit Hilfe von R die Teststatistik V, für die es in diesem Fall keinen einfachen zusammenfassenden Befehl wie `chisq.test()` gibt:

```
> n=c(82,59,9)
[1] 82 59  9
> N=sum(n)
[1] 150
> p=n[1]/N+n[2]/(2*N)
[1] 0.7433333
> q=1-p
[1] 0.2566667
> V=(n[1]-N*p^2)^2/(N*p^2)+(n[2]-2*N*p*q)^2/(2*N*p*q)
  +(n[3]-N*q^2)^2/(N*q^2)
[1] 0.1423677
> 1-pchisq(V,1)
[1] 0.7059385
> qchisq(0.95,1)
[1] 3.841459
```

Gerundet heißt das:

$$V = 0.142,$$

Dazugehöriger p-Wert: 0.706,

Kritischer Wert für V zum Niveau $\alpha = 0.05$: $V_{krit} = 3.841$.

Also sind die beobachteten Häufigkeiten sehr gut mit der Hypothese eines Hardy-Weinberg-Gleichgewichts verträglich. Die im Zuge der Berechnung von V gefundenen Schätzwerte für die Parameter p und q sind $\hat{p} = 0.743$ und $\hat{q} = 0.257$, und die sind eben verschieden von den im vorigen Beispiel fest angenommenen Werte $p = 0.8$ und $q = 0.2$.

Schließlich kommen wir auf ein Beispiel aus Kapitel 1 zurück.

Beispiel 10.2.4 (Vergleich mehrerer Stichproben) Bei vier Testaussaaten einer bestimmten Bohnensorte keimten 79, 88, 86 und 91 von jeweils 100 Bohnen, siehe Beispiel 1.1.2. Die Frage ist hier, ob diese Unterschiede auch bei identischen äußeren Bedingungen und Bohnen gleichmäßiger Qualität (und das heißt: bei identischen Keimungsraten) zu erwarten sind, oder ob die Beobachtungswerte auf unterschiedliche Keimungsraten schließen lassen (deren Ursache dann evtl. genauer zu untersuchen wäre). Bezeichnen wir die Keimungsraten bei den vier Testaussaaten mit p_1, p_2, p_3, p_4, so lautet unsere Hypothese

$$H_0 : p_1 = p_2 = p_3 = p_4 .$$

Ist die Hypothese richtig, so können wir den unbekannten gemeinsamen Wert von $p_1, \ldots, p_4$ mit p bezeichnen.

Seien nun N_1, N_2, N_3, N_4 die Umfänge der vier Teil-Stichproben (in unserem Fall ist $N_1 = N_2 = N_3 = N_4 = 100$) und n_1, n_2, n_3, n_4 die beobachteten Keimungshäufigkeiten (in unserem Fall $n_1 = 79$, $n_2 = 88$, $n_3 = 86$, $n_4 = 91$). Für die i-te Teilstichprobe kann man wie in Gleichung (10.1) die Abweichung der beobachteten Häufigkeit n_i von der der erwarteten Häufigkeit $N_i p$ durch den Wert

$$V_i(p) := \frac{(n_i - N_i p)^2}{N_i p} + \frac{((N_i - n_i) - N_i(1-p))^2}{N_i(1-p)} = \frac{(n_i - N_i p)^2}{N_i p (1-p)}$$

erfassen. Diese Größe ist χ_1^2-verteilt. Um alle vier Teilstichproben gleichzeitig zu erfassen, betrachtet man die Summe $V(p) := V_1(p) + V_2(p) + V_3(p) + V_4(p)$, die nach χ_4^2-verteilt ist, da die Teilstichproben voneinander unabhängig sind. Wie im vorherigen Beispiel muss man in dieser Testgröße noch den unbekannten Parameter durch einen Schätzwert ersetzen. Das ist möglich, denn unter der Hypothese, dass alle Teilstichproben die gleiche Keimungsrate p haben, ist

$$\hat{p} = \frac{n_1 + n_2 + n_3 + n_4}{N}$$

ein naheliegender Schätzwert, wobei $N := N_1 + N_2 + N_3 + N_4$ der Umfang der Gesamtstichprobe ist. Setzt man noch $n := n_1 + n_2 + n_3 + n_4$ (= Gesamtzahl der Keimungen), so gelangt man nach einer elementaren, aber etwas länglichen Rechnung zu folgender Testgröße:

χ^2-Test für den Vergleich von vier unabhängigen Stichproben

Die Teststatistik

$$V = \frac{N^2}{n(N-n)} \left(\sum_{i=1}^{4} \frac{n_i^2}{N_i} - \frac{n^2}{N} \right)$$

hat annähernd eine χ_3^2-Verteilung, wenn die erwarteten Häufigkeiten alle mindestens 5 sind.

Da man V aus $V(p)$ durch Schätzung des Parameters p gewonnen hat, verliert man gegenüber $V(p)$ einen Freiheitsgrad, sodass V eine χ_3^2-Verteilung hat. Wir werten diese Größe mit unseren Beobachtungsdaten aus. Das kann man wie im vorherigen Beispiel explizit machen, aber R stellt für diese Aufgabe wieder einen spezialisierten Test zur Verfügung, der auf gleiche Anteile (= Proportionen) von Erfolgen in verschiedenen Stichproben testet:

```
> Bohnen=c(100,100,100,100)
[1] 100 100 100 100
> Keimungen=c(79,88,86,91)
[1] 79 88 86 91
> prop.test(Keimungen,Bohnen)

        4-sample test for equality of proportions without
        continuity correction
```

```
data:   Keimungen out of Bohnen
X-squared = 6.4784, df = 3, p-value = 0.09052
alternative hypothesis: two.sided
sample estimates:
prop 1 prop 2 prop 3 prop 4
  0.79   0.88   0.86   0.91
```

Der Testwert ist also $V = 6.4784$, es handelt sich um eine Statistik mit 3 Freiheitsgraden (df = degrees of freedom), und der p-Wert ist mit 0.09052 deutlich größer als $\alpha = 0.05$. Die Hypothese ist also anzunehmen. (Der Hinweis, dass es sich um einen 2-seitigen Test handelt, ist in diesem Fall bedeutungslos.)

Hat man nicht vier, sondern allgemeiner r Teilstichproben, so betrachtet man die Testgröße $V = \sum_{i=1}^{r} V_i(\hat{p})$, wobei nun $\hat{p} = \frac{1}{N} \sum_{i=1}^{r} n_i$ und $V_i(p)$ wie oben definiert ist. Dieses V ist dann nach χ_{r-1}^2 verteilt. Der entsprechende Test kann mit `prop.test` genauso ausgeführt werden.

Die in diesem Kapitel behandelten Beispiele sollen nur einen Eindruck von den vielfältigen Fragestellungen geben, die mit einem Chi-Quadrat-Test zu behandeln sind, und ein Gefühl dafür vermitteln, wie diese Testgrößen aufgebaut sind.

10.3 Fragen und Aufgaben

1. Stellen Sie sich vor, Sie wollen testen, ob ein neu entwickelter Pflanzendünger einem bereits erprobten Dünger überlegen ist. Der erprobte Dünger soll aber nur dann durch den neuen ersetzt werden, wenn die Überlegenheit des neuen mit recht großer Sicherheit nachgewiesen werden kann.

   a) Wie würden Sie (in Worten) die zu testende Nullhypothese formulieren?
   b) Stellen Sie sich folgendes Testverfahren vor: Auf 12 Feldern wird je eine Hälfte mit dem alten und eine Hälfte mit dem neuen Dünger gedüngt. Für jedes Feld wird bei der Ernte aufgezeichnet, welche der Hälften den besseren Ertrag liefert. Man stellt fest: Auf drei Feldern schneidet der alte Dünger besser ab, auf den restlichen neun Feldern aber der neue. Würden Sie daraus (zum Signifikanzniveau 5%) den Schluss ziehen, dass der alte Dünger durch den neuen ersetzt werden sollte?

2. Wie testen Sie die Vermutung, dass in einer Population, in der es vier verschiedene Phänotypen A, B, C und D gibt, diese vier im Verhältnis 1:2:3:4 auftreten? Wieviele Freiheitsgrade hat die Verteilung des benutzten Tests?

Antworten:

1) a) H_0: Der alte Dünger ist mindestens so gut wie der neue. b) Nein, denn eine mathematische Formulierung von H_0 sähe so aus: Bezeichne p die Wahrscheinlichkeit, dass der neue Dünger auf einem Feld einen höheren Ertrag erbringt als der alte. Dann ist H_0 : $p \leq 0.5$. Man rechnet nun nach, dass selbst wenn p genau gleich 0.5 ist (d. h., wenn beide Dünger gleich gut sind), die Wahrscheinlichkeit, dass der alte Dünger in höchstens drei von zwölf Fällen besser abschneidet als der neue, gleich $(\frac{1}{2})^{12} \left(\binom{12}{0} + \binom{12}{1} + \binom{12}{2} + \binom{12}{3} \right) =$ 0.073 und damit größer als 0.05 ist. Diesen p-Wert erhält man mit `pbinom(3,12,0.5)` oder auch mit der Testanweisung `binom.test(3,12,alternative="less")`.

2) Mit einem χ^2-Anpassungstest für die vier Wahrscheinlichkeiten $\frac{1}{10}, \frac{2}{10}, \frac{3}{10}, \frac{4}{10}$. Der Test hat drei Freiheitsgrade, da die vier zugehörigen beobachteten Häufigkeiten sich zum nicht zufälligen Stichprobenumfang aufaddieren.

11 Beurteilende Statistik: Schätzen

Während beim Testen auf der Basis von Beobachtungen eine Ja/Nein-Entscheidung getroffen werden muss, geht es in diesem Kapitel darum, einen unbekannten Parameter auf Basis der Beobachtungen zu schätzen und Fehlerschranken für die Schätzung anzugeben, die mit großer Wahrscheinlichkeit eingehalten werden.

11.1 Schätzen von Erfolgswahrscheinlichkeiten

Bei der Diskussion von Chi-Quadrat-Tests in Kapitel 10 hat sich bereits die Notwendigkeit ergeben, einen unbekannten Parameter aus einer Stichprobe zu schätzen. Konkret ging es in Beispiel 10.2.4 um die Schätzung des Keimungsparameters p aus einer Stichprobe von $N = 400$ Beobachtungen. Ohne detaillierte Begründung haben wir dort die „naheliegende" Schätzung

$$\hat{p} = \frac{\text{Zahl der Erfolge}}{N}$$

als Schätzwert für p gewählt. $\hat{p}$ ist eine Realisierung der Zufallsvariablen

$$X_N := \frac{1}{N} \sum_{i=1}^{N} B_i \,,$$

wobei $B_i = 1$ für einen Erfolg im i-ten Versuch steht und $B_i = 0$ für einen Misserfolg, siehe Abschnitt 10.1. Da wir $P[B_i = 1] = p$ annehmen, hat B_i den Erwartungswert $E[B_i] = p$ wie in Beispiel 9.5.1.

Die Zufallsvariable X_N hat drei für die Statistik wichtige Eigenschaften:

- X_N ist ein *erwartungstreuer Schätzer* für p, d. h.

$$E[X_N] = p \quad \text{(siehe Beispiel 9.5.1)} \,.$$

Anschaulich heißt das, dass der geschätzte Wert $\hat{p}$ „im Mittel" mit dem unbekannten Parameter p übereinstimmt.

- Das allein ist jedoch noch keine günstige Eigenschaft eines Schätzers, denn auch die Aussage eines Menschen, dass die Temperatur an seinen Füßen im Mittel angenehm ist, hat wenig Wert, wenn er einen Fuß in einem Eimer mit Eiswasser, den anderen aber in einem Eimer mit 70 °C heißem Wasser hat. Es kommt also noch auf die Streuung der zufällig realisierten Werte um den Erwartungswert an. Zu diesem Problem liefert uns Beispiel 9.5.2 eine nützliche Antwort: Für die *Streuung* $\sigma(X_N)$ gilt

$$\sigma(X_N) = \frac{\sqrt{p(1-p)}}{\sqrt{N}} \,,$$

sie geht also mit wachsendem Stichprobenumfang N gegen null. Man sagt, der Schätzer ist *konsistent*.

- Wir wissen in diesem Fall sogar noch mehr: Bezeichnet Φ wieder die Verteilungsfunktion der Standardnormalverteilung und ist zu einer vorgegebenen Irrtumswahrscheinlichkeit $\alpha > 0$ der Wert $z_{\alpha/2}$ so gewählt, dass $\Phi(z_{\alpha/2}) = 1 - \frac{\alpha}{2}$ ist, so folgt aus dem Zentralen Grenzwertsatz für die Binomialverteilung (siehe Unterabschnitt 9.6.2) unter Berücksichtigung der Symmetrie der Glockenkurve

$$P\left[-z_{\alpha/2} < \frac{NX_N - Np}{\sqrt{Np(1-p)}} \leq z_{\alpha/2}\right] \approx \Phi(z_{\alpha/2}) - \Phi(-z_{\alpha/2})$$

$$= \left(1 - \frac{\alpha}{2}\right) - \frac{\alpha}{2} = 1 - \alpha \tag{11.1}$$

für große Stichprobenumfänge N. „Groß" heißt hier wieder, dass $Np(1-p) > 9$. Man sagt: X_N ist *asymptotisch normalverteilt*.
Nun ist aber

$$-z_{\alpha/2} < \frac{NX_N - Np}{\sqrt{Np(1-p)}} \iff -z_{\alpha/2}\sqrt{Np(1-p)} + Np < NX_N$$

$$\iff p < X_N + z_{\alpha/2}\frac{\sqrt{p(1-p)}}{\sqrt{N}}$$

und entsprechend

$$\frac{NX_N - Np}{\sqrt{Np(1-p)}} \leq z_{\alpha/2} \iff NX_N \leq z_{\alpha/2}\sqrt{Np(1-p)} + Np$$

$$\iff X_N - z_{\alpha/2}\frac{\sqrt{p(1-p)}}{\sqrt{N}} \leq p,$$

sodass aus Gleichung (11.1) folgt:

$$P\left[X_N - \frac{z_{\alpha/2}\sqrt{p(1-p)}}{\sqrt{N}} \leq p < X_N + \frac{z_{\alpha/2}\sqrt{p(1-p)}}{\sqrt{N}}\right] \approx 1 - \alpha.$$

Anschaulich heißt das z. B. für $\alpha = 0.05$, dass wir mit 95%-iger Sicherheit davon ausgehen können, dass der wahre Parameter p sich von unserem Schätzwert $\hat{p}$ um nicht mehr als $\frac{z_{0.025}\sqrt{p(1-p)}}{\sqrt{N}}$ unterscheidet. Es bleibt das Problem, dass in dem Ausdruck für diese Fehlerschranke wieder der unbekannte Parameter p auftaucht, nämlich in der Form $p(1-p)$. Das ist aber gerade die Varianz der Einzelbeobachtung B_i (siehe Beispiel 9.5.2). Sie kann aus den Beobachtungen $x_1, \ldots, x_N$ geschätzt werden durch die empirische Varianz $s^2 = \frac{1}{N-1}\sum_{i=1}^{N}(x_i - \bar{x})^2$, die bei k Erfolgen gerade $s^2 = \frac{k}{N-1}\left(1 - \frac{k}{N}\right)$ ist, und man macht keinen großen Fehler, wenn man $p(1-p)$ durch s^2 ersetzt. Also gilt für große Stichprobenumfänge N:

$$P\left[X_N - \frac{z_{\alpha/2} \cdot s}{\sqrt{N}} \leq p \leq X_N + \frac{z_{\alpha/2} \cdot s}{\sqrt{N}}\right] \approx 1 - \alpha. \tag{11.2}$$

Dabei sind nun die Schranken $X_N \pm \frac{z_{\alpha/2} \cdot s}{\sqrt{N}}$ ohne Kenntnis des unbekannten Parameters p allein aus den Daten zu bestimmen.[1]

> Da $z_{\alpha/2}$ durch die Gleichung $\Phi(z_{\alpha/2}) = 1 - \frac{\alpha}{2}$ definiert ist, heißt $z_{\alpha/2}$ auch das **Quantil der Standardnormalverteilung zum Niveau** $1 - \frac{\alpha}{2}$. Das durch Gleichung (11.2) bestimmte Intervall, in dem der wahre Parameter mit Wahrscheinlichkeit $1 - \alpha$ liegt, heißt **Konfidenzintervall** oder **Vertrauensintervall** für p zum **Konfidenzniveau** $1 - \alpha$.

Hier sind einige wichtige Werte von $z_{\alpha/2}$ für verschiedene α:

α	0.01	0.02	0.05
$z_{\alpha/2}$	2.576	2.326	1.960

(11.3)

> Als **Faustregel** sollte man sich merken, dass der wahre Parameter p mit ca. 95% Wahrscheinlichkeit im Bereich $X_N \pm 2s/\sqrt{N}$ liegt. (Der Faktor 2 entsteht durch Rundung aus 1.960.)

Mit dem R-Befehl qnorm kann man sich beliebige $z_{\alpha/2}$ beschaffen, z. B.

```
> qnorm(0.025)
[1] -1.959964
> qnorm(0.975)
[1] 1.959964
```

Bei 17 Erfolgen aus 25 Versuchen kann man so das approximative 95%-Konfidenzintervall $[0.493, 0.867]$ bestimmen:

```
> N=25
[1] 25
> k=17
[1] 17
> s=sqrt((N/(N-1))*(k/N)*(1-k/N))
[1] 0.4760952
> z=qnorm(0.975)
[1] 1.959964
> untere_Schranke=k/N-z*s/sqrt(N)
[1] 0.4933741
> obere_Schranke=k/N+z*s/sqrt(N)
[1] 0.8666259
```

---

[1] Durch die Schätzung des Parameters p aus den Daten verliert man auch hier, wie bei den Teststatistiken im letzten Kapitel, in gewisser Weise einen Freiheitsgrad, aber es ist ein Verlust von N nach $N - 1$, und der ist bei großem N unwesentlich. Bei den Teststatistiken in Kapitel 10 ging es dagegen typischerweise um den Übergang von 3 zu 2 Freiheitsgraden o. ä.

Im nächsten Abschnitt werden wir sehen, dass die Approximation von Wahrscheinlichkeiten durch entsprechende Wahrscheinlichkeiten der Normalverteilung ein sehr allgemein anwendbares Verfahren ist. In der speziellen hier betrachteten Situation des Schätzens von Erfolgswahrscheinlichkeiten kann R statt des approximativen Konfidenzintervalls aus Gleichung (11.2) durch Auswerten von Binomialwahrscheinlichkeiten auch ein exaktes Konfidenzintervall bestimmen. So erhält man bei 17 Erfolgen aus 25 Versuchen das 95%-Konfidenzintervall $[0.465, 0.851]$, das zwar nicht dramatisch vom obigen approximativen Konfidenzintervall abweicht, sich aber doch klar davon unterscheidet:

```
> binom.test(17,25,conf.level=0.95)

        Exact binomial test

data:  17 and 25
number of successes = 17, number of trials = 25, p-value = 0.1078
alternative hypothesis: true probability of success is
    not equal to 0.5
95 percent confidence interval:
 0.4649993 0.8505046
sample estimates:
probability of success
            0.68
```

Genaueres lässt sich zum Konfidenzniveau von 0.95 aus der beobachteten Erfolgsrate von 68% nicht schließen!

11.2   Konfidenzintervall für den Erwartungswert

Genauso kann man vorgehen, wenn man den Erwartungswert $E[X]$ einer beliebigen [2] Zufallsvariablen X aus unabhängigen Realisierungen $x_1, \ldots, x_N$ dieser Zufallsvariablen schätzen will. Als Schätzer wählt man den Mittelwert $\bar{x} := \frac{1}{N} \sum_{i=1}^{N} x_i$. Das ist eine Realisierung der entsprechenden Zufallsvariablen $\bar{X}$, für die gilt:

$$P\left[\bar{X} - \frac{z_{\alpha/2} \cdot s}{\sqrt{N}} \leq E[X] \leq \bar{X} + \frac{z_{\alpha/2} \cdot s}{\sqrt{N}}\right] \approx 1 - \alpha, \qquad (11.4)$$

wobei s wieder die Standardabweichung der Stichprobe $x_1, \ldots, x_N$ ist. Das dadurch gegebene Intervall, in dem der wahre Wert $E[X]$ mit Wahrscheinlichkeit $\approx 1 - \alpha$ liegt, heißt wieder *Konfidenzintervall* oder auch *Vertrauensintervall* zum Niveau $1 - \alpha$. Es gilt dieselbe Faustregel wie im vorherigen Abschnitt:

Mit ca. 95% Wahrscheinlichkeit liegt der Erwartungswert $E[X]$ im Bereich $\bar{x} \pm 2s/\sqrt{N}$.

---

[2] „Beliebig" stimmt nicht ganz. Man muss voraussetzen, dass die Varianz $V[X]$ existiert, also nicht unendlich ist. Das ist aber meistens unproblematisch.

11.2.1 Konfidenzintervall bei normalverteilten Beobachtungen

Ist Y eine standardnormalverteilte Zufallsvariable, so hat die Zufallsvariable $X := \sigma Y + \mu$ den Erwartungswert $E[X] = \sigma \cdot E[Y] + \mu = \mu$ und die Varianz $V[X] = E[(X - E[X])^2] = E[(\sigma Y)^2] = \sigma^2 E[Y^2] = \sigma^2$. Man sagt, X ist *normalverteilt mit Erwartungswert μ und Varianz σ^2.* Als Standardisierung von X erhält man wieder Y, denn $\frac{X - E[X]}{\sqrt{V[X]}} = \frac{X - \mu}{\sigma} = Y$.

Normalverteilte Zufallsvariablen haben u. a. folgende besondere Eigenschaft:

Summen unabhängiger normalverteilter Zufallsvariablen

Sind $X_1, \dots, X_N$ unabhängige normalverteilte Zufallsvariablen mit Erwartungswert μ und Varianz σ^2, so ist $X_1 + \dots + X_N$ eine normalverteilte Zufallsvariable mit Erwartungswert $N\mu$ und Varianz $N\sigma^2$.

Daraus kann man insbesondere folgern, dass wir im Fall normalverteilter Beobachtungen in Gleichung (11.4) statt des „ungefähr gleich" ein echtes „gleich" haben, wenn wir das Quantil $z_{\alpha/2}$ der Standardnormalverteilung durch das Quantil $t_{N-1,\alpha/2}$ einer sogenannten *Student-Verteilung mit $N - 1$ Freiheitsgraden* ersetzen, die auch kurz als t_{N-1}-Verteilung bezeichnet wird.[3] Diese Verteilung ist dadurch definiert, dass in Gleichung (11.4) ein „=" steht, nämlich:

$$P\left[\bar{X} - \frac{t_{N-1,\alpha/2} \cdot s}{\sqrt{N}} \leq E[X] \leq \bar{X} + \frac{t_{N-1,\alpha/2} \cdot s}{\sqrt{N}} \right] = 1 - \alpha \,, \tag{11.5}$$

Da sich die Student-Verteilungen für mittlere und große N nicht sehr von der Standardnormalverteilung unterscheiden, bedeutet das meistens nur eine kleine Korrektur des Wertes von $z_{\alpha/2}$, siehe Abbildung 11.1 Hier sind einige Student-Quantile und zum Vergleich die Normalquantile zum Niveau $1 - \frac{\alpha}{2}$ für $\alpha = 0.2, 0.1, 0.05, 0.02$ und 0.01:

```
> alpha=c(0.2,0.1,0.05,0.02,0.01)
[1] 0.20 0.10 0.05 0.02 0.01
> p=1-alpha/2
[1] 0.900 0.950 0.975 0.990 0.995
> qnorm(p)
[1] 1.281552 1.644854 1.959964 2.326348 2.575829
> qt(p,50)
[1] 1.298714 1.675905 2.008559 2.403272 2.677793
> qt(p,20)
[1] 1.325341 1.724718 2.085963 2.527977 2.845340
> qt(p,10)
[1] 1.372184 1.812461 2.228139 2.763769 3.169273
> qt(p,3)
[1] 1.637744 2.353363 3.182446 4.540703 5.840909
```

Die mittlere Spalte gibt die Quantile $z_{0.05}$ und $t_{N,0.05}$ für $N = 50, 20, 10, 3$ an. Man sieht, dass der Unterschied für $N \geq 20$ nicht sehr groß ist.

---

3 Der Name leitet sich weder von Biologie- noch von Mathematik-Studenten ab, sondern geht auf den englischen Statistiker *W. S. Gosset* (1876–1937) zurück, der im Jahr 1908 eine Arbeit unter dem Pseudonym *Student* darüber publizierte.

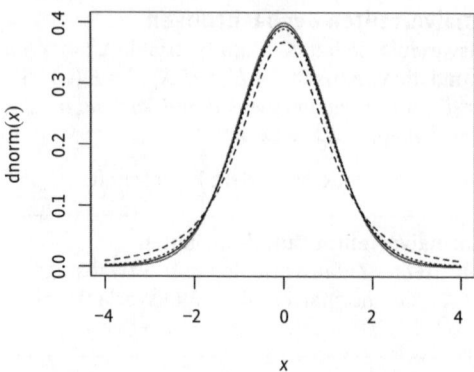

Abb. 11.1 Die Dichtefunktionen der (von oben nach unten): Standardnormalverteilung (grau), t_{20}-, t_{10}- und t_3-Verteilung.

11.2.2 Der Ein-Stichproben-t-Test

Kennt man bei unabhängigen normalverteilten Beobachtungen weder den Erwartungswert μ noch die Varianz σ^2 und möchte man die Hypothese testen, dass der Erwartungswert gleich einem gegebenen μ_0 ist, also $H_0 : \mu = \mu_0$, so liefert Gleichung (11.5) dazu das nötige Werkzeug: Da $E[X] = \mu_0$, ist die Bedingung $\bar{X} - t_{N-1,\alpha/2} \cdot s/\sqrt{N} \le E[X] \le \bar{X} + t_{N-1,\alpha/2} \cdot s/\sqrt{N}$ gleichbedeutend mit $\frac{\sqrt{N}}{s}|\bar{X} - \mu_0| \le t_{N-1,\alpha/2} \cdot s$. Also gilt für das komplementäre Ereignis:

$$P\left[\frac{\sqrt{N}}{s}|\bar{X} - \mu_0| > t_{N-1,\alpha/2}\right] = \alpha .$$

Besteht der Test von H_0 also darin, die Hypothese abzulehnen, falls die Testgröße $\frac{\sqrt{N}}{s}|\bar{X} - \mu_0|$ größer als $t_{N-1,\alpha/2}$ ist, so begeht man einen Fehler 1. Art mit Wahrscheinlichkeit exakt α.

Die Durchführung eines solchen t-Tests mit R ist sehr einfach. Hier ist ein Beispiel.

Beispiel 11.2.1 (Durchführung eines t-Tests mit R) Gegeben seien sieben unabhängig realisierte Messungen $x_1, \ldots, x_7$, denen dieselbe Normalverteilung zugrunde liegt. Es soll die Hypothese $\mu = 0.8$ getestet werden.

```
> x
[1] 0.7430151 1.1363051 0.7425632 1.2333491 1.1477151 1.1078855
[7] 0.6843076
> t.test(x,mu=0.8)


        One Sample t-test

data:  x
t = 1.919, df = 6, p-value = 0.1034
alternative hypothesis: true mean is not equal to 0.8
95 percent confidence interval:
 0.7530282 1.1884406
sample estimates:
mean of x
0.9707344
```

Erläuterung: Da $N = 7$ ist, haben wir $N - 1 = 6$ Freiheitsgrade. Die mit $t_{6,0.025}$ zu vergleichende Testgröße hat den Wert 1.919 (t-Wert), und ein Wert von mindestens dieser Größe ist mit Wahrscheinlichkeit 0.1034 zu erwarten (p-Wert). Dabei wird gegen die Alternative, dass $\mu \neq 0.8$ (d.h. dass μ kleiner oder größer als 0.8 ist) getestet. Insbesondere kann die Hypothese, dass $\mu = 0.8$ ist, nicht zurückgewiesen werden. Sie ist mit den Beobachtungen verträglich. Mit 95% Wahrscheinlichkeit liegt das wahre der Stichprobe zugrunde liegende μ zwischen 0.753 und 1.188. Der Stichprobenmittelwert ist $\bar{x} = 0.971$. (Tatsächlich wurde die Stichprobe aus normalverteilten Zufallszahlen mit Erwartungswert 1 und Standardabweichung 0.2 erzeugt!)

Es gibt viele andere Tests, die auf der *t*-Verteilung beruhen. Ihnen allen ist gemeinsam, dass sie nur gültige Schlüsse liefern, wenn die Beobachtungen tatsächlich *unabhängig* und *normalverteilt* sind. Unter diesen Voraussetzungen liefern sie exakte Ergebnisse, auch wenn man es mit sehr kleinen Stichprobenumfängen zu tun hat. Viele von ihnen können ebenfalls mit dem R-Befehl `t.test` durchgeführt werden, wenn man geeignete zusätzliche Parameter angibt.

11.3   Fragen und Aufgaben

1. Bei einer Umfrage haben von 1000 repräsentativ ausgewählten Bundesbürgern auf die Frage „Haben Sie Flugangst?" 341 mit „Ja" geantwortet. Bestimmen Sie ein 99%-Konfidenzintervall für den prozentualen Anteil der Bundesbürger mit Flugangst. Was bedeutet das in Worten?
2. Sei X eine standardnormalverteilte Zufallsvariable, und sei z_α das α-Quantil der Standardnormalverteilung. Welche der folgenden Wahrscheinlichkeiten können Sie ohne längere Rechnung bestimmen und wie lauten diese Werte?
   a. $P[X \leq z_{0.05}]$
   b. $P[|X| \leq z_{0.05}]$
   c. $P[X \geq 1 - 2 z_{0.025}]$
   d. $P[|X| > z_{0.025}]$
   e. $P[X > z_{0.025}]$

Weitere Aufgaben zu diesem Kapitel findet man in Abschnitt R13.

Antworten:
1) Da es sich – abstrakt gesehen – um die Bestimmung einer Erfolgswahrscheinlichkeit handelt, benutzt man am einfachsten Gleichung (11.2): $X_N = \frac{341}{1000} = 0.341$, $s = \sqrt{\frac{341}{999} \frac{659}{1000}} = 0.474$ (Beispiel 4.3.6) und $z_{0.01/2} = 2.576$ (siehe Tafel 11.3). Damit ist das gesuchte Konfidenzintervall [0.302, 0.380]. Man kann auf Grund der Umfrage also sagen: Mit einer Sicherheit von 99% liegt der Anteil der Bundesbürger mit Flugangst zwischen 30.2% und 38.0%.
2) a) 0.95, b) 0.9, c) geht nicht ohne längere Rechnung, d) 0.05, e) 0.975.

12 Beurteilende Statistik: Korrelation und Regression

Bei der linearen Regression tauchen sowohl Test- als auch Schätzprobleme auf: Die Frage, ob die Korrelation zwischen zwei Größen ungleich Null ist, wird durch einen Test beantwortet, und für die Schätzer der Regressionskoeffizienten werden Konfidenzintervalle angegeben.

12.1 Ist der Korrelationskoeffizient signifikant von Null verschieden?

Zweidimensionale Stichproben haben wir in Abschnitt 4.4 kennengelernt und dabei am Beispiel der Länge x_i und Breite y_i von 15 Venusmuscheln den Korrelationskoeffizienten r_{xy} der Stichprobe untersucht. Nun nehmen wir an, dass die Beobachtungen $(x_1, y_1), (x_2, y_2), \ldots, (x_N, y_N)$ als N unabhängige Realisierungen einer zweidimensionalen Zufallsvariablen (X, Y) aufgefasst werden können. Die *beobachtete* Korrelation

$$r_{xy} = \frac{s_{xy}}{s_x \, s_y} \quad \text{mit}$$

$$s_{xy} = \frac{1}{N-1} \sum_{i=1}^{N} (x_i - \bar{x})(y_i - \bar{y}) \quad \text{und} \quad s_x = \sqrt{\frac{1}{N-1} \sum_{i=1}^{N} (x_i - \bar{x})^2}$$

nimmt bei hinreichend großem Stichprobenumfang N mit großer Wahrscheinlichkeit einen Wert sehr nahe bei der *erwarteten* Korrelation

$$R_{XY} := \frac{S_{XY}}{S_X \cdot S_Y} \quad \text{mit}$$

$$S_{XY} := E\left[(X - E[X])(Y - E[Y])\right] \quad \text{und} \quad S_X := \sqrt{V[X]}, \; S_Y := \sqrt{V[Y]}$$

an. Sind X und Y unabhängig (wovon wir in unserem Beispiel von Länge und Breite einer Venusmuschel natürlich nicht ausgehen), so ist $R_{XY} = 0$.[1] Dann erwartet man also, dass auch die beobachtete Korrelation r_{xy} mit großer Wahrscheinlichkeit nahe bei 0 liegt, und das heißt angesichts unserer Überlegungen in Abschnitt 4.4, dass der Versuch einer linearen Regression von y nach x oder umgekehrt nicht sinnvoll ist. Daher will man, bevor man eine lineare Regression durchführt, möglichst sicher sein, dass $R_{XY} \neq 0$ ist. Ausgedrückt in der Sprache der statistischen Tests: Man will aufgrund der Beobachtungen die Hypothese

$$H_0 : R_{XY} = 0$$

---

[1] Das folgt aus der Beobachtung, dass in diesem Fall

$$E\left[(X - E[X])(Y - E[Y])\right] = E\left[X - E[X]\right] \cdot E\left[Y - E[Y]\right] = 0 \cdot 0 = 0 \, ,$$

vergleiche die Rechnung in Fußnote 11 auf Seite 114.

verwerfen. Damit stellt sich die Frage, welche beobachteten Werte r_{xy} noch mit der Hypothese $R_{XY} = 0$ verträglich sind – in dem üblichen Sinn, dass auch bei Vorliegen der Hypothese der beobachtete Wert auf Grund zufälliger Schwankungen nicht exakt gleich 0 ist. Unter etwas speziellen Annahmen an die Verteilung des zufälligen Paares (X, Y) kann kann man diese Frage tatsächlich beantworten. Die Annahme lautet, dass das Zufallspaar (X, Y) eine *zweidimensionale Normalverteilung* hat. Zu beschreiben, was das genau bedeutet, würde hier zu weit führen. Die Annahme ist auf jeden Fall stärker als die Forderung, dass jede der beiden Zufallsvariablen X und Y für sich genommen normalverteilt ist.[2] Auch wenn das nicht immer unproblematisch ist, wird in der angewandten Statistik oft angenommen, dass diese Voraussetzung erfüllt ist.

F-Test für den Korrelationskoeffizienten

Ist (X, Y) zweidimensional normalverteilt und ist $R_{XY} = 0$, so ist der beobachtete Wert

$$f := (N - 2) \frac{r_{xy}^2}{1 - r_{xy}^2}$$

eine Realisierung einer Zufallsvariablen, deren Verteilung man kennt. Es ist eine sogenannte *F-Verteilung mit* $(1, N - 2)$ *Freiheitsgraden*, kurz eine $F_{1,N-2}$-Verteilung.

Eigentlich kennen wir solche Zufallsvariablen schon: Hat die Zufallsvariable T eine t_{N-2}-Verteilung, so hat die quadrierte Größe T^2 eine $F_{1,N-2}$-Verteilung. Es gibt aber auch allgemeinere $F_{M,N}$-Verteilungen, die sich nicht durch die t-Verteilungen darstellen lassen.

Ausgerüstet mit diesem Wissen (und der Fähigkeit von R, mit dieser Verteilung zu rechnen), können wir den p-Wert von f bestimmen:

$$p_f := 1 - F_{1,N-2}(f) = \texttt{1-pf(f,1,N-2)}$$

Im Beispiel der Venusmuscheln (siehe Beispiel 4.4.1) sieht das so aus: Sei der Datensatz `Muscheln` bereits eingelesen.

```
> (N=length(Muscheln$Laenge))
[1] 15
> (r=cor(Muscheln$Laenge,Muscheln$Breite))
[1] 0.849593
> r^2
[1] 0.7218081
> (f=(N-2)*r^2/(1-r^2))
[1] 33.73034
> (p_f=1-pf(f,1,N-2))
[1] 6.09616e-05
```

Da p_f extrem klein ist, können wir die Hypothese $R_{XY} = 0$ mit großer Sicherheit zurückweisen, d. h., wir können mit großer Sicherheit davon ausgehen, dass tatsächlich ein signifikanter linearer Zusammenhang zwischen Länge und Breite der Venusmuscheln besteht.

---

[2] Wenn Sie es genau wissen möchten: (X, Y) ist zweidimensional normalverteilt, wenn die eindimensionale Zufallsvariable $aX + bY$ für jede Wahl von reellen Zahlen a und b normalverteilt ist.

12.2 Die statistische Beurteilung der geschätzten Regressionskoeffizienten

Nun führen wir die lineare Regression „Breite $\sim m \cdot$ Laenge $+ b$" durch, so wie wir es bereits im Beispiel 4.4.1 getan haben:

```
> (Regr=lm(Breite~Laenge,data=Muscheln))

Call:
lm(formula = Breite ~ Laenge, data = Muscheln)

Coefficients:
(Intercept)        Laenge
   -127.129         1.139
```

Zur Erinnerung: „Intercept" ist der Schätzwert für den y-Achsenabschnitt b und „Laenge" derjenige für m (den Faktor vor Laenge).

Allerdings versteckt R hier zunächst einige Informationen, die wir mit dem Befehl summary() „sichtbar" machen können:

```
> summary(Regr)

Call:
lm(formula = Breite ~ Laenge, data = Muscheln)

Residuals:
    Min       1Q   Median       3Q      Max
-42.974   -8.349    6.331   10.191   22.999

Coefficients:
             Estimate Std. Error t value Pr(>|t|)
(Intercept) -127.1286    94.5303  -1.345    0.202
Laenge         1.1389     0.1961   5.808  6.1e-05 ***
---
Signif. codes:  0 '***' 0.001 '**' 0.01 '*' 0.05 '.' 0.1 ' ' 1

Residual standard error: 18.25 on 13 degrees of freedom
Multiple R-Squared: 0.7218,    Adjusted R-squared: 0.7004
F-statistic: 33.73 on 1 and 13 DF,  p-value: 6.096e-05
```

Mit dem Wissen aus dem vorherigen Abschnitt sind wir jetzt in der Lage, diese komplexen Informationen zu verstehen.

– Definiert man wie in Unterabschnitt 6.1.3 die Residuen Y_i der linearen Regression „Breite $\sim m \cdot$ Länge $+ b$" durch Y[i] = Breite[i] $- m \cdot$ Laenge[i] $- b$, so gibt die Verteilung der Residuen einen ersten Hinweis, wie gut das lineare Modell die Daten darstellt. Daher werden Minimum, Maximum, Median und die Quartile der Residuen angegeben. Die drittletzte Zeile gibt im Wesentlichen die Standardabweichung der Residuen an. Allerdings wird hier bei N Beobachtungen nicht durch $N - 1 = 14$, sondern durch $N - 2 = 13$ geteilt, da das in diesem Fall die korrekte Zahl der Freiheitsgrade ist.

- In der vorletzten Zeile finden wir den r^2-Wert 0.7218, den wir am Ende von Abschnitt 12.1 auch schon „zu Fuß" berechnet hatten. (Der adjustierte Wert spielt für uns keine Rolle.) Schließlich finden wir in der letzten Zeile den Wert 33.73 der Test-Statistik f sowie deren p-Wert – beide hatten wir ebenfalls am Ende von Abschnitt 12.1 vorher selbst bestimmt.
- Bleibt der mittlere Abschnitt „Coefficients" zu verstehen. Wir finden dort zunächst einmal die uns schon bekannten Schätzwerte für die beiden Regressionskoeffizienten. Dazu werden die Standardabweichungen dieser beiden Schätzungen angegeben. (Wir erinnern an die Faustregel: Mit etwa 95% Wahrscheinlichkeit weicht der geschätzte Wert vom wahren um nicht mehr als zweimal die Standardabweichung ab.)
  Beim Intercept muss man also damit rechnen, dass der wahre Wert zwischen ca. -316 und +62 liegt. Er kann also sehr gut gleich 0 sein. Die beiden letzten Einträge derselben Zeile sind die Ergebnisse eines Tests, der diese Tendenz präzisiert: Unter der Hypothese, dass der wahre Wert gleich 0 ist, ist der Quotient „Estimate/Std. Error" die Realisierung einer t_{N-2}-verteilten Zufallsvariablen, der sogenannte „t value" der Schätzung des Intercepts, dessen p-Wert unter der Überschrift Pr(>|t|) angegeben wird. Der p-Wert ist hier 0.202, d. h., wir können die Hypothese, dass der wahre

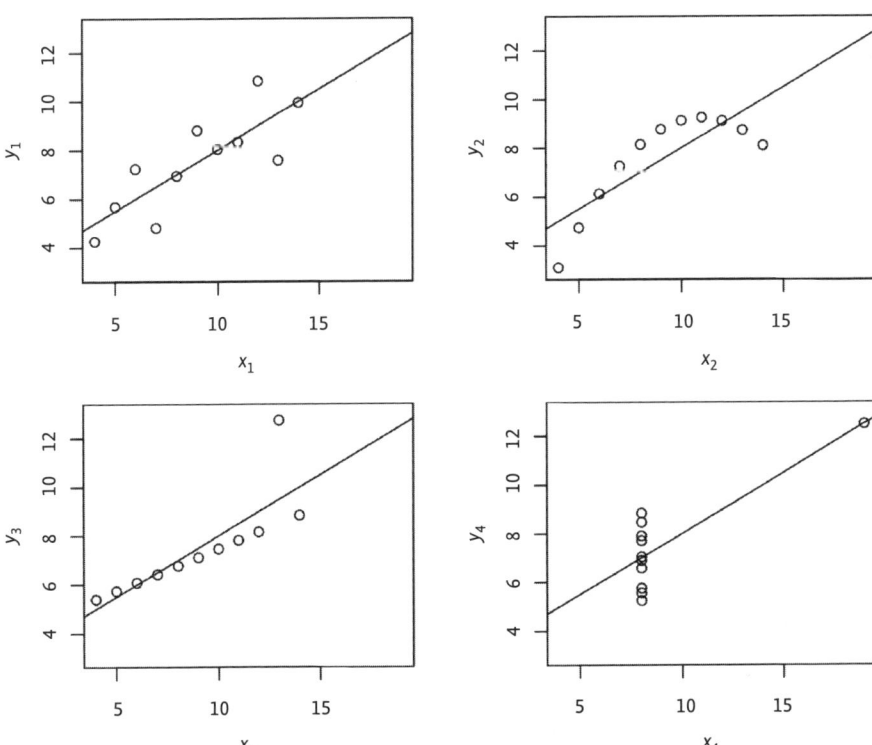

Abb. 12.1 Die vier Anscombe-Datensätze, die alle auf dieselbe Regressionsgerade führen

y-Achsenabschnitt gleich 0 ist, nicht ablehnen, und sollten daher diesem Schätzwert keine große Beachtung schenken.

All dieses gilt auch für den Schätzwert des Laenge-Koeffizienten. Hier ist der p-Wert 0.000061 allerdings sehr klein, und es gibt keinen Zweifel an einem von 0 verschiedenen Koeffizienten. Trotzdem ist auch der Schätzwert 1.1389 mit Vorsicht zu benutzen, denn bei einer Standardabweichung 0.1961 wissen wir nur, dass der wahre Wert mit 95% Wahrscheinlichkeit zwischen ca. 0.75 und 1.53 liegt.

12.3   Vorsicht bei linearer Regression

Im Jahr 1973 veröffentlichte F. Anscombe [1], vier konstruierte Datensätze, die jeweils aus 11 Paaren von x- und y-Werten bestehen. Alle vier führen zu identischen Regressionsgeraden, obwohl sie sehr unterschiedlich zu interpretieren sind. Dieses Extrembeispiel wird in Abbildung 12.1 illustriert. Es mahnt zur Vorsicht bei der Interpretation von Regressionsergebnissen.

12.4   Fragen und Aufgaben

1. Mit welchem Testverfahren können Sie überprüfen, ob in einer zweidimensionalen Stichprobe ein linearer Zusammenhang zwischen den beiden Komponenten besteht? Welche Voraussetzungen an das Datenmaterial sollten für eine korrekte Anwendung des Tests erfüllt sein?
2. Welche Konsequenz hat es, wenn in der detaillierten Ausgabe einer linearen Regression ein Wert in der Spalte Pr(>|t|) kleiner als 0.05 ist?

Eine weitere Aufgabe zu diesem Thema findet man in Abschnitt R13.

Antworten:
1) Mit dem F-Test für den Korrelationskoeffizienten. Die Beobachtungen sollten zweidimensional normalverteilt und unabhängig sein.
2) Die Hypothese, dass der errechnete Koeffizient in der entsprechenden Zeile von Null verschieden ist, kann abgelehnt werden. Das betrachtete Modell scheint nicht sinnvoll zu sein.

13 Einführung in das Sequenz-Alignment

In diesem Kapitel werden die Überlegungen aus Beispiel 4.1.1 fortgeführt. Dort hatten wir Paare von DNA- bzw. Proteinsequenzen durch einen *Dotplot* miteinander verglichen und bemerkt, dass starke Übereinstimmungen zwischen zwei Sequenzen sich durch auffällig viele *Dots* auf der Diagonalen des Dotplots ausdrücken. In diesem Kapitel werden wir diese Beobachtung verfeinern, quantitative Maße für den Grad der Übereinstimmung zweier Sequenzen einführen und einen grundlegenden Algorithmus[1] kennenlernen, mit dem man solche Maßzahlen konkret bestimmen kann.

13.1 Scoring-Modelle zur Bewertung von Alignments

Wir betrachten die beiden DNA-Sequenzen

$$Seq_1 : \text{CGATCCTGT} \quad \text{und} \quad Seq_2 : \text{CATCGCCTT}$$

Es gibt viele Möglichkeiten, die beiden Sequenzen so untereinander zu schreiben, dass dabei möglichst viele Übereinstimmungen ins Auge springen:

```
CGATCCTGT          CGATC-CTGT          CGAT--CCTGT
|     |   |         | |||   |   |       |  ||  |||  |
CATCGCCTT          C-ATCGCCTT          C-ATCGCCT-T
```

  Alignment 1   Alignment 2   Alignment 3

Links wurde komplett auf Lücken verzichtet, in der Mitte wurde eine Lücke zugelassen und rechts sogar zwei. Übereinstimmungen werden mit einem senkrechten Strich gekennzeichnet. Welches dieser Alignments beschreibt nun die Ähnlichkeiten der beiden Sequenzen am ehesten? Und kann man das quantifizieren, d. h. durch Zahlwerte ausdrücken?

13.1.1 Scoring bei DNA-Alignments
Bei der Bewertung von DNA-Alignments haben sich sehr einfache Modelle durchgesetzt:

- Eine Übereinstimmung (*Match*) wird mit +1 bewertet,
- ein Unterschied (*Mismatch*) wird mit −1 bewertet,
- eine Lücke (*Gap*) wird mit einem *Gap Penalty* bestraft. Genauer: Eine Lücke der Länge g wird mit $\gamma(g) = -d - e \cdot g$ bestraft. Dabei ist d der *Gap-opening Penalty*, wird also für jede Lücke einmal bezahlt, und e der *Gap-extension Penalty*, der dafür sorgt, dass

---

[1] Ein Algorithmus ist eine Abfolge von sehr präzisen Anweisungen, denen man folgen muss, um ein bestimmtes mathematisches oder informatisches Problem zu lösen. In diesem Sinn beschreibt jedes Computerprogramm einen Algorithmus.

längere Lücken stärker bestraft werden als kürzere. Für das gesamte Alignment ist also

$$\text{Penalty} = (d \cdot \text{Anzahl der Lücken} + e \cdot \text{Anzahl der waagerechten Striche}).$$

Ein solches $\gamma(g)$ heißt *affiner* Gap Penalty. Ist $d = 0$, so spricht man von einem *linearen* Gap Penalty.

Wir schauen uns die Bewertungen der drei obigen Alignments für unterschiedliche Parameterwerte an:

	$d = 0, e = 1$	$d = 2, e = 1$	$d = 4, e = 1$
Alignment 1	−3	−3	−3
Alignment 2	+2	−2	−6
Alignment 3	+3	−3	−9

Welches Alignment den besten *Score* erhält, hängt also sehr vom verwendeten Modell für den Gap Penalty ab. Jedes der drei Alignments kann, je nach Wahl der Parameter, am besten abschneiden. Im Fall $d = 0, e = 1$ ist das Alignment 3, im Fall $d = 2, e = 1$ Alignment 2 und im Fall $d = 4, e = 1$ Alignment 1.

Man beachte, dass wir an dieser Stelle noch keine Aussage darüber machen, ob wir für jede Wahl der Parameter bereits das beste Alignment (also das mit dem höchsten Score) angegeben haben. Diesem Problem wenden wir uns erst im nächsten Abschnitt zu.

13.1.2 Scoring bei Proteinsequenz-Alignments

Im Fall von Proteinsequenzen haben sich anstelle der sehr einfachen Bewertung von Matches und Mismatches aufwendigere Scoring-Modelle etabliert. Jedes dieser Modelle wurde für Gruppen von Proteinen entwickelt, die eine gewisse Ähnlichkeit besitzen. Die Bewertung von Matches und Mismatches berücksichtigt dabei auch, wie sehr sich zwei Aminosäuren in ihren biochemischen Eigenschaften unterscheiden, damit eine Substitution einer Aminosäure durch eine ähnliche vom Scoring-Schema weniger bestraft wird als die Substition durch eine sehr unterschiedliche. All diese Informationen sind in einer *Substitutionsmatrix* zusammengefasst. Da es, je nach biologischer Situation, viele Modelle gibt, deren Herleitung hier nicht im Detail diskutiert werden kann, illustrieren wir das Vorgehen an einem speziellen Modell, der sogenannten BLOSUM62-Matrix[2], siehe Abbildung 13.1.

Wir wenden nun diese Substitutionsmatrix auf den Vergleich der beiden Proteinsequenzen

$$x = \texttt{NEHPFMT} \quad \text{und} \quad y = \texttt{WEPLF}$$

an, wobei wir einen affinen Gap Penalty mit Gap-opening Penalty $d = 2$ und Gap-extension Penalty $e = 1$ benutzen. Wir schauen uns wieder drei mögliche Alignments

---

[2] Informationen zur Herkunft dieses Namens, der Bedeutung der „62" u.v.m. findet man im Lehrbuch [6].

```
     A  R  N  D  C  Q  E  G  H  I  L  K  M  F  P  S  T  W  Y  V  B  Z  X  *
A    4 -1 -2 -2  0 -1 -1  0 -2 -1 -1 -1 -1 -2 -1  1  0 -3 -2  0 -2 -1  0 -4
R   -1  5  0 -2 -3  1  0 -2  0 -3 -2  2 -1 -3 -2 -1 -1 -3 -2 -3 -1  0 -1 -4
N   -2  0  6  1 -3  0  0  0  1 -3 -3  0 -2 -3 -2  1  0 -4 -2 -3  3  0 -1 -4
D   -2 -2  1  6 -3  0  2 -1 -1 -3 -4 -1 -3 -3 -1  0 -1 -4 -3 -3  4  1 -1 -4
C    0 -3 -3 -3  9 -3 -4 -3 -3 -1 -1 -3 -1 -2 -3 -1 -1 -2 -2 -1 -3 -3 -2 -4
Q   -1  1  0  0 -3  5  2 -2  0 -3 -2  1  0 -3 -1  0 -1 -2 -1 -2  0  3 -1 -4
E   -1  0  0  2 -4  2  5 -2  0 -3 -3  1 -2 -3 -1  0 -1 -3 -2 -2  1  4 -1 -4
G    0 -2  0 -1 -3 -2 -2  6 -2 -4 -4 -2 -3 -3 -2  0 -2 -2 -3 -3 -1 -2 -1 -4
H   -2  0  1 -1 -3  0  0 -2  8 -3 -3 -1 -2 -1 -2 -1 -2 -2  2 -3  0  0 -1 -4
I   -1 -3 -3 -3 -1 -3 -3 -4 -3  4  2 -3  1  0 -3 -2 -1 -3 -1  3 -3 -3 -1 -4
L   -1 -2 -3 -4 -1 -2 -3 -4 -3  2  4 -2  2  0 -3 -2 -1 -2 -1  1 -4 -3 -1 -4
K   -1  2  0 -1 -3  1  1 -2 -1 -3 -2  5 -1 -3 -1  0 -1 -3 -2 -2  0  1 -1 -4
M   -1 -1 -2 -3 -1  0 -2 -3 -2  1  2 -1  5  0 -2 -1 -1 -1 -1  1 -3 -1 -1 -4
F   -2 -3 -3 -3 -2 -3 -3 -3 -1  0  0 -3  0  6 -4 -2 -2  1  3 -1 -3 -3 -1 -4
P   -1 -2 -2 -1 -3 -1 -1 -2 -2 -3 -3 -1 -2 -4  7 -1 -1 -4 -3 -2 -2 -1 -2 -4
S    1 -1  1  0 -1  0  0  0 -1 -2 -2  0 -1 -2 -1  4  1 -3 -2 -2  0  0  0 -4
T    0 -1  0 -1 -1 -1 -1 -2 -2 -1 -1 -1 -1 -2 -1  1  5 -2 -2  0 -1 -1  0 -4
W   -3 -3 -4 -4 -2 -2 -3 -2 -2 -3 -2 -3 -1  1 -4 -3 -2 11  2 -3 -4 -3 -2 -4
Y   -2 -2 -2 -3 -2 -1 -2 -3  2 -1 -1 -2 -1  3 -3 -2 -2  2  7 -1 -3 -2 -1 -4
V    0 -3 -3 -3 -1 -2 -2 -3 -3  3  1 -2  1 -1 -2 -2  0 -3 -1  4 -3 -2 -1 -4
B   -2 -1  3  4 -3  0  1 -1  0 -3 -4  0 -3 -3 -2  0 -1 -4 -3 -3  4  1 -1 -4
Z   -1  0  0  1 -3  3  4 -2  0 -3 -3  1 -1 -3 -1  0 -1 -3 -2 -2  1  4 -1 -4
X    0 -1 -1 -1 -2 -1 -1 -1 -1 -1 -1 -1 -1 -1 -2  0  0 -2 -1 -1 -1 -1 -1 -4
*   -4 -4 -4 -4 -4 -4 -4 -4 -4 -4 -4 -4 -4 -4 -4 -4 -4 -4 -4 -4 -4 -4 -4  1
```

Abb. 13.1 Die Substitutionsmatrix BLOSUM62, eine der vielen Matrizen, die zur Bewertung von Alignments von Proteinsequezen benutzt werden. Neben den 20 Aminosäuren sind auch Symbole für Mehrdeutigkeiten (*B*, *Z* und *X*) ebenso wie Einträge für ein Stop-Codon (*) eingegeben.

an:

```
N-EHP-FMT            NEHP-FMT            NEHPFMT
 |  | |               | | |              |  |
-WE-PLF--            WE-PLF--            WE-P-LF
```

Alignment 1   Alignment 2   Alignment 3

Bei Benutzung der BLOSUM62-Matrix aus Abbildung 13.1 erhält man folgende Bewertungen:

	BLOSUM62	Gaps	Summe
Alignment 1	+5+7+6	−10−6	+2
Alignment 2	−4+5+7+6	−6−4	+4
Alignment 3	−4+5+7+2−2	−4−2	+2

Zum Beispiel kommen die Zahlen bei Alignment 3 folgendermaßen zusammen:

−4	Mismatch von *N* und *W*
+5	Match von *E* und *E*
+7	Match von *P* und *P*
+2	Mismatch von *M* und *L* (aber große Ähnlichkeit)
−2	Mismatch von *T* und *F*
−4−2	zwei einfache Gaps

Wir sehen, dass Alignment 2 das beste der drei Alignments ist (bei unserer speziellen Wahl von Substitutionsmatrix und Gap Penalty!) Das heißt aber wieder nicht, dass es nicht noch ein besseres Alignment geben kann.

13.2   Scores und Wahrscheinlichkeiten

Alle Substitutionsmatrizen basieren auf einer wahrscheinlichkeitstheoretischen Grundidee, die in diesem Abschnitt skizziert werden soll. Obwohl in ihrer Zielsetzung ähnlich, beruhen die beiden bekanntesten Familien solcher Matrizen, die PAM- und die BLOSUM-Matrizen, auf unterschiedlichen Zugängen. Ich werde hier den Zugang zu den BLOSUM-Matrizen beschreiben. Dabei stütze ich mich auf die Darstellung im Lehrbuch [5] und hoffe, sie nicht allzu sehr zu verkürzen.

Datengrundlage zur Berechnung dieser Matrizen ist die *BLOCKS-Datenbank* [3]. Sie enthält „Blöcke" von lückenlosen Alignments mehrerer Proteinabschnitte gleicher Länge. Hier ist ein hypothetisches Beispiel: [4]

$$
\begin{array}{ll}
\text{Mensch} & \texttt{MTPVNARY} \\
\text{Maus} & \texttt{LPTINARY} \\
\text{Ratte} & \texttt{MTPVNARW} \\
\text{Affe} & \texttt{MTTINARY}
\end{array}
$$

Es handelt sich also um $n = 4$ Sequenzen der Länge $l = 8$. Bezeichnet n_a die absolute Häufigkeit der Aminosäure a in diesem Block, so ist ihre relative Häufigkeit

$$
p_a := \frac{n_a}{l \cdot n} \ .
$$

Nun kann man in jeder der l Spalten des Blocks $\binom{n}{2} = \frac{1}{2}n(n-1)$ (nicht notwendig verschiedene) ungeordnete Paare von Aminosäuren bilden. In unserem Beispiel mit $n = 4$ sind das $\frac{1}{2} \cdot 4 \cdot 3 = 6$ Paare pro Spalte:

$$
\begin{array}{llllllll}
\text{1. Spalte} & \begin{smallmatrix}L\\M\end{smallmatrix} & \begin{smallmatrix}M\\M\end{smallmatrix} & \begin{smallmatrix}M\\M\end{smallmatrix} & \begin{smallmatrix}L\\M\end{smallmatrix} & \begin{smallmatrix}L\\M\end{smallmatrix} & \begin{smallmatrix}M\\M\end{smallmatrix} \\
\text{2. Spalte} & \begin{smallmatrix}P\\T\end{smallmatrix} & \begin{smallmatrix}T\\T\end{smallmatrix} & \begin{smallmatrix}T\\T\end{smallmatrix} & \begin{smallmatrix}P\\T\end{smallmatrix} & \begin{smallmatrix}P\\T\end{smallmatrix} & \begin{smallmatrix}T\\T\end{smallmatrix} \\
\text{3. Spalte} & \begin{smallmatrix}P\\T\end{smallmatrix} & \begin{smallmatrix}P\\P\end{smallmatrix} & \begin{smallmatrix}P\\T\end{smallmatrix} & \begin{smallmatrix}P\\T\end{smallmatrix} & \begin{smallmatrix}T\\T\end{smallmatrix} & \begin{smallmatrix}P\\T\end{smallmatrix} \\
\text{4. Spalte} & \begin{smallmatrix}I\\V\end{smallmatrix} & \begin{smallmatrix}V\\V\end{smallmatrix} & \begin{smallmatrix}I\\V\end{smallmatrix} & \begin{smallmatrix}I\\V\end{smallmatrix} & \begin{smallmatrix}I\\I\end{smallmatrix} & \begin{smallmatrix}I\\V\end{smallmatrix} \\
\text{5. Spalte} & \begin{smallmatrix}N\\N\end{smallmatrix} & \begin{smallmatrix}N\\N\end{smallmatrix} & \begin{smallmatrix}N\\N\end{smallmatrix} & \begin{smallmatrix}N\\N\end{smallmatrix} & \begin{smallmatrix}N\\N\end{smallmatrix} & \begin{smallmatrix}N\\N\end{smallmatrix} \\
\text{6. Spalte} & \begin{smallmatrix}A\\A\end{smallmatrix} & \begin{smallmatrix}A\\A\end{smallmatrix} & \begin{smallmatrix}A\\A\end{smallmatrix} & \begin{smallmatrix}A\\A\end{smallmatrix} & \begin{smallmatrix}A\\A\end{smallmatrix} & \begin{smallmatrix}A\\A\end{smallmatrix} \\
\text{7. Spalte} & \begin{smallmatrix}R\\R\end{smallmatrix} & \begin{smallmatrix}R\\R\end{smallmatrix} & \begin{smallmatrix}R\\R\end{smallmatrix} & \begin{smallmatrix}R\\R\end{smallmatrix} & \begin{smallmatrix}R\\R\end{smallmatrix} & \begin{smallmatrix}R\\R\end{smallmatrix} \\
\text{8. Spalte} & \begin{smallmatrix}Y\\Y\end{smallmatrix} & \begin{smallmatrix}W\\Y\end{smallmatrix} & \begin{smallmatrix}Y\\Y\end{smallmatrix} & \begin{smallmatrix}W\\Y\end{smallmatrix} & \begin{smallmatrix}Y\\Y\end{smallmatrix} & \begin{smallmatrix}W\\Y\end{smallmatrix}
\end{array}
$$

---

[3]   http://blocks.fhcrc.org/

[4]   Das Beispiel basiert auf Abschnitten des Proteins Claudin1 von Mensch, Maus und Ratte. Ich habe die Sequenzen leicht abgeändert und die Sequenz eines „Phantasie-Affen" hinzugefügt, um das Vorgehen besser illustrieren zu können.

Dabei haben wir nicht zwischen $\frac{a}{b}$ und $\frac{b}{a}$ unterschieden, sondern immer den alphabetisch „kleineren" Buchstaben nach oben gesetzt. Insgesamt erhält man also $l \cdot \binom{n}{2}$ Paare. Das sind in unserem Beispiel 48. Bezeichnet n_{ab} die absolute Häufigkeit des Paares $\frac{a}{b}$ in dieser Tabelle, so ist

$$q_{ab} := \frac{n_{ab}}{l \cdot \binom{n}{2}}$$

die relative Häufigkeit dieses Paares. In unserem Beispiel sind z. B. $p_{\mathrm{P}} = \frac{3}{32}$, $p_{\mathrm{T}} = \frac{5}{32}$ und $q_{\mathrm{PT}} = \frac{7}{48}$. Mittelt man die relativen Häufigkeiten p_a und q_{ab} in geeigneter Weise über alle Blöcke in der großen Datenbank BLOCKS, so kann man diese Häufigkeiten als Auftretens-Wahrscheinlichkeiten interpretieren:

p_a ist die Wahrscheinlichkeit, Aminosäure a zu erhalten, wenn man aus der Datenbank zufällig eine der dort abgelegten Aminosäuren „zieht".

q_{ab} ist die Wahrscheinlichkeit, das Aminosäure-Paar $\frac{a}{b}$ zu erhalten, wenn man aus einem zufällig gewählten Block der Datenbank in einer zufällig gewählten Spalte ein zufälliges Paar „zieht". Man beachte, dass Spalten in einem Block homologe Stellen in biologisch verwandten Aminosäuresequenzen beschreiben!

Wäre in einem lückenlosen Alignment das Auftreten der Aminosäuren a und b an einer bestimmten Stelle (das entspricht einer bestimmten Spalte im Block) unabhängig voneinander, so müsste $q_{ab} = p_a p_b$ sein, d. h. der Quotient $\frac{q_{ab}}{p_a p_b}$ müsste genau gleich 1 sein, siehe Abschnitt 9.2. Das ist er aber in der Regel nicht. Ist er größer als 1, so tritt das Paar $\frac{a}{b}$ häufiger auf, als die Häufigkeit der einzelnen a und b erwarten lassen würde – es besteht also eine positive Korrelation zwischen a und b. Ist der Quotient dagegen kleiner als 1, so gilt das Gegenteil. Für den Logarithmus

$$s_{ab} = \log_2 \frac{q_{ab}}{p_a p_b}$$

gilt daher: $s_{ab} > 0$ signalisiert eine positive Korrelation zwischen a und b, $s_{ab} < 0$ eine negative. Mit den oben ermittelten Werten für p_{P}, p_{T} und q_{PT} ist zum Beispiel $s_{\mathrm{PT}} = \log_2\left(\frac{7}{48}\frac{32}{3}\frac{32}{5}\right) = 3.316$ positiv, was auch zu erwarten war, da P und T nur gemeinsam vorkommen.

Hat man ein konkretes Alignment vorliegen, kann man mit diesen Koeffizienten bestimmen, mit welcher Wahrscheinlichkeit man es durch zufälliges „Ziehen" von Paaren aus den Blöcken der Datenbank gewinnen könnte – im Vergleich zu der Wahrscheinlichkeit, mit der es durch zufälliges „Ziehen" von Einzelaminosäuren zustande gekommen wäre. Genauer: Seien $x = x_1 \ldots x_n$ und $y = y_1 \ldots y_n$ zwei Proteinsequenzen gleicher Länge, die wir zu einem Alignment untereinander schreiben. Nehmen wir an, dass die einzelnen Positionen $i = 1, \ldots, n$ voneinander unabhängig sind, so ist die Wahrscheinlichkeit, dieses Alignment durch „Ziehen" von Paaren zu erhalten, gleich

$$q_{x_1 y_1} \cdot q_{x_2 y_2} \cdot \dots \cdot q_{x_n y_n} \,,$$

während die Wahrscheinlichkeit, es durch „Ziehen" von Einzelaminosäuren zu erhalten, gleich

$$p_{x_1} \cdot p_{y_1} \cdot p_{x_2} \cdot p_{y_2} \cdot \dots \cdot p_{x_n} \cdot p_{y_n}$$

ist. Der Quotient beider Wahrscheinlichkeiten ist also

$$\frac{q_{x_1y_1}}{p_{x_1}p_{y_1}} \cdot \frac{q_{x_2y_2}}{p_{x_2}p_{y_2}} \cdot \dots \cdot \frac{q_{x_ny_n}}{p_{x_n}p_{y_n}} = 2^{s_{x_1y_1}} \cdot 2^{s_{x_2y_2}} \cdot \dots \cdot 2^{s_{x_ny_n}} = 2^{s_{x_1y_1} + s_{x_2y_2} + \dots + s_{x_ny_n}},$$

das heißt, er lässt sich durch die Summe der $s_{x_iy_i}$ ausdrücken. Positive s-Werte bedeuten, dass im Alignment hauptsächlich solche Paare vorkommen, die auch in der Datenbank besonders häufig waren. Da die Datenbank aus Blöcken biologisch verwandter Sequenzen besteht, schließt man, dass auch die Sequenzen x und y biologisch verwandt sind. Diese Argumentation bleibt im Wesentlichen richtig, wenn man auch Alignments mit Lücken zulässt und die Lücken angemessen „bestraft", wie wir es im vorigen Abschnitt eingeführt haben. Dann wird man sich für das Alignment entscheiden, das den höchsten s-Wert hat, da es auf die größte biologische „Nähe" schließen lässt.

In den Substitutionsmatrizen findet man nicht wirklich die Werte s_{ab}, sondern gerundete Werte, nämlich σ_{ab} = runde($2s_{ab}$). Das heißt, σ_{ab} ist ungefähr $2s_{ab}$. Im obigen Beispiel wäre σ_{PT} = runde($2 \cdot 3.316$) = runde(6.632) = 7.

Schließlich soll noch erklärt werden, was die Zahlen am Ende der Bezeichnungen wie BLOSUM50, BLOSUM60 usw. zu bedeuten haben. Wie schon erwähnt, hängen die s_{ab} und damit auch die *Scores* σ_{ab} von der Auswahl der Blöcke in der Datenbank ab. Fasst man nur sehr ähnliche Sequenzen zu Blöcken zusammen, erhält man starke positive Korrelationen nur zwischen sehr wenigen Paaren. (Im Extremfall, wo man nur identische Sequenzen zu Blöcken zusammenfasst, ist q_{aa} = 1 für alle a und q_{ab} = 0 sobald $a \neq b$.) Die Matrix hängt also von der Variabilität innerhalb der Blöcke ab, auf deren Grundlage man die Koeffizienten berechnet. BLOSUM62 bedeutet nun, dass nur Blöcke, bei denen an mindestens 62% der Positionen Übereinstimmung vorliegt, benutzt werden. (Das ist etwas vage, zeigt aber die Richtung an.) Will man diese Matrizen zur Bewertung von Alignments benutzen, sollte man also vorher wissen, wie sehr biologisch verwandt die zu vergleichenden Sequenzen sind. Je verwandter sie sind, desto höher sollte der Prozentsatz der zu benutzenden BLOSUM-Matrix sein. (Bei den PAM-Matrizen, die ebenfalls eine Zahl angehängt haben, ist das gerade umgekehrt, da die Zahlen dort eine andere Bedeutung haben.)

13.3   Der Needleman-Wunsch-Algorithmus

Jetzt wenden wir uns der Frage zu, wie man bei gegebenem Scoring-Modell ein optimales Alignment zweier Sequenzen finden kann. Der nächstliegende Gedanke ist wohl, alle Möglichkeiten, die mit Gaps ergänzten Sequenzen untereinander zu schreiben, systematisch durchzugehen. Will man auf diese Weise zwei Sequenzen der Länge n vergleichen, so führt das auf mindestens $\binom{2n}{n} = \frac{(2n)!}{(n!)^2}$ verschiedene Möglichkeiten. Schon bei n = 20 sind das ca. 138 Milliarden, und bei n = 50 erhält man eine Zahl mit 30 Stellen. An größere, durchaus realistische n mag man gar nicht denken. Ein systematisches „Durchprobieren" aller Möglichkeiten scheidet also definitiv aus.

Wählt man sehr komplizierte Scoring-Modelle, so wird man keine einfachen Verfahren finden, aus diesen vielen Möglichkeiten das beste Alignment herauszufinden. Bei den von uns betrachteten Modellen, die durch eine Substitutionsmatrix und einen affinen Gap Penalty gegeben sind, gibt es aber sehr effiziente Verfahren, die es erlauben, auch bei sehr langen Sequenzen optimale Alignments zu finden. Für *globale Alignments*, d. h. für den Fall, dass man die kompletten Sequenzen und nicht nur Teile davon matchen möchte, gibt es mit dem nach seinen Erfindern benannten *Needleman-Wunsch-Algorithmus* ein elegantes Verfahren, das wir uns in diesem Abschnitt genauer ansehen werden. Um uns dabei auf den einfachsten Fall zu beschränken, betrachten wir nur einen linearen Gap Penalty. Wir werden sehen, dass dieses Verfahren mit größenordnungsmäßig n^2 Schritten auskommt, also auch noch für $n = 100$ oder mehr auf jedem Computer gut durchführbar ist.

13.3.1 Die Grundidee des Needleman-Wunsch-Algorithmus

Sei Σ ein Alphabet, z. B. das Alphabet $\Sigma_{\text{Nuk}} = \{A, G, C, T\}$ der vier Nukleotidbausteine oder das am Rande der BLOSUM62-Matrix in Abbildung 13.1 aufgelistete Aminosäuren-Alphabet. Wir betrachten zwei Sequenzen $x = x_1 \ldots x_m$ und $y = y_1 \ldots y_n$ mit Buchstaben aus diesem Alphabet, für die ein möglichst gutes Alignment gesucht wird. Die Bewertung der Alignments erfolgt mit dem linearen Gap Penalty $\gamma(g) = -e \cdot g$ und einer Substitutionsmatrix S mit Einträgen $S_{a,b}$, $a, b \in \Sigma$, die die (Nicht)übereinstimmung zweier Buchstaben bewertet. Zwei Beispiele dafür haben wir schon kennen gelernt:

- $S_{a,b} = 1$, falls $a = b$ und $S_{a,b} = -1$ sonst. Das ist die „Match-Mismatch"- Bewertung aus Unterabschnitt 13.1.1
- S ist die BLOSUM62-Matrix aus Abbildung 13.1.

Ziel des folgenden Algorithmus ist es, auf einfache Weise eine Matrix F mit $m + 1$ Zeilen und $n + 1$ Spalten zu erzeugen, die die Eigenschaft hat, dass für jedes $i = 0, \ldots, m$ und $j = 0, \ldots, n$ der Eintrag $F_{i+1, j+1}$ gerade der Wert des optimalen Alignments der Teilsequenzen $x_1 \ldots x_i$ und $y_1 \ldots y_j$ ist. Der Eintrag $F_{m+1, n+1}$ („rechts unten") ist dann der gesuchte Wert des optimalen Alignments von x und y. Wir illustrieren das Vorgehen am Beispiel der hypothetischen Proteinsequenzen $x = $ NEHPFMT und $y = $ WEPLF mit Gap Penalty $e = 5$ in Abbildung 13.2.

Betrachten wir zunächst den Fall $i = 0$ und $j > 0$. Dann soll ein „leeres" Anfangsstück von x mit $y_1 \ldots y_j$ gematcht werden. Das geht nur, indem man das leere Stück um j Lücken ergänzt und diese mit $y_1, \ldots, y_j$ vergleicht. Der Wert ist gerade der Gap Penalty $\gamma(j) = -ej$, also setzen wir

$$F_{1, j+1} = -ej.$$

Ganz entsprechend setzen wir

$$F_{i+1, 1} = -ei$$

und wenden diese Regel auch für $i = j = 0$ an. Damit sind die erste Zeile und Spalte der Matrix gefüllt. In Abbildung 13.2 wurden dort – bei einem Gap Penalty $e = 5$ – die Werte $0, -5, -10, -15, \ldots$ eingetragen.

Die weitere Matrix wird nun Schritt für Schritt aufgebaut. Angenommen, alle Einträge links oder oberhalb von Feld $(i + 1, j + 1)$ sind schon bekannt. Um $F_{i+1, j+1}$ selbst zu bestimmen, muss $x_1 \ldots x_i$ mit $y_1 \ldots y_j$ verglichen werden. Dazu gibt es drei Möglichkeiten.

1. Man benutzt das optimale Alignment von $x_1 \ldots x_{i-1}$ und $y_1 \ldots y_{j-1}$ und ergänzt es am rechten Ende um x_i und y_j. Der Wert dieses Alignments ist dann $F_{i,j} + S_{x_i, y_j}$.
2. Man benutzt das optimale Alignment von $x_1 \ldots x_i$ und $y_1 \ldots y_{j-1}$ und ergänzt es am rechten Ende um y_j und um eine Lücke am Ende von x. Der Wert dieses Alignments ist dann $F_{i+1,j} - e$.
3. Man benutzt das optimale Alignment von $x_1 \ldots x_{i-1}$ und $y_1 \ldots y_j$ und ergänzt es am rechten Ende um x_i und um eine Lücke am Ende von y. Der Wert dieses Alignments ist dann $F_{i,j+1} - e$.

Den größten dieser drei Werte trägt man als $F_{i+1,j+1}$ in die Matrix ein.

Betrachten wir zum Beispiel Zeile H und Spalte L in Abbildung 13.2 (also $i = 4$ und $j = 5$), so liefert die erste Möglichkeit $F_{i,j} = -4$ und $S_{x_i, y_j} = S_{H,L} = -3$, also einen Wert von -7. Die zweite Möglichkeit ergibt $F_{i+1,j} = -1$ und ein Gap Penalty -5, also einen Wert von -6, während die dritte Möglichkeit $F_{i,j+1} = -9$ und ein Gap Penalty -5, also einen

		W	E	P	L	F
	0 ←	−5 ←	−10 ←	−15 ←	−20 ←	−25
N	−5	−4 **−4**	0 −5 ←	−2 −10 ←	−3 −15 ←	−3 −20
E	−10	−3 8	5 **+1** ←	−1 −4 ←	−3 −9	−3 14
H	−15	−2 −12	0 **−4**	−2 −1 ←	−3 −6	−1 −10
P	−20	−4 −17	−1 −9	7 **+3** ←	−3 −2 ←	−4 −7
F	−25	1 −19	−3 −14	−4 −2	0 **+3**	6 **+4**
M	−30	−1 −24	−2 −19	−2 −7	2 **0**	0 **+3**
T	−35	−2 −29	−1 −24	−1 −12	−1 −5	−2 **−2**

Abb. 13.2 Die Matrix zum Needleman-Wunsch-Algorithmus für den Vergleich der Proteinsequenzen x = NEHPFMT und y = WEPLF mit Gap Penalty $e = 5$. Die blauen Zahlen sind die Scores aus der BLOSUM62-Matrix. Die fett gedruckten Pfeile zeigen die möglichen Wege von Rechts unten nach links oben an.

Wert von −14 ergibt. Der größte dieser drei Werte, nämlich −6, wird bei der zweiten Möglichkeit erzielt. Das hält man dadurch fest, dass man einen Pfeil von $(i + 1, j + 1)$ nach $(i + 1, j)$ zur Matrix hinzufügt.

Ein optimales Alignment hat in diesem Beispiel also den Wert −2. In der Tat gibt es zwei optimale Alignments, die diesen Wert realisieren:

```
N E H P F M T              N E H P F M T
| |                        | |
W E - P - L F      und     W E - P L F -
```

wie man durch Rückverfolgen der beiden fett gedruckten Wege von links oben nach rechts unten leicht feststellen kann.

13.3.2 Eine Realisierung des Needleman-Wunsch-Algorithmus für den Vergleich zweier DNA-Sequenzen in R

Das R-Paket Biostrings enthält eine Reihe von Prozeduren zum Sequenzvergleich, insbesondere auch eine Implementierung des Needleman-Wunsch-Algorithmus und einiger seiner Varianten. Wir führen seine Anwendung hier an einem kleinen „Spielzeugbeispiel" vor.

Zunächst laden wir das Paket Biostrings:

```
> library(Biostrings)
```

R quittiert das mit einigen Zeilen, die berichten, welche Pakete damit außerdem geladen wurden, und evtl. mit einigen Warnungen, die wir ignorieren können. Als nächstes erzeugen wir uns die Substitutionsmatrix für Match Mismatch:

```
> SM=2*outer(1:4,1:4,FUN="==")-1
> rownames(SM)=colnames(SM)=c("A","G","C","T")
> SM
   A  G  C  T
A  1 -1 -1 -1
G -1  1 -1 -1
C -1 -1  1 -1
T -1 -1 -1  1
```

Dann geben wir die zu vergleichenden Sequenzen ein. (In der Praxis wird man die Sequenzen aus einer Datei einlesen.)

```
> (seq1="ACCTAGATCAGA")
[1] "ACCTAGATCAGA"
> (seq2="GACTTAGCAGA")
[1] "GACTTAGCAGA"
```

Und nun können wir den Befehl zum paarweisen Alignment ausführen:

```
> pairwiseAlignment(seq1,seq2,substitutionMatrix=SM,
+ gapOpening=0,gapExtension=2)
Global PairwiseAlignedFixedSubject (1 of 1)
pattern: [1] ACCTAGATCAGA
subject: [2] ACTTAG--CAGA
score: 2
```

Bei genauerem Hinsehen verlangt dieses Ergebnis eine Erklärung: Bewertet man das obige Alignment „per Hand", so erhält man bei neun Matches, einem Mismatch und einer Lücke der Länge 2 einen Score von 4. Wie kommt dann `score=2` zustande? Die Antwort ist: Die hier benutzte Prozedur bestraft zwar Lücken am Sequenzanfang oder -ende, zeigt sie aber nicht an. In der Tat beginnt `seq2` mit einem G, das in der entsprechenden Zeile der Ausgabe nicht dargestellt wird. Dort zeigt die `[2]` vor der Sequenz an, dass die Ausgabe mit dem 2. Symbol von `seq2` beginnt. Das erste Symbol (nämlich das G) wurde unterdrückt und mit einer ebenfalls nicht angezeigten Lücke am Anfang der ersten Sequenz gepaart. Dafür muss noch ein Penalty von 2 gezahlt werden, und dann kommt man auf einen Score von 4 − 2 = 2. Will man für diese End-Lücken keinen Penalty zahlen, so kann man beim Prozeduraufruf `type="overlap"` angeben.

13.3.3 Beispiele zum Needleman-Wunsch-Algorithmus

Das Ergebnis des Alignments im obigen Beispiel hängt sehr stark vom verwendeten Gap Penalty ab. Hier ein paar Beispiele, alle mit Gap-opening Penalty $d = 0$:

$e = 0$:
```
- A C - C T A G A T C A G A
  | |     | | |     | | | |
G A C T - T A G - - C A G A
```
Score= 9

$e = 1$:
```
- A C C T A G A T C A G A
  | |   | | |     | | | |
G A C T T A G     C A G A
```
Score= 5

$e = 2$:
```
- A C C T A G A T C A G A
  | |   | | |     | | | |
G A C T T A G - - C A G A
```
Score= 2

$e = 3$:
```
A C C T A G A T C A G A
| |     |   | | | |
G A C T - T A G C A G A
```
Score= 0

Bei $e = 0$ gibt es keine Mismatches, dafür aber viele Lücken, da die hier nicht bestraft werden. Bei $e = 1$ und $e = 2$ gibt es eine Lücke weniger, dafür aber einen Mismatch, während bei $e = 3$ nur eine unvermeidbare Lücke eingefügt wird (beide Sequenzen sind ja unterschiedlich lang), dafür werden vier Mismatches in Kauf genommen.

Beispiel 13.3.1 (Vergleich von Insulin-Genen) Wir betrachten kodierende Nukleotid-Abschnitte aus Genen, die für die Insulin-Produktion relevante Information tragen und von folgenden fünf Arten stammen:

1) *Bos taurus*   2) *Homo sapiens*   3) *Mus musculus*   4) *Ovis aries*

5) *Pongo pygmaeus*

Mit der im vorhergehenden Unterabschnitt beschriebenen R-Prozedur bestimmen wir die optimalen Alignment-Scores für alle möglichen Paare dieser fünf Abschnitte. Der (willkürlich und ohne biologische Motivation gewählte) Gap Penalty ist $e = 2$. Hier ist das Ergebnis:

```
        [,1]  [,2]  [,3]  [,4]  [,5]
[1,]    318   191   176   290   196
[2,]    191   333   219   191   316
[3,]    176   219   333   177   226
[4,]    290   191   177   318   198
[5,]    196   316   226   198   333
```

Man sieht, dass große Ähnlichkeit besteht zwischen *Bos taurus* und *Ovis aries* sowie zwischen *Homo sapiens* und *Pongo pygmaeus*. *Mus musculus* steht dieser zweiten Gruppe näher als der ersten, unterscheidet sich aber wesentlich von beiden. Beachten Sie auch, dass die Matrix, wie erwartet, symmetrisch ist, d. h. sie stimmt mit ihrer Transponierten überein.

13.3.4 Der Smith-Waterman-Algorithmus

Oft ist es einer biologischen Situation nicht angemessen, komplette vorgegebene DNA-Sequenzen zu vergleichen. Stattdessen sucht man Teilsequenzen der gegebenen Sequenzen, die sich optimal vergleichen lassen, d. h. Teilsequenzen, die einen maximalen Alignment-Score ergeben. Das kann durch eine Modifikation des Needleman-Wunsch-Verfahrens erreicht werden, den sogenannten *Smith-Waterman*-Algorithmus. Hier ist ein Beispiel mit Proteinsequenzen: Wie in Unterabschnitt 13.1.2 berechnet, hat das dortige „Alignment 2"

```
NEHP-FMT
 |  |  |
WE-PLF--
```

bei einem Gap-opening Penalty $d = 2$, einem Gap-extension Penalty $e = 1$ und der BLOSUM62 Substitutionsmatrix den Wert +4. Diesen Wert liefert auch R:

```
> data(BLOSUM62)
> pairwiseAlignment("NEHPFMT","WEPLF",substitutionMatrix=BLOSUM62,
+ gapOpening=2,gapExtension=1)
Global PairwiseAlignedFixedSubject (1 of 1)
pattern: [1] NEHP-F
subject: [1] WE-PLF
score: 4
```

Wieder wurde bei der Ausgabe ein Gap (der Länge 2) am rechten Ende nicht dargestellt. Offensichtlich hat das lokale Alignment

```
EHP-F
 |  |  |
E-PLF
```

dann den Wert $+2 + 4 + d + 2e = +10$, da am linken Ende der Penalty 4 für den Mismatch von W und N am rechten Ende das Gap der Länge 2 wegfallen. Es geht aber noch besser:

Das optimale lokale Alignment ist

```
EHP
| |
E-P
```

mit einem Score von 12, wie von R ermittelt wird:

```
> pairwiseAlignment("NEHPFMT","WEPLF",substitutionMatrix=BLOSUM62,
+ gapOpening=2,gapExtension=1,type="local")
Local Pairwise Alignment (1 of 1)
pattern: [2] EHP
subject: [2] E-P
score: 12
```

13.4   Clustering

Oft steht man vor dem Problem, eine größere Zahl von Proteinsequenzen in Klassen einander ähnlicher Sequenzen zu unterteilen. Ein solches Verfahren nennt man *Clustering*, und wenn es mehrstufig geschieht, *hierarchisches Clustering*. Wir wollen hier auf die dahinter stehenden Algorithmen nicht näher eingehen, sondern die grundsätzliche Bedeutung an einem sehr einfachen Beispiel illustrieren. Zum Vergleich haben wir (ohne besondere Absicht) sieben Proteinsequenzen für Insulin herangezogen, und zwar von den Arten

1. *Bos taurus* (Wildrind; Gattung: Bos, Unterordnung: Wiederkäuer)
2. *Homo sapiens* (Moderner Mensch; Gattung: Menschen, Unterordnung: Trockennasenaffen)
3. *Mus musculus* (Hausmaus; Gattung: Mäuse, Unterordnung: Mäuseverwandte)
4. *Octodon degus* (Degu; Gattung: Strauchratte, Unterordnung: Stachelschweinverwandte)
5. *Ovis aries* (Hausschaf; Gattung: Schafe, Unterordnung: Wiederkäuer))
6. *Pongo pygmaeus* (Orang-Utan; Gattung: Orang-Utans, Unterordnung: Trockennasenaffen)
7. *Rattus norvegicus* (Wanderratte; Gattung: Ratte, Unterordnung: Mäuseverwandte)

Auf diese Sequenzen wurde paarweise der Needleman-Wunsch-Algorithmus mit Gapopening Penalty $d = 3$, Gap-extension Penalty $e = 1$ und Substitutionsmatrix BLOSUM62 angewandt. Dadurch wurde für jedes Paar ein optimales Alignment bestimmt. Für jedes dieser optimalen Alignments kann man nun die Zahl s der Positionen mit Übereinstimmung oder Ähnlichkeit auszählen und diese Zahl mit der Länge n der kürzeren Sequenz vergleichen. Der Wert $r = \frac{n-s}{n} \in [0, 1]$ ist dann ein geeignetes Maß des Abstands der beiden Sequenzen: Sind die Sequenzen überall ähnlich, ist also $s = n$, so ist $r = 0$. Sind sie dagegen überall unähnlich, ist also $s = 0$, so ist $r = 1$. (Es gibt auch andere Ähnlichkeits- und Abstandsmaße, aber der Grundgedanke ist immer gleich.) Im Fall unserer sieben Sequenzen erhält man folgende Werte für r, die in einer Matrix zusammengefasst sind:

	bos	homo	mus	octodon	ovis	pongo	rattus
bos	0.00000000	0.1545455	0.20909091	0.3636364	0.02857143	0.1538462	0.20000000
homo	0.15454545	0.0000000	0.20000000	0.3181818	0.16363636	0.0000000	0.17272727
mus	0.20909091	0.2000000	0.00000000	0.3703704	0.21818182	0.2000000	0.06363636
octodon	0.36036036	0.3181818	0.37037037	0.0000000	0.36036036	0.2769231	0.35454545
ovis	0.02857143	0.1636364	0.21818182	0.3636364	0.00000000	0.1538462	0.20909091
pongo	0.15384615	0.0000000	0.20000000	0.2769231	0.15384615	0.0000000	0.20000000
rattus	0.20000000	0.1727273	0.06363636	0.3545455	0.20909091	0.2000000	0.00000000

Aus diesen Zahlen einen Überblick über die Ähnlichkeitsgrade unter den sieben Sequenzen zu erhalten, ist schon recht schwierig, und wenn man das bei 30, 50 oder mehr Sequenzen versucht, so ist es sehr mühsam. Glücklicherweise gibt es leistungsfähige Algorithmen, die die Ähnlichkeitsinformation, die in obiger Matrix steckt, in einen sogenannten *Clusterbaum* (oder auch *Dendrogramm*) umwandeln können. In R steht z. B. der Befehl `hclust` (von hierarchical clustering) zur Verfügung. Wendet man ihn auf die obige Ähnlichkeitsmatrix an, so erhält man den Baum aus Abbildung 13.3. Bei der Interpretation der Details eines solchen Baumes, z. B. der Längen der einzelnen Kanten, sollte man sehr zurückhaltend sein, sie erfordert ein tiefes Verständnis der biologischen Hintergründe und des verwendeten Cluster-Algorithmus.[5]

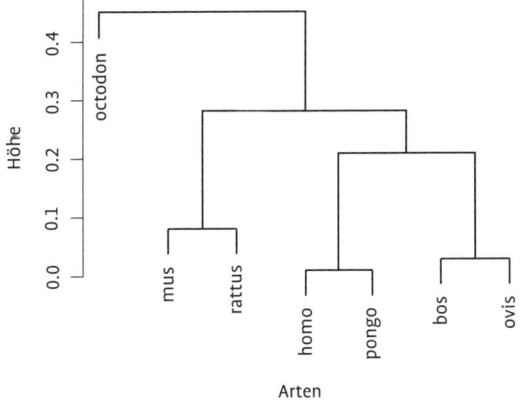

Abb. 13.3 Clusterbaum

---

[5] In Unterabschnitt R14.4 können sie diesen Clusterbaum selbst erzeugen.

13.5   Fragen und Aufgaben

1. Betrachten Sie die folgenden Alignments der „DNA-Folgen" ATGC und GATC:

```
-ATGC              ATG--C              ATGC
|| |               |   |               |
GAT-C              --GATC              GATC
```

Alignment 1   Alignment 2   Alignment 3

   Bestimmen Sie die Scores der drei Alignments mit Match= 1, Mismatch= −1, und Gap Penalty $d = 0$, $e = 2$.

2. Bestimmen Sie die F-Matrix des Needleman-Wunsch-Algorithmus für die Sequenzen aus Aufgabe 1. Wie sieht der optimale Weg durch die Matrix aus? Bestimmen Sie daraus das optimale Alignment.

Antworten:

1) A1: −1, A2: −6, A3: −2

2)

		G	A	T	C
	0 ←	-2 ←	-4 ←	-6 ←	-8
A	-2	-1	-1 ←	-3 ←	-5
T	-4	-3	-2	0 ←	-2
G	-6	-3	-4	-2	-1
C	-8	-5	-4	-4	-1

Jedem ← entspricht eine Lücke in GATC, jedem ↑ eine Lücke in ATGC. Man erhält auf diese Weise Alignment 1.

R Einführung in R

Im folgenden Anhang werden Übungsblätter zur Einführung in die Statistik-Software R bereitgestellt. R ist eine frei verfügbare Software[1], von der es Versionen für Microsoft Windows, MacOS X und Linux[2] gibt. Sie läuft nach dem Start in einer Konsole, einem Terminal o.ä. Zusammen mit der einfachen grafischen Benutzeroberfläche „R Commander" können damit auch Einsteiger recht komfortabel grafische Darstellungen und statistische Auswertungen von Daten erstellen. Insbesondere bei der Verarbeitung von Genom-Daten ist es eines der Standardwerkzeuge.

Woher bekommt man R?

R-Grundsystem: Beginnen sollte man mit der Installation des R-Grundsystems. Die Homepage des R-Projekts ist `http://www.r-project.org` . Auf dieser Seite gibt es einen Link zum Download-Bereich CRAN, wo man nach der Wahl eines Servers, von dem man das Programm beziehen möchte, zwischen Versionen für die drei erwähnten Betriebssysteme wählen kann.

R Commander: Auf der Seite `http://www.sciviews.org/_rgui/` kann man einem Link zum R Commander folgen, der sich dann leicht nach Anweisung installieren lässt.

Bioconductor ist ein Software-Projekt zur Analyse und zum Verständnis von Genom-Daten. Es baut auf R auf und wird weltweit in führenden einschlägigen Lehr- und Forschungseinrichtungen benutzt, wie man auch den vielen Links auf der Bioconductor-Homepage `http://www.bioconductor.org/` entnehmen kann. Man installiert es, indem man in der R-Konsole die beiden Befehle

```
source("http://bioconductor.org/biocLite.R")  und
biocLite()
```

eingibt.

deSolve ist ein Paket zur numerischen Behandlung von Differenzialgleichungen. Es ist für die folgende Einführung in R nicht nötig, muss aber geladen werden, wenn man einige Beispiele des Buches nachvollziehen will. Der Befehl (wieder in der R-Konsole) lautet: `install.packages("deSolve")`.

Aufbau der Übungen

Diese Übungen können und sollen eine systematische Einführung in R nicht ersetzen. So wird zum Beispiel auf die objektorientierte Struktur von R als Programmiersprache so gut wie nicht eingegangen. Stattdessen wird durch einfache Beispiele zum „Learning by Doing" angeregt.

---

[1] GNU General Public License, http://www.r-project.org/
[2] Microsoft und Windows sind eingetragene Warenzeichen der Microsoft Inc., Mac OS ist ein eingetragenes Warenzeichen von Apple Computer Inc., Linux ist ein eingetragenes Warenzeichen von Linus Torvalds.

Die Übungen folgen dem Aufbau des Haupttextes und setzen an vielen Stellen ausreichende Kenntnisse der entsprechenden Kapitel voraus. Auf diese Weise helfen sie auch, selbst zu überprüfen, ob man die Inhalte des Haupttextes ausreichend verstanden hat.

Jeder Abschnitt behandelt einige Themenschwerpunkte. Die abgedruckten R-Anweisungen sollten am Rechner nachvollzogen werden, aber ebenso wichtig ist es, die verbindenden Texte tatsächlich gründlich zu lesen und sich bei jeder R-Anweisung selbst Gedanken über deren Aufbau und Wirkungsweise zu machen. Natürlich sollten auch die Übungen bearbeitet werden. Lösungen dazu stehen am Ende eines jeden Abschnitts.

Die einzelnen Abschnitte dieses Anhangs wurden zunächst mit dem GNU TeXmacs System[3] mit R-Plugin geschrieben und dann in eine für dieses Buch geeignete Form gebracht. Zum Einsatz kamen dabei R Version 2.11.1 und R Commander Version 1.5-4.

R1 Erste Schritte

R1.1 R als Taschenrechner

In dieser ersten Übung sollen Sie – zunächst durchaus etwas unsystematisch – einige Grundfunktionen von R kennenlernen. Öffnen Sie dazu ein Kommandofenster (auch Terminal oder Konsole genannt) und geben Sie einfach den Befehl R ein. Sie sehen nach kurzer Zeit etwa folgende Ausgabe, mit der R sich meldet:

```
R version 2.11.1 (2010-05-31)
Copyright (C) 2010 The R Foundation for Statistical Computing
ISBN 3-900051-07-0

R ist freie Software und kommt OHNE JEGLICHE GARANTIE.
Sie sind eingeladen, es unter bestimmten Bedingungen weiter zu verbrei-
ten.
Tippen Sie 'license()' or 'licence()' für Details dazu.

R ist ein Gemeinschaftsprojekt mit vielen Beitragenden.
Tippen Sie 'contributors()' für mehr Information und 'citation()',
um zu erfahren, wie R oder R packages in Publikationen zitiert werden
können.

Tippen Sie 'demo()' für einige Demos, 'help()' für on-line Hilfe, oder
'help.start()' für eine HTML Browserschnittstelle zur Hilfe.
Tippen Sie 'q()', um R zu verlassen.R version 2.10.1 (2009-12-14)
```

An dieser Stelle werden wir später den R-Commander starten, aber zunächst arbeiten wir nur in der Kommandozeile.

Die folgenden Beispiele illustrieren, wie R als Taschenrechner genutzt werden kann:

```
> 27+34
[1] 61
```

---

[3] http://www.texmacs.org/

Sie geben einfach den Ausdruck ein, der ausgewertet werden soll und drücken die Eingabetaste. (Machen Sie sich im Augenblick noch keine Gedanken über die [1] vor dem Ergebnis.)

```
> 113*6-98
[1] 580
```

Wurzel: $\sqrt{x} = x^{1/2}$

Und so wird **potenziert**:

```
> 2^6
[1] 64
```

Hatten Sie Schwierigkeiten mit dem Zeichen 〔△〕? Da es sich um eine Taste handelt, mit der auch Akzente erzeugt werden, muss sie eventuell zweimal gedrückt werden. (Das hängt von Ihrer individuellen Rechnerumgebung ab.) Dasselbe gilt übrigens für die Taste 〔~〕. Für das Potenzieren gibt es noch eine zweite Schreibweise:

```
> 2**6
[1] 64
```

Dividieren muss man mit „ / ", nicht mit „ : ", also

```
> 67/9
[1] 7.444444
> (37.4+56)/5
[1] 18.68
```

Wie Sie sehen, muss man in R einen **Dezimalpunkt** benutzen. Versuchen Sie es einmal mit einem Dezimalkomma und schauen Sie, was passiert! Und wie reagiert R auf den Versuch, durch 0 zu dividieren?

```
> 5/0
[1] Inf
```

R gibt beim Dividieren durch 0 also keine Fehlermeldung aus, sondern den Wert `Inf` für „unendlich (engl.: infinite)". Das entspricht nicht der üblichen mathematischen Konvention, ist aber auch nicht ganz sinnlos.

Sehr kleine und auch sehr große Zahlen zeigt R in **Exponentialschreibweise** an:

```
> 1/777
[1] 0.001287001
> 1/77777
[1] 1.285727e-05
> 7777777777777
[1] 7.777778e+13
```

Dabei steht e-05 für $\cdot 10^{-5}$, also *nicht* für $\cdot e^{-5}$, und entsprechend steht e+13 für $\cdot 10^{13}$.

In R stehen viele Ihnen schon aus der Schule bekannte Funktionen zur Verfügung wie **sin**, **cos**, **tan**, **exp** (das ist die *e*-Funktion), **log**, **sqrt** (das ist die Quadratwurzel) oder Fakultät (englisch: **factorial**; zur Erinnerung: *n*!) usw. Hier sind ein paar Beispiele:

```
> pi
[1] 3.141593
```

R kennt also die Konstante π.

```
> sin(90)
[1] 0.8939967
```

Sie wundern sich und hätten erwartet, dass der **Sinus** von 90° gleich 1 ist? Dann haben Sie sich schon richtig an Ihre Trigonometriestunden erinnert, aber Winkel werden hier nicht in Grad, sondern in Bogenlänge eines Kreises mit Radius 1 gemessen. Da 360° dem vollen Kreisumfang 2π entspricht, müssen wir statt 90° die Bogenlänge $\frac{\pi}{2}$ benutzen:

```
> sin(pi/2)
[1] 1
```

Das ist das erwartete Ergebnis. Bestimmen Sie nun selbst den **Sinus von** 40°! (Das erfordert einen einfachen Dreisatz!) Als Ergebnis sollten Sie 0.6427876 erhalten.

Fakultäten $n!$ berechnet man so:

```
> factorial(5)
[1] 120
```

Überprüfen Sie das Ergebnis anhand der Definition von $n!$.

Wir kommen nun zur e-**Funktion** und zu den Logarithmen. Die Eulersche Zahl e ist in R nicht als Konstante bekannt. Aber da $e = e^1 = \exp(1)$ ist, kann man sie leicht erzeugen:

```
> exp(1)
[1] 2.718282
```

Und da $e^0 = 1$ ist, erhalten wir auch

```
> exp(0)
[1] 1
```

Der **natürliche Logarithmus** heißt hier `log` (und nicht `ln`). Also ist

```
> log(exp(1))
[1] 1
> exp(log(1))
[1] 1
```

Was erwarten Sie nun von `log(exp(13.7))`? Probieren Sie es aus! Und wie geht R mit `log(-1)` um?

```
> log(-1)
[1] NaN
Warnmeldung:
In log(-1) : NaNs wurden erzeugt
```

Da der Logarithmus nur für positive Argumente definiert ist, gibt R hier ein NaN („not a number") aus.

Nun fragen Sie sich vielleicht, wie man den Ihnen aus der Schule geläufigeren **Zehnerlogarithmus** erhält? Das geht so:

```
> log10(10)
[1] 1
> log10(1000)
[1] 3
```

Schauen wir uns noch den **Betrag** $|x|$ einer Zahl x an:

```
> abs(-7)
[1] 7
> abs(7)
[1] 7
```

Bevor Sie Ihre ersten Aufgaben selbstständig bearbeiten, noch ein Hinweis zu einer speziellen Eigenschaft von R. Manchmal passiert es, dass man einen Ausdruck abschließt, bevor er wirklich vollständig ist. Zum Beispiel vergisst man leicht einmal eine Klammer. Das kann dann so aussehen:

```
> exp((sqrt(5)-sqrt(7))/2
+ )
[1] 0.8147763
```

Hier wurde zunächst eine schließende Klammer vergessen. Der Ausdruck war aber noch nicht unrettbar falsch, er war nur unvollständig. Das deutet R durch ein „+" am Anfang der nächsten Zeile an – eine Aufforderung, den Ausdruck zu vervollständigen. Nach Eingabe der fehlenden Klammer hat R den Ausdruck dann korrekt ausgewertet.

Wenn die Situation komplizierter ist und man nicht so leicht sieht, was eigentlich fehlt, ist es oft besser, die Auswertung des Ausdrucks einfach abzubrechen. Das geschieht mit [Strg] [C] (bzw. [Ctrl] [C] bei englischer Tastatur):

```
> exp((sqrt(5)-sqrt(7))/2
+
```

Jetzt gibt man [Strg] [C] ein und erhält wieder das normale Eingabezeichen.

```
>
```

Aufgabe R1.1 Berechnen Sie

a) $|3^5 - 2^{10}|$

b) $\sin(\frac{3}{4}\pi)$ (Vergessen Sie nicht das Multiplikationszeichen „*" zwischen $\frac{3}{4}$ und π !)

c) $\frac{16!}{5!11!}$ (Das ist übrigens die Zahl verschiedener Möglichkeiten, genau 5 gleiche Spielsteine auf ein Spielbrett mit 16 Feldern zu verteilen.)

d) $\sqrt{37 - 8 + \sqrt{11}}$

e) $e^{-2.7}/0.1$

f) $2.3^8 + \ln(7.4) - \tan(0.3\pi)$

g) $\log_{10}(27)$

h) $\ln(\pi)$

i) $\ln(-3)$ (Was passiert da?)

j) $5/0$ (Was passiert da?)

R1.2 Eine erste Grafik

Zum Abschluss dieser Übung verschaffen wir uns noch einen ersten Eindruck von den **grafischen Fähigkeiten von R**.

```
> curve(sin,-pi,pi)
```

Im Grafikfenster erkennen Sie die Sinuskurve von $-\pi$ bis π. Die Koordinatenachsen sind, etwas ungewohnt, am Bildrand gezeichnet. Wie man das ändern kann, werden wir in einer späteren Übung lernen. Jetzt fügen wir nur noch eine rote Kosinuskurve hinzu.

```
> curve(cos,add=TRUE,col="red")
```

Ohne den Zusatz `add=TRUE` wäre ein ganz neues Bild gezeichnet worden – die Sinuskurve wäre also verschwunden. Probieren Sie es aus!

Lösungen:

Aufgabe R1.1 a) `781`

b) `0.7071068`

c) `4368`

(Hier könnten Sie Schwierigkeiten mit der Klammerung des Ausdrucks haben. Die folgenden beiden gleichwertigen Möglichkeiten führen auf das korrekte Ergebnis:

`factorial(16)/(factorial(5)*factorial(11))`
`factorial(16)/factorial(5)/factorial(11)`

d) `8.70179`

(Hatten Sie Schwierigkeiten mit der Quadratwurzel? schauen Sie den Befehl weiter oben noch einmal nach, oder denken Sie daran, dass $\sqrt{x} = x^{1/2}$.)

e) `0.6720551`

(Zur Erinnerung: Die e-Funktion wird als `exp()` geschrieben.)

f) `783.735`

g) `1.431364`

h) `1.14473`

i) `NaN` (Das heißt: „Not a number")

j) `Inf` (Das heißt: „infinite", also: unendlich, obwohl diese Division im streng mathematischen Sinn gar nicht erlaubt ist.)

R2   Grundlegende Begriffe

R2.1   Variablen

Auch wenn es nicht der offiziellen R-Terminologie entspricht, so will ich doch Buchstaben (oder aus Buchstaben und anderen Zeichen zusammengesetzte Namen), denen man einen Wert zuweisen kann, als Variablen bezeichnen. Das ist Ihnen ja aus der Mathematik vertraut. Wenn man also das Ergebnis einer Rechnung einer Variablen zuweist, so steht es danach unter deren Namen zur Verfügung.

```
> x<-37/5
> x
[1] 7.4
> y=3^3
> y
[1] 27
```

Die Zuweisung kann also entweder mit ☐ ☐ oder mit ☐ erfolgen. Der darauf folgende Aufruf der Variablen veranlasst erst die Ausgabe des Werts am Bildschirm. Will man das Ergebnis einer Zuweisung sofort sehen, schreibt man die Zuweisung in Klammern:

```
> (y=3^4)
[1] 81
```

Über die `[1]` vor den Ergebnissen wollen wir uns hier noch keine Gedanken machen. Wir bemerken aber, dass die neue Zuweisung an y den alten Wert überschreibt.

Mit Variablen, denen Werte zugewiesen wurden, kann man rechnen:

```
> y-x
[1] 73.6
```

Die folgende Ausgabe haben wir schon in der 1. Übung gesehen:

```
> (z=5/0)
[1] Inf
```

Auch mit dem Wert unendlich kann R rechnen:

```
> 3*z
[1] Inf
> -z
[1] -Inf
> z-300
[1] Inf
> z+z
[1] Inf
> z-z
[1] NaN
```

Im letzten Beispiel weigert sich R den Ausdruck auszuwerten und gibt das uns schon bekannte „not a number" aus.

Aufgabe R2.1 Denken Sie über den Umgang von R mit dem Wert unendlich etwas nach, insbesondere über die beiden letzten Ergebnisse.

Aufgabe R2.2 Speichern Sie die Zahlen 17.3 und 0.061 in den Variablen x und y. Weisen Sie dann den Variablen z1, z2 und z3 die Werte x^y, $e^{-(xy)/2}$ und $\log(x^2 + y^2)$ zu und bestimmen Sie $\frac{z_1 + z_2}{z_3}$.

R2.2 Folgen

Reguläre Folgen lassen sich sehr leicht erzeugen. Einige Beispiele machen das deutlich:

```
> (a=11:20)
[1] 11 12 13 14 15 16 17 18 19 20
> (b=seq(5,14))
[1]  5  6  7  8  9 10 11 12 13 14
```

Diese beiden Möglichkeiten sind also gleichwertig. seq() kann aber flexibler eingesetzt werden:

```
> (c=seq(1,10,2))
[1] 1 3 5 7 9
> (d=seq(0.2,5.4,0.5))
[1] 0.2 0.7 1.2 1.7 2.2 2.7 3.2 3.7 4.2 4.7 5.2
> (e=seq(1.1,2.1,length=5))
[1] 1.10 1.35 1.60 1.85 2.10
```

Mit a:b erzeugt man also eine Folge ganzer Zahlen von a bis b, während der Befehl seq() eine sehr flexible Folgenerzeugung ermöglicht: seq(a,b,d) erzeugt eine Folge von Zahlen mit Abstand d, die bei a beginnt und höchstens bis b läuft, und `seq(a,b,length=n)` erzeugt eine Folge von n Zahlen mit gleichem Abstand, die bei a beginnt und genau bis b läuft.

R kann mit Folgen sehr flexibel rechnen, auch wenn dabei die korrekte mathematische Notation manchmal etwas arg strapaziert wird. Schauen Sie sich die Ergebnisse an und versuchen Sie sich klar zu machen, was tatsächlich berechnet wird. (Eine Erklärung folgt weiter unten). Beachten Sie, dass der Variablen a eben die Folge von 11 bis 20 zugewiesen wurde, und dass R das nicht vergessen hat.

```
> a
[1] 11 12 13 14 15 16 17 18 19 20
> 3*a
[1] 33 36 39 42 45 48 51 54 57 60
> a^2
[1] 121 144 169 196 225 256 289 324 361 400
> 2^a
[1] 2048    4096    8192   16384   32768   65536  131072  262144  524288
[10] 1048576
> b
[1]   5   6   7   8   9  10  11  12  13  14
> a*b
[1]   55  72   91 112 135 160 187 216 247 280
> c
[1] 1 3 5 7 9
> a*c
[1]   11   36   65  98 135   16   51   90 133 180
```

R führt die jeweilige Operation also für jedes Folgenglied aus. Im letzten Beispiel sollten eine Folge der Länge 10 und eine der Länge 5 miteinander multipliziert werden. Dazu hat R die Folge der Länge 5 einfach doppelt benutzt.

```
> d
[1] 0.2 0.7 1.2 1.7 2.2 2.7 3.2 3.7 4.2 4.7 5.2
> a*d
[1] 2.2 8.4 15.6 23.8 33.0 43.2 54.4 66.6 79.8 94.0 57.2
Warnmeldung:
In a * d : Länge des längeren Objektes
            ist kein Vielfaches der Länge des kürzeren Objektes
```

Hier warnt R, dass wir versucht haben, eine Folge der Länge 10 mit einer der Länge 11 zu multiplizieren. Für den letzten (fehlenden) Faktor in der Folge a benutzt R wieder den ersten Wert von a. A propos „Länge":

```
> length(a)
[1] 10
> length(c)
[1] 5
> length(d)
[1] 11
```

Schließlich kann man beliebige Folgen mit der Funktion `c()` erzeugen (das c steht für „concatenate", zu deutsch „verketten"):

```
> (u=c(1,7,-2,11,0.1))
[1] 1.0 7.0 -2.0 11.0 0.1
```

Aufgabe R2.3 Erzeugen Sie diese Folgen $a_1, \ldots, a_{10}$:

a) $a_n = 3^n$

b) $a_n = e^{-n}$

c) $a_n = (1 + \frac{1}{n})^n$

d) $a_n = \sin(n\frac{\pi}{10})$

R2.3 Die erzeugten Objekte

Zum Ende dieser Übung schauen wir uns noch an, welche „Objekte" (darüber demnächst mehr) wir in dieser Sitzung erzeugt haben:

```
> ls()
[1] "a" "b" "c" "d" "u" "x" "y" "z"
```

Wenn wir mehr Information über die Objekte wollen, fragen wir nach

```
> ls.str()
a :   int [1:10]  11 12 13 14 15 16 17 18 19 20
b :   int [1:10]  5 6 7 8 9 10 11 12 13 14
c :   num [1:5]  1 3 5 7 9
d :   num [1:11]  0 0.5 1 1.5 2 2.5 3 3.5 4 4.5 ...
u :   num [1:5]  1 7 -2 11 0.1
x :   num 7.4
y :   num 27
z :   num Inf
```

Wir sehen, dass a und b zwei Folgen ganzer Zahlen (int für „ganze Zahl", engl.: „integer") der Länge 10 sind. c, d und u sind dagegen Folgen unterschiedlicher Länge, die aus allgemeinen Dezimalzahlen (num) bestehen. Das wundert Sie vielleicht, da c nur aus den Zahlen 1, 3, 5, 7 und 9 besteht. Aber wenn Sie zurück schauen, sehen Sie, dass c mit dem dreigliedrigen seq()-Befehl erzeugt wurde, der die Angabe beliebiger Abstände zwischen den Folgengliedern zulässt und deshalb grundsätzlich auch nichtganze Zahlen produzieren kann. (Weitere Variablen, die Sie bei der Bearbeitung der Aufgaben erzeugt haben, werden bei Ihnen ebenfalls aufgelistet.)

Lösungen:

Aufgabe R2.1 R rechnet mit dem Wert ∞, solange das nicht zu Widersprüchen führt. Ist x eine reelle Zahl, so sind erlaubt:

- $\infty \pm x = \infty$, $x \pm \infty = \pm\infty$
- $x \cdot \infty = \infty$ und $x/0 = \infty$ falls $x > 0$
- $x \cdot \infty = -\infty$ und $x/0 = -\infty$ falls $x < 0$
- $\infty + \infty = \infty$, $-\infty - \infty = -\infty$
- $x/\infty = 0$

Nicht erlaubt sind hingegen

- $0 \cdot \infty$
- $\infty - \infty$

Aufgabe R2.2 0.3121883. (Mögliche Fehlerquellen: Sie haben im Term $e^{-(xy)/2}$ den Multiplikationspunkt zwischen x und y vergessen, oder Sie haben die e-Funktion nicht als $\exp(-(xy)/2)$ geschrieben.)

Aufgabe R2.3 Um diese Aufgabe effizient zu lösen, erzeugt man zunächst eine Folge der Zahlen von 1 bis 10 (n=1:10) und wendet auf diese geeignete arithmetische Operationen an, also 3**n, exp(-n) usw. Dann erhält man:

a) 3 9 27 81 243 729 2187 65611968359049
b) 3.678794e – 011.353353e – 014.978707e – 021.831564e – 026.737947e – 03
   2.478752e – 039.118820e – 043.354626e – 041.234098e – 044.539993e – 05
c) 2.0000002.2500002.3703702.4414062.4883202.5216262.5465002.5657852.5811752.593742
d) 3.090170e – 015.877853e – 018.090170e – 019.510565e – 011.000000e + 00
   9.510565e – 018.090170e – 015.877853e – 013.090170e – 011.224606e – 16

R3 Funktionen, Nullstellen, Maxima, Minima, R-Hilfe

R3.1 Funktionen

Viele mathematische und statistische Funktionen sind in R bereits fest installiert; einige davon haben wir bereits kennengelernt. Hier ist eine (nicht vollständige) Liste:

abs()	Absolutbetrag (Betrag)
ceiling()	Nächster größerer ganzzahliger Wert
floor()	Nächster kleinerer ganzzahliger Wert
trunc()	Nächster ganzzahliger Wert in Richtung der Null
sqrt()	Wurzel-Funktion
exp()	Exponential-Funktion
log()	Natürlicher Logarithmus (zur Basis e)
log10()	Logarithmus zur Basis 10
cos(), sin(), tan()	Trigonometrische Funktionen
acos(), asin(), atan()	Inverse Trigonometrische Funktionen

Man kann auch eigene Funktionen definieren, wie man hier am Beispiel der Funktion $f(x) = \exp(-\frac{x^2}{2})$ sieht:

```
> f=function(x){exp(-x^2/2)}
> f(3)
[1] 0.01110900
> (a=seq(0,5,0.5))
 [1] 0.0 0.5 1.0 1.5 2.0 2.5 3.0 3.5 4.0 4.5 5.0
> f(a)
 [1] 1.000000e+00 8.824969e-01 6.065307e-01 3.246525e-01 1.353353e-01
 [6] 4.393693e-02 1.110900e-02 2.187491e-03 3.354626e-04 4.006530e-05
[11] 3.726653e-06
```

In der letzten Zeile ist f also an allen 11 Stellen der Folge a ausgewertet worden. Noch etwas kürzer geht es so:

```
> f(seq(0,5,0.5))
```

```
[1] 1.000000e+00 8.824969e-01 6.065307e-01 3.246525e-01 1.353353e-01
[6] 4.393693e-02 1.110900e-02 2.187491e-03 3.354626e-04 4.006530e-05
[11] 3.726653e-06
```

Später werden wir noch viele andere Arten von Funktionsdefinitionen kennenlernen.

Aufgabe R3.1 a) Definieren Sie die Funktion $h(x) = \sin(\sqrt{x})$ und werten Sie sie an den Stellen $0, 0.1, 0.2, \ldots, 0.9, 1$ aus. Tun Sie das möglichst ökonomisch, d. h. mit wenig Schreibaufwand (wie in Aufgabe R2.3).

b) Definieren Sie die Funktion $g(x,y) = \sqrt{x^2 + y^2}$ und werten Sie sie für $x = 3$ und $y = 7$ aus. ($g(x,y)$ ist gerade die Länge des Vektors mit Komponenten x und y.)

R3.2 Funktionsgraphen

Den einfachsten Weg, eine Funktion zu zeichnen, haben wir bereits in der 1. Übung kennengelernt:

```
> curve(sin,-5,5)
```

Es geht auch so:

```
> curve(sin(x),-5,5)
```

Weitere Beispiele:

```
> curve(f,-5,5)
```

Hier ist f die im vorigen Abschnitt definierte Funktion $f(x) = e^{-x^2/2}$. R „merkt sich" während einer Sitzung also alle Definitionen, die man gemacht hat, bis sie evtl. überschrieben werden. (Wenn Sie aber ein Arbeitsblatt während einer Sitzung nur teilweise bearbeiten und bei der nächsten Sitzung weiter machen, dann sind diese Definitionen nicht mehr vorhanden, und Sie müssen evtl. das eine oder andere Objekt noch einmal definieren.) Man kann auch beliebige Funktionsterme direkt plotten:

```
> curve(x/(1+x^2),-3,3)
```

Während der gezeichnete Bereich der x-Achse (hier von −3 bis 3) aus dem Befehl übernommen wird, bestimmt R automatisch einen geeigneten Bereich der y-Achse. Will man davon abweichen, so man kann diesen Bereich auch explizit angeben:

```
> curve(x/(1+x^2),-3,3,ylim=c(-1,1))
```

Sie sehen, dass R in keinem der Fälle vorsieht, ein Koordinatenkreuz zu zeichnen, sondern die Achsen am Bildrand angibt. Das ist bei der Darstellung von Daten usw. auch sinnvoll. Will man die gewohnten Achsen sehen, so muss man sie separat einzeichnen, indem man zu einem Plot einen oder mehrere weitere hinzufügt. So kann man auch mehrere Funktionsgraphen in dasselbe Bild zeichnen.

```
> axis(1,pos=0)
> axis(2,pos=0)
> curve(f,add=TRUE,lty="dashed")
```

`pos=0` gibt hier jeweils an, dass die Achse durch den Nullpunkt laufen soll. `add=TRUE` bedeutet, dass keine neue Grafik erzeugt wird, sondern dass die neue Kurve zur bestehenden Grafik hinzugefügt werden soll. `lty` spezifiziert den „line type". Außer `dashed` kann er auch `solid`, `dotted`, `dotdash`, `longdash` oder `twodash` sein.

Nun haben wir allerdings sowohl ein echtes Koordinatenkreuz als auch Achsenbe-schriftungen am Rand der Grafik. Wenn wir das verhindern wollen, müssen wir die Ach-sen beim ersten curve-Befehl unterdrücken:

```
> curve(x/(1+x^2),-3,3,ylim=c(-1,1),axes=FALSE)
> axis(1,pos=0)
> axis(2,pos=0)
> curve(f,add=TRUE,lty="dashed")
```

Es lassen sich auch eine Unzahl anderer Eigenschaften des Plots einstellen, z. B. die Far-be:

```
> curve(f,-3,3,col="red")
```

Die Farbangabe lässt sich auch mit den anderen Angaben kombinieren:

```
> curve(x/(1+x^2),-3,3,ylim=c(-1,1),axes=FALSE,col="red")
> axis(1,pos=0)
> axis(2,pos=0)
> curve(f,add=TRUE,lty="dashed",col="green")
```

Aufgabe R3.2 Erstellen Sie einen Plot mit Koordinatenachsen durch den Ursprung, in den Sie die Graphen der Funktionen $f(x) = e^x - x - 1$ (in rot) und $g(x) = (e-2)x^2$ (schwarz, gestrichelt) im Bereich $-1 \leqslant x \leqslant 2$ einzeichnen. Sie stimmen im Bereich $0 \leqslant x \leqslant 1$ erstaunlich gut überein! (Wenn Sie die beiden Achsen gleich skalieren wollen, geben sie auch ylim=c(0,3) ein.)

R3.3   Hilfe in der Dokumentation

Man sieht: R bietet viele Möglichkeiten, Grafiken individuell zu gestalten. Aber wo findet man einen Überblick über all diese Möglichkeiten? Zunächst einmal ist die offizielle Do-kumentation zu nennen. Sie wird automatisch mit R installiert und kann am bequemsten auf folgende Weise gelesen werden: Man gibt den Befehl

```
> help.start()
starting httpd help server ... fertig
Wenn der Browser 'sensible-browser' bereits ausgeführt wird,
    wird er nicht neu gestartet, sondern Sie müssen in sein
    Fenster wechseln
Ansonsten: Geduld ...
```

ein. Dann wird ein Browser gestartet (falls er nicht schon läuft), und es erscheint im Browser eine Seite, die verschiedene Dokumente anbietet. (Wenn das nicht klappt, kann man im Browser direkt zur Seite http://www.r-project.org/ gehen.) Am nützlichsten sind „An Introduction to R " und „Search Engine & Keywords". Außer diesen offiziellen Dokumentationen gibt es dort eine Reihe anderer Einführungen usw.

Weiß man schon, mit welchem Befehl man arbeiten will und fehlen einem nur ein paar Details zu seiner Benutzung, so erhält man sehr schnelle Hilfe durch den help()-Befehl. Geben Sie zum Beispiel help(curve) an der Eingabeaufforderung ein, so erhalten Sie in der Konsole den Hilfe-Text zu curve. Mit der Leertaste können sie weiterblättern, und mit der Eingabe q können Sie die Hilfe wieder verlassen. Anstatt help(curve) können Sie auch einfach ?curve eingeben.

R3.4 Nullstellen, Maxima und Minima

Die Befehle dieses Abschnitts illustrieren wir am Beispiel der Funktion $g(x) = \log(5e^{-x^2/2} + x^3) - 1$ mit x aus dem Intervall $[-1, 2]$.

```
> g=function(x){log(5*exp(-x^2/2)+x^3)-1}
> curve(g,-1,2)
```

Der einfachste Weg, Nullstellen und Extrema zu bestimmen, ist, sie aus einem Plot abzulesen. Mit dem Befehl `locator()` bietet R dazu eine komfortable Möglichkeit. Geben Sie den Befehl ein, ziehen Sie den Mauszeiger auf einen Punkt einer geplotteten Kurve, und drücken Sie dort die linke Maustaste. Wenn Sie danach die rechte Maustaste drücken, erhalten Sie als Ausgabe die Koordinaten des Punktes. (Sie können auch mehrere Punkte durch Klicken der linken Maustaste untersuchen; dann gibt R beim abschließenden rechten Mausklick alle gesuchten Koordinaten auf einmal aus.)

```
> locator()
$x
[1] -0.874529
$y
[1] 0.00053244
```

Hier habe ich versucht, die Nullstelle von g zu lokalisieren. Sie liegt etwa bei $x = -0.874529$, aber das ist nicht die exakte Nullstelle, denn der Funktionswert an dieser Stelle ist 0.00053244 und eben nicht genau gleich null. Sie werden sicher nicht genau denselben Wert ablesen, denn mit „bloßem Auge" lässt sich die Nullstelle nicht ganz präzise ansteuern. Auf jeden Fall haben wir jetzt aber eine recht gute Vorstellung von ihrer Lage, und wir können R veranlassen, die Nullstelle mit dem Befehl `uniroot()` genauer zu bestimmen. Der Befehl erwartet als Argumente die Funktion und das Intervall, in dem die Nullstelle gesucht werden soll:

```
> uniroot(g,interval=c(-1,2))
$root
[1] -0.8790482
$f.root
[1] 2.738795e-05
$iter
[1] 6
$estim.prec
[1] 6.103516e-05
```

Der Wert `$root` ist immer noch nicht die ganz exakte Nullstelle, wie man am Funktionswert `$f.root` sieht, aber wir können sicher sein, dass er von der wahren Nullstelle nicht weiter als `$estim.prec` entfernt ist.

Ähnlich lassen sich auch lokale Extrema bestimmen. Zunächst nähern wir uns dem Minimum in der Nähe von $x = 1$ wieder mit dem `locator()`:

```
> locator()
$x
[1] 1.037761
$y
[1] 0.3948846
```

Zur genaueren Bestimmung gibt es in R die Funktion `optimize()`.

```
> optimize(g,interval=c(-1,2))
$minimum
[1] 1.005399
$objective
[1] 0.3944026
```

Die Minimalstelle liegt also bei x = 1.005399, und der Minimalwert dort ist y = 0.3944026. Ähnlich lässt sich auch das Maximum bestimmen:

```
> optimize(g,interval=c(-1,2),maximum=TRUE)
$maximum
[1] 5.760896e-06
$objective
[1] 0.6094379
```

Aufgabe R3.3 Bestimmen Sie die Nullstelle der Funktion $h(x) = \log(x^2 + 5) - \sqrt{2x} - 1$ im Intervall [0, 10]. Bestimmen Sie dort auch die lokalen Extrema und die Funktionswerte bei den lokalen Extrema.

Oft geht es nicht darum, das Minimum oder Maximum einer Funktion zu bestimmen, sondern einfach das Minimum oder Maximum einer Folge von Zahlen. Wir illustrieren das hier an einem zweiten Weg zur Bestimmung des Minimums von $g(x)$ im Intervall [−1, 2]. Da wir aus dem Bild von g schon entnehmen konnten, dass das Minimum zwischen 0.9 und 1.1 liegt, suchen wir diesen Bereich einfach systematisch nach dem kleinsten Funktionswert ab. Dazu erzeugen wir einen Vektor mit sehr dicht liegenden x-Werten in der Nähe von x = 1 und berechnen zunächst den Vektor der zugehörigen Funktionswerte.

```
> X=seq(0.9,1.1,0.0001)
> Y=g(X)
```

(Hier wurde die Zuweisungen an X und Y wohlweislich nicht eingeklammert, da die Ausgabe sehr lang wäre. Wie lang sind die beiden Folgen? Können Sie das herausfinden, ohne R zu befragen? Wenn nicht, versuchen Sie es mit der auf dem ersten Blatt eingeführten Funktion `length()`.) Nun bestimmen wir den kleinsten der in Y gespeicherten Funktionswerte:

```
> min(Y)
[1] 0.3944026
```

Das ist exakt der Wert, den auch `optimize()` vorher gefunden hat. Aber für welchen Wert von x wird er angenommen? Dazu bestimmen wir zunächst die Position dieses Minimalwerts in der Folge Y:

```
> which.min(Y)
[1] 1055
```

Das Minimum wird also an der 1055-ten Stelle angenommen, und das heißt beim 1055-ten x-Wert, also bei

```
> X[1055]
[1] 1.0054
```

Auch das ist praktisch derselbe Wert wie der zuvor mit `optimize()` gefundene. Das Ganze lässt sich auch etwas kürzer schreiben:

```
> X[which.min(Y)]; min(Y)
[1] 1.0054
[1] 0.3944026
```

Aufgabe R3.4 Bestimmen Sie die lokalen Extrema und ihre Funktionswerte für die Funktion $h(x)$ aus Aufgabe R3.3 mit Hilfe der Befehle `min`, `which.min`, `max`, `which.max`.

Lösungen:

Aufgabe R3.1 a) 0.0000000   0.3109836   0.4324548   0.5207443   0.5911271
    0.6496369   0.6994279   0.7424097   0.7798507   0.8126489   0.8414710
b) `g=function(x,y){sqrt(x^2+y^2)}`, Ergebnis: 7.615773

Aufgabe R3.2

Schöner wäre es natürlich, wenn am linken Bildrand nicht nur der erste, sondern auch der zweite Funktionsausdruck stünde. Das ist natürlich auch möglich, soll hier aber nicht weiter verfolgt werden.

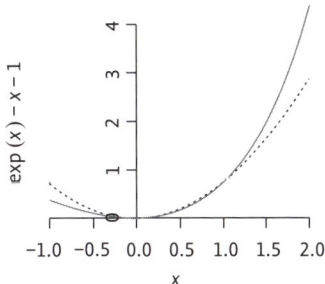

Aufgabe R3.3 Nullstelle bei $x = 0.1901136$, Minimum bei $x = 2.541115$ mit Funktionswert $y = -0.8157561$, Maximum bei $x = 6.318127$ mit Funktionswert $y = -0.7498961$.

Aufgabe R3.4 Die korrekten Werte kennen Sie bereits aus der vorherigen Aufgabe.

R4   Funktionen mehrerer Variablen, der Workspace von R

R4.1   Funktionen mehrerer Variablen
R kann auch mit Funktionen mehrerer Variablen umgehen. Hier ist ein Beispiel:

```
> h=function(x,y){x*exp(-(x^2+y^2)/2)}
> X=Y=seq(-2,2,length=50); Z=outer(X,Y,h)
> persp(X,Y,Z,theta=30,phi=30,d=100)
```

Wir haben also zunächst die Funktion $h(x,y) = x \cdot \exp(-\frac{x^2+y^2}{2})$ definiert, dann Vektoren X und Y aus je 50 x- bzw y-Werten zwischen −2 und +2 erzeugt, dann mit Hilfe der Funktion `outer()` für jede Kombination von *X*- und *Y*-Werten den Funktionswert $h(X, Y)$ errechnet und in der Matrix *Z* gespeichert und schließlich all diese Tripel aus *X, Y*- und *Z*-Werten dreidimensional geplottet. Im Plot werden die einzelnen Punkte durch Gitterlinien verbunden. Dadurch erhalten wir ein Bild des Funktionsgraphen von *h* als Fläche über der *x-y*-Ebene. Die Parameter `theta` und `phi` legen den Blickwinkel fest, der Parameter d bestimmt den Grad der perspektivischen Verzerrung. Probieren Sie verschiedene Blickwinkel und auch verschiedene d-Werte aus (z. B. auch d=1 oder d=0.5).

Diese zunächst etwas kompliziert erscheinende Art, eine Funktion von zwei Variablen zu plotten, erklärt sich dadurch, dass die *x*-, *y*- und *z*-Werte in statistischen Anwendungen in der Regel nicht als mathematische Funktion gegeben, sondern aus beobachteten Daten bestimmt werden, die dann als Vektoren oder Matrizen (wie X, Y und Z) zur Verfügung stehen.

Eine andere Darstellungsform benutzt Höhenlinien, evtl. noch unterstützt durch Farben. Hier sind verschiedene Beispiele:

```
> image(X,Y,Z)
> contour(X,Y,Z)
> image(X,Y,Z);contour(X,Y,Z,add=TRUE)
> image(X,Y,Z,col=heat.colors(100));contour(X,Y,Z,add=TRUE)
> image(X,Y,Z,col=gray((30:100)/100));contour(X,Y,Z,add=TRUE)
```

Gleiche Farben repräsentieren gleiche *Z*-Werte, d. h. gleiche Funktionswerte. Wenn Sie die Parameter für die Farbskalen variieren, werden Sie sehen, wie Sie die Farben beeinflussen können. Außer den beiden hier benutzten Farbskalen gibt es noch andere, z. B. `col=terrain.colors()`. Probieren Sie das aus! Details zu den Farbparametern finden Sie im Handbuch.

R4.2 Wie funktioniert R im Hintergrund?

Nachdem wir nun erste Eindrücke der Fähigkeiten von R gesammelt haben, wollen wir uns mit den Grundstrukturen von R etwas systematischer vertraut machen, bevor wir uns der Arbeit mit Datensätzen zuwenden.

Beim Arbeiten mit R hat man es permanent mit *Objekten* zu tun. Was sind Objekte? Nun, eigentlich alles, womit R umgehen kann: alle Zahlen, Daten, Vektoren, Matrizen, Funktionen, Ergebnisse, Variablen, ... Viele Objekte stellt R direkt zur Verfügung, z. B. Funktionen wie `sin()`, `cos()`, `log()`, usw. Sie werden vom Benutzer nicht verändert. Andere Objekte erzeugt der Benutzer beim Arbeiten. Sie werden im sogenannten *Workspace* gespeichert. Das ist ein Speicherbereich im Hauptspeicher des Rechners, der für diesen Zweck zur Verfügung steht. Wir haben bereits gesehen, wie man sich dessen Inhalt anzeigen lassen kann:

```
> ls()
[1] "h" "X" "Y" "Z"
> ls.str()
h : function (x, y)
X :  num [1:50] -2.00 -1.92 -1.84 -1.76 -1.67 ...
Y :  num [1:50] -2.00 -1.92 -1.84 -1.76 -1.67 ...
Z :  num [1:50, 1:50] -0.0366 -0.0412 -0.0460 -0.0509 -0.0558 ...
```

Bei längeren Sitzungen erzeugt man oft Objekte, die nicht weiter benötigt werden, z. B. weil sie aus einer fehlerhaften Eingabe resultieren:

```
> x="falsche Eingabe"
> ls.str()
h : function (x, y)
x :   chr "falsche Eingabe"
X :   num [1:50] -2.00 -1.92 -1.84 -1.76 -1.67 ...
Y :   num [1:50] -2.00 -1.92 -1.84 -1.76 -1.67 ...
Z :   num [1:50, 1:50] -0.0366 -0.0412 -0.0460 -0.0509 -0.0558 ...
```

Ein solches Objekt kann man mit dem Befehl `rm` (remove) wieder löschen:

```
> rm("x")
> ls()
[1] "h" "X" "Y" "Z"
```

Man kann auch mehrere Elemente auf einmal löschen:

```
> rm("X","Y","Z")
> ls()
[1] "h"
```

Ein Objekt ist durch seinen *Namen*, seinen *Inhalt* und seine *Attribute* bestimmt. Die Attribute spezifizieren, von welcher Art die Daten sind, die den Inhalt des Objekts bilden. Hier ein Beispiel: Angenommen, eine Variable kann die Werte 0, 1, 2 und 3 annehmen. Damit können tatsächlich Zahlen gemeint sein, z. B. die Anzahl der Eier in einem Nest. Dann beschreibt der Inhalt der Variablen ein numerisches Merkmal. Es kann sich dabei aber auch um Kodierungen für vier mögliche Blütenfarben handeln. In diesem Fall beschreibt der Inhalt der Variablen ein nominales Merkmal.

Alle Objekte haben zwei grundlegende Attribute: *mode* und *length*. Das Attribut *mode* gibt an, ob es sich um eine Zahl (*numeric*), um Text (*character*) oder um einen logischen Wert (*logical*, entweder TRUE oder FALSE) handelt. Das sind nicht alle Modi, aber wir benötigen nur diese drei. Den Modus eines Objekts kann man sich mit der Funktion `mode()` anzeigen lassen. Hier sind Beispiele:

```
> (x=1); mode(x)
[1] 1
[1] "numeric"
> (A="rot"); mode(A)
[1] "rot"
[1] "character"
> (Z=FALSE); mode(Z)
[1] FALSE
[1] "logical"
> (a=2*(1:10)); mode(a)
[1]  2  4  6  8 10 12 14 16 18 20
[1] "numeric"
> (Farben=c("rot","blau","gelb","weiss")); mode(Farben)
[1] "rot"  "blau" "gelb" "weiss"
[1] "character"
```

Werte mit Modus *character* müssen also in Anführungszeichen eingeschlossen sein. Die Funktion `c()` aus dem letzten Befehl kennen wir schon. Sie fügt einzelne Objekte zu einer Liste zusammen. Die Liste ist dann selbst wieder ein Objekt.

Das Attribut *length* gibt die Länge eines Objekts an und kann mit der Funktion `length()` angezeigt werden:

```
> length(x); length(A); length(Z); length(a); length(Farben)
[1] 1
[1] 1
[1] 1
[1] 10
[1] 4
```

Damit erklärt sich die Bedeutung dieses Attributs. Die 1 in eckigen Klammern am Anfang jeder Zeile gibt also nicht die Länge eines Objekts an. Sie gibt an, mit welchem Element des auszudruckenden Objekts die Ausgabezeile beginnt. Aber Achtung:

```
> a[3:7]
[1]   6   8 10 12 14
```

Hier steht wieder eine `[1]` und nicht etwa eine `[3]`, weil das auszudruckende Objekt `a[3:7]` ist, und dessen erstes Element ist die 6. Dagegen:

```
> 2*(1:30)
 [1]    2    4    6    8   10   12   14   16   18   20   22   24   26   28
30   32   34   36   38   40   42   44   46   48   50
[26]   52   54   56   58   60
```

Die zweite Zeile beginnt mit dem 26. Element des Objekts, hier also mit der Zahl 52.

Aufgabe R4.1 Erzeugen Sie ein Objekt, zu dem Zahlen und auch Worte gehören. Schauen Sie sich das Objekt an und bestimmen Sie Länge und Modus dieses Objekts. Was fällt auf? Greifen Sie auf eine Zahl aus diesem Objekt zu und versuchen Sie, dazu 11 zu addieren (oder irgendeinen anderen Wert). Was geschieht?

Lösungen:

Aufgabe R4.1 R wandelt alle Elemente des Objekts in Elemente vom Modus „character" um. Deshalb kann mit den Zahlen des Objekts auch nicht mehr gerechnet werden. Sie sind nur noch Zeichen – genau wie andere Buchstaben.

R5   Vektoren, Matrizen, der Dateneditor

R5.1   Vektoren

Vektoren sind Objekte, in denen einzelne Werte *mit gleichem Modus* zusammengefasst sind:

```
> (v=c(2.3,4.1,-0.5,2,-7))
[1]   2.3   4.1 -0.5   2.0 -7.0
```

Erinnert man sich nicht mehr an den Modus, so hilft

```
> mode(v)
[1] "numeric"
```

Wir betrachten an dieser Stelle nur Vektoren vom Modus *numeric*. Solche Vektoren lassen sich mit Skalaren multiplizieren, und zwei oder mehr solcher Vektoren mit gleicher Dimension können addiert werden:

```
> (w=seq(1.1,3.1,length=5))
[1] 1.1 1.6 2.1 2.6 3.1
```

(Verstehen Sie, wie diese Ausgabe zustande kommt? Wenn nicht, schauen Sie in Abschnitt R2.2 nach.)

```
> v+w
[1]  3.4  5.7  1.6  4.6 -3.9
> 2*v+3*w
[1]  7.9 13.0  5.3 11.8 -4.7
```

Mehrere Vektoren können auch zu einem längeren Vektor aneinander gehängt werden. Das besorgt ebenfalls der Befehl c().

```
>  c(v,w)
[1]  2.3  4.1 -0.5  2.0 -7.0  1.1  1.6  2.1  2.6  3.1
```

Auf einzelne Elemente eines Vektors kann man folgendermaßen zugreifen:

```
> v[3]; v[2:3]; v[2:length(v)]; c(v,w)[4:9]
[1] -0.5
[1]  4.1 -0.5
[1]  4.1 -0.5  2.0 -7.0
[1]  2.0 -7.0  1.1  1.6  2.1  2.6
```

Die Ergebnisse sollten sich selbst erklären.

Man kann auch mathematische Funktionen auf einen Vektor anwenden – dann wird jede Komponente des Vektors durch die Funktion transformiert:

```
> sin(v)
[1]  0.7457052 -0.8182771 -0.4794255  0.9092974 -0.6569866
> exp(w)
[1]  3.004166  4.953032  8.166170 13.463738 22.197951
> sin(exp(v+w))
[1] -0.99293143 -0.40419529 -0.97118483 -0.86575113 0.02024053
```

Andere Funktionen ordnen dem gesamten Vektor eine Zahl zu, wie z. B. das *Minimum*, das *Maximum*, den *Mittelwert* den *Median*, die *Summe* oder die *Varianz*:

```
> min(v)
[1] -7
> max(v)
[1] 4.1
> mean(v)
[1] 0.18
> median(v)
[1] 2
> sum(v)
[1] 0.9
> var(v)
[1] 18.797
```

Man kann sich die Werte auch plotten lassen:

```
> plot(v)
```

Dabei werden die Werte (auf der y-Achse) gegen die Indizes (auf der x-Achse) abgetragen.

Zur Erinnerung hier noch einmal die Befehle, mit denen man feststellen kann, an welcher Stelle das kleinste bzw. größte Element eines Vektors steht:

```
> which.min(v);which.max(v)
[1]  5
[1]  2
```

Aufgabe R5.1 a) Erzeugen Sie einen Vektor A mit den Quadratzahlen 1, 4, 9, ..., 400 als Einträgen. (Wie das effizient geht, haben Sie in Aufgabe R2.3 gelernt.)
b) Greifen Sie auf das 11-te Element des Vektors zu, dann auf die Elemente 17 bis 19.
c) Bilden Sie zwei neue Vektoren B und C aus den ersten bzw. letzten zehn Einträgen des Vektors A. Erzeugen Sie daraus einen Vektor mit 30 Einträgen, in dem zunächst zweimal die Elemente des Vektors C und dann einmal die von B auftreten.

Aufgabe R5.2 a) Erstellen Sie eine Wertetabelle der Funktion $\sin(\ln(33x))$ für $x = 0.05$, 0.1, 0.15, ..., 0.95, 1.00.
b) Bestimmen Sie das Minimum und das Maximum dieser 20 Werte. Für welche Argumente $x_{\min}$ bzw. $x_{\max}$ werden Minimum und Maximum angenommen? Lesen Sie das nicht nur aus der Tabelle ab, sondern benutzen Sie die oben erwähnten Funktionen.

R5.2   Matrizen

Matrizen lassen sich sehr flexibel erzeugen, indem man zunächst sämtliche Koeffizienten der Matrix als eine lange Folge bereitstellt und dann angibt, wie viele Zeilen oder Spalten die daraus zu formende Matrix haben soll. Hier sind einige Beispiele, die sich selbst erklären:

```
> (A=matrix(c(1,3,4,6,7,8),nrow=2))
     [,1] [,2] [,3]
[1,]    1    4    7
[2,]    3    6    8
> (B=matrix(c(1,3,4,6,7,8),nrow=3))
     [,1] [,2]
[1,]    1    6
[2,]    3    7
[3,]    4    8
> (C=matrix(c(1,3,4,6,7,8),nrow=6))
     [,1]
[1,]    1
[2,]    3
[3,]    4
[4,]    6
[5,]    7
[6,]    8
```

```
> (D=matrix(c(1,3,4,6,7,8),ncol=3))
     [,1] [,2] [,3]
[1,]    1    4    7
[2,]    3    6    8
> (E=matrix(c(1,3,4,6,7,8),nrow=4))
     [,1] [,2]
[1,]    1    7
[2,]    3    8
[3,]    4    1
[4,]    6    3
Warnmeldung:
In matrix(c(1, 3, 4, 6, 7, 8), nrow = 4) :
  Datenlänge [6] ist kein Teiler oder Vielfaches der Anzahl
  der Zeilen [4]
```

Haben Sie die Regeln erkannt, nach denen aus den Zahlen eine Matrix gebildet wird?

- Mit `nrow` gibt man die Zeilenzahl der zu bildenden Matrix an oder/und mit `ncol` ihre Spaltenzahl.
- Die Matrix wird in jedem Fall *spaltenweise* mit den Koeffizienten des angegebenen Vektors aufgefüllt.
- Nur im letzten Beispiel ist das Ergebnis nicht selbstverständlich. Hier „recycelt" R den Vektor der zu benutzenden Koeffizienten, um auch die zweite Spalte der Matrix zu füllen.

Ein solches Koeffizientenrecycling findet auch im nächsten Beispiel statt:

```
> (M=matrix(c(1,3,4,6,7,8),nrow=4,ncol=6))
     [,1] [,2] [,3] [,4] [,5] [,6]
[1,]    1    7    4    1    7    4
[2,]    3    8    6    3    8    6
[3,]    4    1    7    4    1    7
[4,]    6    3    8    6    3    8
```

Erkennen Sie das Muster?

Eine Matrix kann auch aus einem vorher definierten Vektor erzeugt werden. Wir benutzen die in Abschnitt R5.1 erzeugten Vektoren `w` und `v` und hängen sie zunächst aneinander:

```
> c(w,v)
 [1]  1.1  1.6  2.1  2.6  3.1  2.3  4.1 -0.5  2.0 -7.0
```

Wenn Sie den Abschnitt nicht in Ihrer aktuellen R-Sitzung bearbeitet haben, müssen Sie die beiden Vektoren neu erzeugen, sonst kennt R sie nicht!

Dann formen wir aus diesem Vektor eine Matrix:

```
> (N=matrix(c(w,v),ncol=2))
     [,1] [,2]
[1,]  1.1  2.3
[2,]  1.6  4.1
[3,]  2.1 -0.5
[4,]  2.6  2.0
[5,]  3.1 -7.0
```

Hier finden wir die beiden Vektoren `w` und `v` gerade als Spalten wieder.

Auf Matrizen lassen sich die gleichen Funktionen wie auf Vektoren anwenden, zum Beispiel

```
> max(N); which.max(N)
[1] 4.1
[1] 7
```

Das zweite Ergebnis ist etwas überraschend. R gibt die Position des Maximums nicht, wie man erwarten sollte, durch das Indexpaar (2, 2) an, sondern fasst die Matrix wieder als einen Vektor auf, bei dem die Spalten „aneinandergehängt" sind. Dann steht der Wert 4.1 tatsächlich an 7. Stelle. Das liegt daran, dass R intern jede Matrix als Vektor auffasst, der erst durch eine zusätzlichen Formatierungsinformation wie ncol= oder nrow= zu einer Matrix wird. Deshalb überrascht es nicht, dass N[7] und N[2,2] dasselbe Ergebnis liefern:

```
> N[7]; N[2,2]
[1] 4.1
[1] 4.1
```

Will man die Werte einer Matrix bearbeiten, so öffnet der folgende Befehl eine kleine Tabelle, in die man schreiben kann. Man beendet die Änderungen, indem man auf Quit drückt. Wir machen das hier mit der oben definierten Matrix M, aber Sie können auch jede andere Matrix dazu nehmen.

```
> M
     [,1] [,2] [,3] [,4] [,5] [,6]
[1,]    1    7    4    1    7    4
[2,]    3    8    6    3    8    6
[3,]    4    1    7    4    1    7
[4,]    6    3    8    6    3    8
> data.entry(M)
```

Sie können jetzt einzelne Werte ändern. (Jede Änderung muss mit der Eingabetaste abgeschlossen werden.) Bevor man wieder in der Konsole arbeiten kann, muss man den Dateneditor mit Quit wieder verlassen haben. Danach schauen wir uns die Matrix noch einmal in der Konsole an.

```
> M
     var1 var2 var3 var4 var5 var6
[1,]    0    7    4    1    7    4
[2,]    3    8    6    3    8    6
[3,]    4    1    7    4    1    7
[4,]    6    3    8    6    3    8
```

Es fällt auf, dass sich außer den in der Tabelle geänderten Werten (bei mir ist es nur der erste Wert) noch etwas geändert hat: Statt der Spaltennummern zeigt R nun die Namen („var1" bis „var6") an, die in der Tabelle über den Spalten standen. Diese Namen können in der Tabelle auch geändert werden: Öffnen Sie die Tabelle noch einmal mit data.entry(M) und klicken Sie in ein zu änderndes Namensfeld hinein. Dann sehen Sie ein kleines Menü, das als letzten Punkt die Namensänderung erlaubt. Ändern Sie auf diese Weise einige Spaltennamen.

```
> data.entry(M); M
     Tag Gewicht var3 var4 var5 var6
[1,]   0       7    4    1    7    4
[2,]   3       8    6    3    8    6
[3,]   4       1    7    4    1    7
[4,]   6       3    8    6    3    8
```

Sie sehen, ich habe den ersten beiden Spalten die Namen „Tag" und „Gewicht" gegeben. Trotzdem bleibt M eine Matrix:

```
> is.matrix(M)
[1] TRUE
```

Wir sehen: Man kann den Spalten einer Matrix beliebige Namen geben (den Zeilen jedoch nicht!). Das ist sinnvoll, denn:

> Wenn wir in einer Matrix Beobachtungsdaten zusammenfassen, so sollte jede Zeile die Daten einer Beobachtungseinheit darstellen und jede Spalte gleichartige Beobachtungen/Messungen enthalten.

Der Zugriff auf einzelne Elemente kann nun auf mehrere Weisen erfolgen:

```
> M[3,2]
[1] 1
> M[3,"Gewicht"]
[1] 1
```

Die komplette zweite Spalte erhält man so:

```
> M[,2]
[1] 7 8 1 3
```

oder so:

```
> M[,"Gewicht"]
[1] 7 8 1 3
```

Und so zieht man die zweite und die vierte Spalte aus M heraus:

```
> M[,c(2,4)]
     [,1] [,2]
[1,]    7    1
[2,]    8    3
[3,]    1    4
[3,]    3    6
```

Mit Zeilen verfährt man entsprechend.
Schließlich können wir eine Matrix auch *transponieren*:

```
> B
     [,1] [,2]
[1,]    1    6
[2,]    3    7
[3,]    4    8
> t(B)
     [,1] [,2] [,3]
[1,]    1    3    4
[2,]    6    7    8
```

Aufgabe R5.3 a) Erzeugen Sie eine Matrix *M*, in deren erster Spalte die Zahlen von 1 bis 10 stehen und in deren Spalten 2, 3, 4 und 5 die Quadrate, dritten, vierten und fünften Potenzen der ersten Spalte stehen.

b) Erzeugen Sie aus der Matrix *M* eine Matrix *N*1, die nur aus der zweiten und vierten Spalte von *M* besteht.

c) Erzeugen Sie in gleicher Weise eine Matrix *N*2 aus der dritten und fünften Zeile von *M*.

d) Transponieren Sie die Matrix *M*.

e) Benutzen Sie den Dateneditor, um in der Matrix *M* die Spaltenköpfe durch andere Namen zu ersetzen. Schauen Sie sich die Matrix danach wieder an.

Lösungen:

Aufgabe R5.1 a) `A=(1:20)^2`

b) `A[11];A[17:19]`

c) `B=A[1:10];C=A[11:20];c(C,C,B)`

Aufgabe R5.2 a) `(x=seq(0.05,1,0.05));(y=sin(log(33*x)))`

b) Mit den Befehlen `min(y)` und `max(y)` erhält man Minimum = −0.3475106 und Maximum = 0.9995913. Mit den Befehlen `x[which.min(y)]` und `x[which.max(y)]` findet man x_{min} = 1 und x_{max} = 0.15.

Aufgabe R5.3 a) `v=1:10; (M=matrix(c(v,v^2,v^3,v^4,v^5),ncol=5))`

b) `(N1=M[,c(2,4)])`

c) `(N1=M[c(3,5),])`

d) `t(M)`

e) `data.entry(M)`

R6   Matrizenmultiplikation, Dotplots

R6.1   Matrizenmultiplikation

Matrizen mit verträglichen Dimensionen können miteinander multipliziert werden. Zunächst verschaffen wir uns ein paar Matrizen, mit denen wir dann arbeiten:

```
> (A=matrix(c(1,3,2,0,-2,5),nrow=2))
     [,1] [,2] [,3]
[1,]    1    2   -2
[2,]    3    0    5
> (B=matrix(c(-2,-1,3,0,2,4),nrow=2))
     [,1] [,2] [,3]
[1,]   -2    3    2
[2,]   -1    0    4
> (C=matrix(c(2,5,1,-3,-1,0,0,4,2,4,3,-2),nrow=3))
     [,1] [,2] [,3] [,4]
```

```
[1,]    2   -3    0    4
[2,]    5   -1    4    3
[3,]    1    0    2   -2
```

Zur Erinnerung: Indem wir einen Zuweisungsbefehl in Klammern setzen, veranlassen wir R, das Ergebnis sofort anzuzeigen. Ohne die Klammern wird die Zuweisung auch ausgeführt, aber man sieht am Bildschirm nichts davon. Das ist oft erwünscht, denn wenn man mit großen Matrizen umgeht, will man ja nicht immer alle Zahlen in der Konsole sehen.

Wir experimentieren ein wenig mit der Multiplikation von Matrizen.

```
> A*B
      [,1] [,2] [,3]
[1,]   -2    6   -4
[2,]   -3    0   20
```

Das ist **nicht** die Matrizenmultiplikation! Hier wurden zwei gleich große Matrizen einfach koeffizientenweise multipliziert. Überzeugen Sie sich davon! Haben die beiden Matrizen nicht dieselbe Größe, so erhält man eine Fehlermeldung:

```
> A*C
Fehler in A * C : nicht passende Arrays
```

Die Matrizenmultiplikation führt man in R so aus:

```
> A%*%C
      [,1] [,2] [,3] [,4]
[1,]   10   -5    4   14
[2,]   11   -9   10    2
```

%*% ist also das (zusammengesetzte) Zeichen für eine Matrizenmultiplikation. Es ersetzt den üblichen Multiplikationsstern.

```
> A%*%B
Fehler in A %*% B : nicht passende Argumente
```

Was ist hier der Grund für die Fehlermeldung? Und warum geht folgendes:

```
> t(A)%*%B
      [,1] [,2] [,3]
[1,]   -5    3   14
[2,]   -4    6    4
[3,]   -1   -6   16
```

Aufgabe R6.1 Beantworten Sie die beiden letzten Fragen im Text!

Aufgabe R6.2 a) Erzeugen Sie drei verschiedene 3×3 - Matrizen A, B und C.
b) Vergleichen Sie $A \cdot B$ und $B \cdot A$. (Der Multiplikationspunkt bezeichnet die Matrizenmultiplikation!)
c) Vergleichen Sie $A \cdot (B \cdot C)$ und $(A \cdot B) \cdot C$ mit $A \cdot B \cdot C$.
d) Erzeugen Sie einen vierdimensionalen Vektor v.
e) Welche Dimensionen haben die Matrizen $v \cdot v^T$ und $v^T \cdot v$? Überlegen Sie sich das zunächst, bevor Sie die beiden Matrizen mit R berechnen.

R6.2 Der Befehl `outer()`

Ein weiterer wichtiger Befehl im Umgang mit Matrizen ist für uns der Befehl `outer()`. Er realisiert das in Abschnitt 4.1 beschriebene äußere Produkt von Vektoren. Hier sind einige einfache Beispiele, die die Benutzung illustrieren. Aus Platzgründen werden die Ausgaben von R nicht vollständig abgedruckt:

Eine Multiplikationstabelle:

```
> u=v=c(1:10)
> outer(u,v,"*")
     [,1] [,2] [,3] [,4] [,5] [,6] [,7] [,8] [,9] [,10]
[1,]    1    2    3    4    5    6    7    8    9    10
[2,]    2    4    6    8   10   12   14   16   18    20
[3,]    3    6    9   12   15   18   21   24   27    30
[4,]    4    8   12   16   20   24   28   32   36    40
[5,]    5   10   15   20   25   30   35   40   45    50
```

Hier steht in der i-ten Zeile und j-ten Spalte der erzeugten Matrix das Produkt `u[i]*v[j]`.

Eine „Divisionstabelle"

```
> outer(u,v,"/")
     [,1] [,2]      [,3] [,4] [,5]      [,6]      [,7]  [,8]
[1,]    1  0.5 0.3333333 0.25  0.2 0.1666667 0.1428571 0.125
[2,]    2  1.0 0.6666667 0.50  0.4 0.3333333 0.2857143 0.250
[3,]    3  1.5 1.0000000 0.75  0.6 0.5000000 0.4285714 0.375
[4,]    4  2.0 1.3333333 1.00  0.8 0.6666667 0.5714286 0.500
[5,]    5  2.5 1.6666667 1.25  1.0 0.8333333 0.7142857 0.625
```

Statt des Produkts steht hier der Quotient `u[i]/v[j]`.

Eine „Exponentialtabelle"

Hier müssen wir zunächst die gewünschte Funktion definieren:

```
> f=function(x,y){x^y}
> outer(u,v,"f")
     [,1] [,2] [,3] [,4] [,5] [,6]  [,7]   [,8]
[1,]    1    1    1    1    1    1     1      1
[2,]    2    4    8   16   32   64   128    256
[3,]    3    9   27   81  243  729  2187   6561
[4,]    4   16   64  256 1024 4096 16384  65536
[5,]    5   25  125  625 3125 15625 78125 390625
```

Das Ergebnis ist eine Tabelle mit den Einträgen `u[i]^v[j]`.

Aufgabe R6.3 a) Erzeugen Sie eine 8×8-Matrix mit den Differenzen aller Quadratzahlen 1, 4, 9, …, 64.

b) Erzeugen Sie eine 7×7-Matrix mit allen Werten $\sin(m) + \cos(n)$, wo m und n die Werte 1, 2, …, 7 durchlaufen.

R6.3   Eine Vergleichstabelle für Sequenzvergleiche und ein Dotplot

Die wichtigste Anwendung von `outer()` ist für uns die Erstellung von *Vergleichsmatrizen*, die dann grafisch als *Dotplots* dargestellt werden können. Wir betrachten dazu zwei Vektoren von Symbolen A, G, C, T. Die Namen `seq1` und `seq2` sind dabei frei gewählt – Sie können auch beliebige Namen Ihrer Wahl benutzen.

```
> (seq1="GCCTAGATCAGA")
[1] "GCCTAGATCAGA"
> (seq2="GACTTAGCAGA")
[1] "GACTTAGCAGA"
```

Jetzt liegen beide Sequenzen als Wörter vor, nicht aber als Folgen von Einzelbuchstaben. Diese Situation trifft man auch an, wenn man reale Sequenzdaten aus Datenbanken bezieht. Deshalb wandeln wir diese Wörter zunächst in Folgen von Einzelbuchstaben um. Den Befehl dazu kann man sich nur schwer merken, er gehört sicher nicht zum Grundrepertoire aller R-Benutzer.

```
> (SEQ1=unlist(strsplit(seq1,"")))
 [1] "G" "C" "C" "T" "A" "G" "A" "T" "C" "A" "G" "A"
> (SEQ2=unlist(strsplit(seq2,"")))
 [1] "G" "A" "C" "T" "T" "A" "G" "C" "A" "G" "A"
```

Dass der Befehl `strsplit()` einen String (d. h. ein Wort) in seine Buchstaben aufspaltet („splittet"), ist naheliegend. Das zweite Argument des Befehls, hier `""`, gibt an, an welchen Stellen das erste Argument aufgesplittet werden soll – in diesem Fall an jeder. Versuchen Sie es doch mal mit `"A"` als zweitem Argument; dann sehen Sie, was passiert. Dass auch noch der Befehl `unlist` nötig ist, liegt an der internen Darstellung des Ergebnisses von `strsplit()`. Das Ergebnis ist in gewisser Weise noch einmal „eingepackt", und dieser Befehl „packt es aus". [4]

Jetzt erzeugen wir die Vergleichsmatrix. Der benötigte Vergleichsoperator ist `==`; er testet auf Gleichheit.

```
> (VM=outer(SEQ1,SEQ2,"=="))
```

	[,1]	[,2]	[,3]	[,4]	[,5]	[,6]	[,7]	[,8]	[,9]	[,10]	[,11]
[1,]	TRUE	FALSE	FALSE	FALSE	FALSE	FALSE	TRUE	FALSE	FALSE	TRUE	FALSE
[2,]	FALSE	FALSE	TRUE	FALSE	FALSE	FALSE	FALSE	TRUE	FALSE	FALSE	FALSE
[3,]	FALSE	FALSE	TRUE	FALSE	FALSE	FALSE	FALSE	TRUE	FALSE	FALSE	FALSE
[4,]	FALSE	FALSE	FALSE	TRUE	TRUE	FALSE	FALSE	FALSE	FALSE	FALSE	FALSE
[5,]	FALSE	TRUE	FALSE	FALSE	FALSE	TRUE	FALSE	FALSE	TRUE	FALSE	TRUE
[6,]	TRUE	FALSE	FALSE	FALSE	FALSE	FALSE	TRUE	FALSE	FALSE	TRUE	FALSE
[7,]	FALSE	TRUE	FALSE	FALSE	FALSE	TRUE	FALSE	FALSE	TRUE	FALSE	TRUE
[8,]	FALSE	FALSE	FALSE	TRUE	TRUE	FALSE	FALSE	FALSE	FALSE	FALSE	FALSE
[9,]	FALSE	FALSE	TRUE	FALSE	FALSE	FALSE	FALSE	TRUE	FALSE	FALSE	FALSE
[10,]	FALSE	TRUE	FALSE	FALSE	FALSE	TRUE	FALSE	FALSE	TRUE	FALSE	TRUE
[11,]	TRUE	FALSE	FALSE	FALSE	FALSE	FALSE	TRUE	FALSE	FALSE	TRUE	FALSE
[12,]	FALSE	TRUE	FALSE	FALSE	FALSE	TRUE	FALSE	FALSE	TRUE	FALSE	TRUE

---

[4] Durch `strsplit(seq1,"")` wird eine Liste erzeugt, deren einziges Element der Vektor der Buchstaben von `seq1` ist. Um an dieses Element heranzukommen, muss der Befehl `unlist` auf diese Liste angewandt werden. Warum aber wird eine Liste mit einem Element erzeugt? Das geschieht, weil `strsplit()` nicht nur ein einzelnes Wort, sondern einen ganzen Vektor von Worten zerlegen kann. Dann ist das Ergebnis eine Liste von Buchstabenvektoren – je ein Buchstabenvektor für jedes Wort. Wer mehr über den sehr flexiblen Befehl `strsplit()` erfahren will, sollte in der R-Dokumentation nachschauen, ebenso, wer mehr über Listen erfahren will.

Da zum Beispiel das 3. Element der ersten Folge und das 5. der zweiten Folge nicht übereinstimmen, hat VM[3,5] den Wert FALSE, während VM[4,4] den Wert TRUE hat, weil die vierten Elemente der beiden Folgen gleich sind.

Die Darstellung mittels TRUE und FALSE ist nicht sehr übersichtlich. Wir wandeln daher TRUE in 1 und FALSE in 0 um. Das geht leicht mit einem Trick: Wir addieren einfach 0 zu jedem Matrixeintrag. Dann fasst R automatisch jedes TRUE als 1 und jedes FALSE als 0 auf:

```
> VM+0
      [,1] [,2] [,3] [,4] [,5] [,6] [,7] [,8] [,9] [,10] [,11]
 [1,]    1    0    0    0    0    0    1    0    0     1     0
 [2,]    0    0    1    0    0    0    0    1    0     0     0
 [3,]    0    0    1    0    0    0    0    1    0     0     0
 [4,]    0    0    0    1    1    0    0    0    0     0     0
 [5,]    0    1    0    0    0    1    0    0    1     0     1
 [6,]    1    0    0    0    0    0    1    0    0     1     0
 [7,]    0    1    0    0    0    1    0    0    1     0     1
 [8,]    0    0    0    1    1    0    0    0    0     0     0
 [9,]    0    0    1    0    0    0    0    1    0     0     0
[10,]    0    1    0    0    0    1    0    0    1     0     1
[11,]    1    0    0    0    0    0    1    0    0     1     0
[12,]    0    1    0    0    0    1    0    0    1     0     1
```

Zur Erstellung eines Dotplots benutzen wir nun die Funktion image().

```
> image(VM)
```

Hier sind die Einsen weiß und die Nullen rot. Das kann man vertauschen, indem man die Matrix 1−VM betrachtet:

```
> image(1-VM)
```

Vergleicht man die Positionen der roten Felder des Plots mit denen der Einsen in der Matrix, so stellt man fest, dass die Matrix um 90 Grad gegen den Uhrzeigersinn gedreht wurde. Dadurch wird die 1. Sequenz in x-Richtung und die zweite in y-Richtung dargestellt, und das ist ja ganz erwünscht. Anders gesagt: Während in der Matrix der „Ursprung" links oben ist, ist er im Plot links unten, so wie wir es beim Zeichnen von Koordinatensystemen gewohnt sind.

Schließlich kann man noch die unpassenden Einheiten an den Achsen entfernen und die Achsen beschriften:

```
> image(1-VM,xaxt="n",yaxt="n",xlab="Sequenz 1",ylab="Sequenz 2")
```

xaxt ist eine Option mit der der Typ der x-Achse eingestellt wird – hier ="n" für „keine Achse". Analoges gilt für yaxt. Mit xlab und ylab kann man eigene Beschriftungen („label") für die beiden Koordinatenrichtungen angeben. Mehr Möglichkeiten findet man in der R-Dokumentation.

Aufgabe R6.4 a) Erzeugen Sie zwei „Phantasie-DNAs" (also Worte über dem Alphabet A, G, C, T) mit Längen zwischen 40 und 50.
b) Wandeln Sie die beiden Worte in Buchstabenvektoren um.
c) Erstellen Sie eine Vergleichsmatrix für die beiden Worte.
d) Visualisieren Sie diese Vergleichsmatrix als Dotplot.

Lösungen:

Aufgabe R6.1 Bei der Matrizenmultiplikation muss die Spaltenzahl der ersten Matrix mit der Zeilenzahl der zweiten übereinstimmen. Im ersten Beispiel ist das nicht der Fall, im zweiten aber wohl.

Aufgabe R6.2 a) Benutzen Sie den Befehl `matrix()` aus Abschnitt R5.2.
b) Beachten Sie, dass das Matrizenprodukt $A \cdot B$ in R als `A%*%B` geschrieben wird. Die beiden Produkte werden nicht gleich sein, denn bei der Matrizenmultiplikation kommt es auf die Reihenfolge der Faktoren an. (In seltenen Fällen können die beiden Produkte aber auch übereinstimmen.)
c) Da in allen drei Produkten die Reihenfolge der Matrizen dieselbe ist, kommt es auf die Klammerung nicht an.
d) Zum Beispiel `v=c(2:5)`.
e) `v%*%t(v)` ist eine 4×4-Matrix, `t(v)%*%v` ist dagegen eine 1×1-Matrix, also einfach eine Zahl. In beiden Fällen ergibt sich das aus der Regel: Zeilenzahl der ersten Matrix × Spaltenzahl der 2. Matrix.

Aufgabe R6.3 a) `v=(1:8)^2; outer(v,v,"-")`
b) `v=1:7; outer(sin(v),cos(v),"+")`

Aufgabe R6.4 Es sind alle Schritte aus Abschnitt R6.3 mit den Phantasie-DNAs nachzuvollziehen.

R7 Datensätze, R Commander, beschreibende Statistik

R7.1 Der R Commander

Der R Commander ist eine einfache, aber sehr nützliche grafische Oberfläche für R. Er wird folgendermaßen gestartet:

```
>library(Rcmdr)
Lade nötiges Paket: tcltk
Lade Tcl/Tk Interface ... fertig
Lade nötiges Paket: car
```

Zunächst einmal bietet der R Commander eine Alternative zum Arbeiten in der Konsole. Im *Skriptfenster* können Sie wie gewohnt R-Anweisungen eingeben und ausführen lassen. Allerdings werden Sie hier nicht durch Drücken der Eingabetaste ausgeführt, sondern man muss auf den Knopf Befehl ausführen drücken. Dazu muss der Cursor in der Zeile stehen, in der auch der auszuführende Befehl steht. Die Ergebnisse sehen Sie im *Ausgabefenster*. Man kann jederzeit beliebige Änderungen im Skriptfenster durchführen und dann Anweisungen neu ausführen. Will man mehrere Anweisungen auf einmal ausführen, so kann man sie mit der Maus markieren und dann den Knopf Befehl ausführen drücken. Führen Sie ein paar Anweisungen aus, um sich an die Bedienung des R Commanders zu gewöhnen.

Vorteile gegenüber dem Arbeiten in der Konsole hat der R Commander vor allem dann, wenn es um die statistische Auswertung von Datensätzen geht, wie wir in den nächsten Abschnitten noch sehen werden.

Manchmal passiert es, dass man den R Commander schließt und ihn danach wieder öffnen möchte. Das geht nicht, indem man in der Konsole wieder `library(Rcmdr)` eingibt, sondern mit dem Befehl

```
> Commander()
```

Achtung: In einigen Versionen des R Commanders können Zuweisungen im Skriptfenster nicht in der Form `x=7` geschrieben werden, sondern statt des Gleichheitszeichens muss die Kombination `<-` benutzt werden, also in diesem Beispiel `x<-7`.

R7.2   Datensätze

Während in Vektoren und Matrizen nur Daten desselben Typs, also mit identischem *mode*, zusammengefasst werden können, erlauben es *Datensätze*, Beobachtungen unterschiedlichen Typs (z. B. Blütenfarbe und Größe) zusammenzufassen. Außerdem stellt R für Datensätze eine Reihe statistischer Verfahren quasi automatisch zur Verfügung. Ein Datensatz wird in R als `data.frame` bezeichnet. Man lernt diese Struktur am besten kennen, indem man sich ein paar der vielen Beispieldatensätze anschaut, die in R zur Verfügung stehen. Dazu benutzen wir den R Commander, in dessen Kopfzeile neben dem Feld Datenmatrix noch │ <Keine aktuelle Datenmatrix> │ steht.

Öffnen Sie über das Menü Datenmanagement|Daten in Paketen|Zeige Datenmatrizen in Paketen eine Liste, in der alle zur Verfügung stehenden Datensätze mit einer kurzen Beschreibung aufgeführt sind. Sie sehen im oberen Fenster des R Commanders den durch das „Klicken" erzeugten Befehl `data()`, den Sie auch direkt in der Konsole hätten eingeben können. Nun wollen wir einen dieser Datensätze einlesen, nämlich den Datensatz „airquality", der Messwerte zur Luftqualität in New York vom 1. Mai bis zum 30. September 1973 enthält.

Dazu öffnen wir das Menü Datenmanagement|Daten in Paketen|Lese Datenmatrix aus geladenem Paket... und geben im Dialog „airquality" ein oder suchen diesen Datensatz im Auswahlmenü. (Er befindet sich im Paket datasets.) Auf dem Knopf, auf dem eben noch │ <Keine aktuelle Datenmatrix> │ stand, steht jetzt │ airquality │. Sie sehen im Skript- und im Ausgabefenster, dass der Befehl `data(airquality)` ausgeführt wurde. So ist das immer, wenn Sie mit dem Menü des R Commanders arbeiten: Die dadurch erzeugten R-Anweisungen werden sichtbar, und wenn Sie diese Anweisungen in der Konsole eingeben, erhalten Sie dasselbe Ergebnis.

Drücken Sie den Knopf │ Datenmatrix betrachten │. Sie sehen eine Tabelle mit sechs Spalten und 153 Zeilen. (Können Sie sich die letzte Zeile anschauen? Dazu müssen Sie in der Tabelle nach unten scrollen.)

```
> airquality
   Ozone Solar.R Wind Temp Month Day
1     41     190  7.4   67     5   1
2     36     118  8.0   72     5   2
3     12     149 12.6   74     5   3
4     18     313 11.5   62     5   4
5     NA      NA 14.3   56     5   5
```

```
...
...
152    18    131  8.0    76    9  29
153    20    223 11.5    68    9  30
```

Da der Datensatz sehr groß ist, habe ich ihn hier verkürzt. Informationen zur Bedeutung der Daten findet man im Menü Hilfe|Hilfe zur aktiven Datenmatrix oder auch mit dem Befehl `help(airquality)`.

Erste grobe Kennzahlen der Daten enthält die Summary-Statistik im Menü Statistik|Deskriptive Statistik|Aktive Datenmatrix

```
> summary(airquality)
     Ozone            Solar.R           Wind            Temp
Min.   :  1.00   Min.   :  7.0   Min.   : 1.700   Min.   :56.00
1st Qu.: 18.00   1st Qu.:115.8   1st Qu.: 7.400   1st Qu.:72.00
Median : 31.50   Median :205.0   Median : 9.700   Median :79.00
Mean   : 42.13   Mean   :185.9   Mean   : 9.958   Mean   :77.88
3rd Qu.: 63.25   3rd Qu.:258.8   3rd Qu.:11.500   3rd Qu.:85.00
Max.   :168.00   Max.   :334.0   Max.   :20.700   Max.   :97.00
NA's   : 37.00   NA's   :  7.0
```

(hier nur unvollständig wiedergegeben). Der Befehl `summary` gibt also für jede Spalte eines Datensatzes Minimum, 1. Quartil, Median, Mittelwert, 2. Quartil und Maximum aus. Außerdem wird noch jeweils die Anzahl der fehlenden Beobachtungswerte angegeben, hier 37 Ozonwerte und 7 Sonnenstrahlungswerte. Wenn Ihnen die Bedeutung dieser Begriffe nicht ganz klar ist, schauen Sie bitte in Abschnitt 4.3 nach.

Einen Eindruck von der Verteilung zum Beispiel der Ozonwerte vermittelt ein Histogramm: Im Menü Grafiken|Histogramm... öffnet man einen Dialog, in dem man die Variable Ozon (oder eine andere) auswählen kann. Der vom R Commander benutzte Befehl `Hist()` steht in der Konsole nur zu Verfügung, wenn der R Commander geladen ist. Ist das nicht der Fall, so muss man den Befehl `hist()` benutzen, der ein optisch nicht so ansprechendes Histogramm erzeugt:

```
> hist(airquality$Ozone)
```

Der Name des Datensatzes airquality steht jetzt auch unter der Menüzeile neben dem Hinweis Datenmatrix. Das zeigt an, dass alle Befehle, die über die Menüs des R Commanders eingegeben werden, sich automatisch auf diesen Datensatz beziehen. Das gilt jedoch nicht für Anweisungen, die weiterhin über die Konsole oder über das Skriptfenster des R Commanders gegeben werden. Bei denen muss der Name des zu bearbeitenden Datensatzes immer explizit erwähnt werden.

Nun stehen eine ganze Reihe von Möglichkeiten in den Menüs Statistik und Grafiken zur Verfügung. Probieren Sie es aus, auch wenn Sie in den meisten Fällen die Bedeutung der Ergebnisse noch nicht verstehen werden.

Wir betrachten nun den Datensatz „Davis", der Daten zu Größe und Gewicht von 200 Personen enthält. Dazu wählen wir Davis im Menü Datenmanagement|Daten in Paketen|Lese Datenmatrix aus geladenem Paket.... In der zweiten Kopfzeile steht jetzt, wie zu erwarten, dass Davis die aktive Datenmatrix ist. Klicken wir jetzt auf Datenmatrix betrachten , so wird der Datensatz in einem separaten Fenster angezeigt. Sie können natürlich auch einfach `Davis` in der Konsole eingeben. Dann wird er wie üblich in der Konsole angezeigt. In der Terminologie von Abschnitt 4.4 haben wir es mit einer fünfdimensionalen Stichprobe vom Umfang 200 zu tun. Die fünf Merkmale sind Geschlecht, Gewicht, Größe, angegebenes Gewicht und angegebene Größe der Personen. In welchen Einheiten sind Gewicht und Größe gemessen? Die Dokumentation zu dem Datensatz, die über das Menü Hilfe aufzurufen ist, gibt u. a. folgende Auskunft:

```
This data frame contains the following columns:
sex A factor with levels: 'F', female; 'M', male.
weight Measured weight in kg.
height Measured height in cm.
repwt Reported weight in kg.
repht Reported height in cm.
```

Aufgabe R7.1 a) Erzeugen Sie eine Summary-Statistik des Datensatzes. Das Minimum der Körpergröße `height` ist sehr auffällig. Vergleichen Sie es mit dem Minimum der berichteten Größe.

b) Schauen Sie sich den Datensatz Davis an. Suchen Sie die Zeile mit der auffällig geringen Größe. Welche Vermutung liegt nahe, wenn man in dieser Zeile Größe und Gewicht betrachtet?

c) Korrigieren Sie den Datensatz in dieser Zeile. Erzeugen Sie jetzt noch einmal eine Summary-Statistik.

Wir stellen den Datensatz als Streudiagramm dar. Zunächst unterscheiden wir nicht zwischen den Geschlechtern: Im Menü Grafiken|Streudiagramm... wählen wir repht (die angegebene Größe) als x-Variable und height (die tatsächliche Größe) als y-Variable. Dann erhalten wir ein Streudiagramm zusammen mit einer Regressionsgeraden und einer Kurve, die dem Verlauf der Daten ein wenig folgt. An den Rändern werden für jede der beiden Variablen außerdem Boxplots angezeigt. Wiederholen Sie das noch einmal, und beachten Sie dabei die Optionen, die der Dialog bietet. Experimentieren Sie mit verschiedenen Möglichkeiten.

Nun stellen wir die Daten nach Geschlecht getrennt dar. Dazu gehen wir in dasselbe Menü wie vorher, drücken aber im Dialog auf den Knopf Grafik für die Gruppen ... . Daraufhin öffnet sich ein weiterer Dialog, in dem angeboten wird, die Daten nach dem Geschlecht zu unterscheiden. Wir beenden beide Dialoge mit OK und erhalten die gewünschte Grafik.

In der Konsole erhält man ähnliche Grafiken durch die Anweisungen

```
> plot(height~repht,data=Davis)
```

bzw.

```
> coplot(height~repht|sex,data=Davis)
```

Mit dem letzten Befehl wird für beide Geschlechter ein separates kleines Streudiagramm erzeugt. Beachten Sie die Reihenfolge der beiden Variablen in diesen Befehlen: Zuerst kommt die y-Variable, dann die x-Variable.

Schließlich kann man mit dem ganz einfachen Befehl

```
> plot(Davis)
```

eine ganze Matrix kleiner Streudiagramme aller Spalten gegen alle Spalten erzeugen. Das illustriert, wie der Befehl `plot()` in Abhängigkeit von der Struktur des Datensatzes passende Grafiken erzeugt.

R7.3 Speichern von Programmen und Objekten

Im oberen Fenster des R Commanders können Sie Programmzeilen jederzeit bearbeiten und wieder ausführen. Wenn Sie so ein kleines Programm geschrieben haben, können Sie es unter Datei|Skriptdatei speichern oder Datei|Skriptdatei speichern unter… speichern (mit Endung `.R`) und später durch Datei|Skriptdatei öffnen wieder öffnen. Ebenso können Sie im R Commander den Inhalt des unteren Ausgabefensters speichern (Datei|Ausgabedatei speichern oder Datei|Ausgabedatei speichern unter…). Dabei können Sie vorher alles aus dem Fenster löschen, was Sie nicht behalten wollen.

Skriptdateien können auch mit jedem Editor geschrieben und dann mit dem Kommando `source()` ausgeführt werden. Heißt die Datei z. B. `MeinSkript.R`, so werden die in ihr enthaltenen Anweisungen mit dem Befehl

```
> source("MeinSkript.R")
```

ausgeführt.

Schließlich können auch alle Objekte, die Sie während Ihrer Sitzung erzeugt haben, gespeichert werden. Im Menü Datei|Datendatei speichern werden Sie aufgefordert, einen Dateinamen anzugeben, unter dem Ihr gesamter Workspace gespeichert wird. Die Dateiendung `.RData`, die zeigt, dass es sich um einen R Workspace handelt, wird automatisch vorgeschlagen. (Der Menüpunkt Datendatei speichern ist eine ausgesprochen unglückliche Übersetzung des englischen Originals Save R Workspace.) Sie können stattdessen auch in der Konsole den Befehl `save.image("Dateiname.RData")` eingeben. `Dateiname` steht für den von Ihnen gewählten Dateinamen, ggf. mit komplettem Pfad. Wenn Sie dann später eine neue Sitzung starten, können Sie alles wieder mit dem Befehl `load("Datei.RData")` laden und die Sitzung fortsetzen. Diesen Befehl erzeugt der R Commander im Menü Datenmanagement|Lade Datendatei…. Allerdings werden dadurch zusätzlich alle Zahlen und Vektoren in gleichnamige Datensätze umgewandelt – bei einer Zahl hat dieser Datensatz dann eben nur eine Zeile und eine Spalte.

Wenn Sie eine Sitzung nur unterbrechen wollen, beantworten Sie die Frage `Save workspace image?` am Ende der Sitzung mit `y`. Dann wird (in den meisten Versionen von R) zu Beginn der nächsten Sitzung der alte Workspace wieder hergestellt. Wenn Sie das dann doch nicht wollten, können Sie den gesamten Workspace mit dem Befehl

```
> rm(list=ls())
```

löschen. Hier wird dem Löschbefehl `rm()` als Argument die Liste `ls()` des gesamten Workspace-Inhalts übergeben, siehe auch Unterabschnitt R2.3.

Wie man einzelne Datensätze speichert (und selbst erzeugte einliest), erfahren Sie im nächsten Abschnitt.

Aufgabe R7.2 a) Erzeugen Sie einen Vektor mit den Zweierpotenzen von 2^1 bis 2^{12} und geben Sie ihm einen Namen, zum Beispiel P. Speichern Sie dann Ihren Workspace, löschen Sie P, verlassen Sie R ohne den Workspace zu speichern (d. h. antworten Sie auf die Frage `Save workspace image?` mit n), starten Sie R neu, und lesen Sie den gespeicherten Workspace wieder ein. Vergewissern Sie sich, dass insbesondere der Vektor P wieder zur Verfügung steht.

b) Verlassen Sie R wieder, antworten Sie jetzt aber y auf die Frage Save workspace image? Starten Sie R noch einmal neu und schauen Sie, ob P wieder zur Verfügung steht.

R7.4 Lineare Regression und Korrelation

Jetzt benutzen wir wieder den R Commander. Wenn Sie den Datensatz Davis noch nicht oder nicht mehr geladen haben, laden Sie ihn wie oben beschrieben über das Menü des R Commanders und korrigieren Sie wie in Aufgabe R7.1 wieder Zeile 12 (Vertauschung von Körpergröße und Gewicht).

Am Ende von Unterabschnitt R7.2 hatten wir bereits Streudiagramme von berichteter Körpergröße gegen Körpergröße erzeugt, in die R eine Regressionsgerade eingefügt hatte. Will man Steigung und y-Achsenabschnitt der Regressionsgerade berechnen, so geht das in der Konsole mit

```
> lm(height~repht,data=Davis)
Call:
lm(formula = height ~ repht, data = Davis)

Coefficients:
(Intercept)           repht
   12.9534          0.9354
```

Zum Befehlsnamen: lm steht für „lineares Modell", ein Oberbegriff zur linearen Regression. Als Ausgabe wiederholt R den Befehl und gibt dann den Koeffizienten vor repht an – das ist im Fall des Modells „height = $m \cdot$ repht + b" gerade die Steigung – und auch den „intercept" b, also den y-Achsenabschnitt.

Eine Untersuchung getrennt nach Geschlechtern führt man so durch:

```
> lm(height~repht,data=Davis,subset=(sex=="F"))
Call:
lm(formula = height ~ repht, data = Davis, subset = sex=="F")
Coefficients:
(Intercept)           repht
   17.2930          0.9078
```

Aber auch zur linearen Regression bietet der R Commander einen „Menü-Zugang": Unter Statistik|Regressionsmodelle|lineare Regression... wählen Sie height als abhängige und repht als unabhängige Variable und geben Sie, falls erwünscht, unter Anweisung für die Teilmenge die Auswahl sex=="F" ein. Schließen Sie dann mit OK ab. Die Ausgabe ist nun sehr umfangreich und zunächst verwirrend. Sie werden das erst verstehen können, wenn wir uns auch mit beurteilender Statistik befasst haben. Aber die obigen Werte für Steigung und y-Achsenabschnitt sollten Sie wiederfinden.

Schließlich schauen wir uns noch die Korrelation zwischen Körpergröße und berichteter Körpergröße an. In der Konsole oder im Skriptfenster des R Commanders geben wir ein:

```
> cor(Davis$height,Davis$repht)
[1] NA
```

Das deutet auf fehlende Datenwerte hin, die R daran hindern, die Korrelationskoeffizienten auszurechnen. Man kannn R aber veranlassen, Fälle mit fehlenden Werten bei der Berechnung unberücksichtigt zu lassen:

```
> cor(Davis$height,Davis$repht,use="complete.obs")
[1] 0.9757937
```

Der Eindruck aus den Plots, dass ein starker linearer Zusammenhang zwischen den beiden Größen besteht, wird durch den sehr nahe bei 1 liegenden Wert von 0.9758 bestätigt!

Einen kompletten Überblick über die Korrelationen des Datensatzes erhält man so:

```
> cor(Davis[,2:5],use="complete.obs")
          weight    height      repwt      repht
weight 1.0000000 0.7684924 0.9861233 0.7486882
height 0.7684924 1.0000000 0.7827870 0.9755870
repwt  0.9861233 0.7827870 1.0000000 0.7618604
repht  0.7486882 0.9755870 0.7618604 1.0000000
```

Mit der Einschränkung [,2:5] hinter Davis wählt man alle Zeilen (keine Einschränkung vor dem Komma) und die Spalten 2 bis 5 aus. Das ist nötig, da Spalte 1 die nichtnumerische Geschlechtsangabe enthält.

Im R Commander erhält man vergleichbare Ergebnisse im Menü Statistik|Deskriptive Statistik|Korrelationsmatrix …, das auf einen Dialog führt, in dem man die beiden Variablen auswählt. Sie sehen in diesem Dialog noch weitere Wahlmöglichkeiten für den Typ der Korrelation, aber auf die gehen wir nicht näher ein.

Aufgabe R7.3 Führen Sie noch einmal die lineare Regression von Körpergröße gegen berichtete Körpergröße jeweils für Männer und Frauen aus. Welchen linearen Zusammenmen erhalten Sie aus den Daten?

Aufgabe R7.4 Vergleichen Sie nun Größe und Gewicht im Datensatz Davis.
a) Welchen theoretischen Zusammenhang erwarten Sie zwischen diesen beiden Größen?
b) Führen Sie eine lineare Regression an den logarithmierten Größen durch. Gehen Sie dabei von der Modellgleichung weight = $a \cdot$ height^b aus. (Schreiben Sie im Befehl lm einfach log(weight) und log(height) anstelle von weight und height.) Welchen Wert erhalten Sie für b? Das Ergebnis ist nahe bei 3 und passt gut in das physikalische Bild, dass das Gewicht proportional zum Volumen, also zur dritten Potenz der Längenausdehnung ist.
c) Führen Sie die gleiche Regression nun getrennt nach Männern und Frauen durch. Wie schätzen Sie die vorherige Beobachtung jetzt ein? Um das besser zu verstehen sollten Sie mit dem R Commander ein Streudiagramm von weight gegen height getrennt nach den Geschlechtern erstellen.

Zur Vorbereitung der nächsten Aufgabe lesen wir den Datensatz trees ein:

```
> data(trees)
> attach(trees)
```

Durch den Befehl attach(trees) wird R angewiesen, auf die einzelnen Variablen dieses Datensatzes zuzugreifen, ohne dass dazu explizit der Name des Datensatzes angegeben werden muss. Zum Beispiel kann man eine Summary-Statistik der Variablen Height statt durch summary(trees$Height) jetzt auch so erhalten:

```
> summary(Height)
```

Rückgängig macht man das mit

```
> detach(trees)
```

Versuchen Sie jetzt doch noch einmal, die Summary-Statistik zu erzeugen.

Aufgabe R7.5 a) Lesen Sie den Datensatz `trees` ein und listen Sie ihn auf. Schauen Sie in der Dokumentation nach, was „Girth" ist und in welchen Einheiten die drei Größen gemessen sind. Schauen Sie auch nach, wie und an welchen Bäumen die Daten erhoben wurden.

b) Bestimmen Sie Minimum, Median und Maximum der Höhe sowie die Mittelwerte von „Girth" und Volumen.

c) Plotten Sie den Datensatz. Welche beiden Variablen haben augenscheinlich einen sehr klaren linearen Zusammenhang? Überprüfen Sie diesen Eindruck mit einer geeigneten statistischen Kenngröße.

d) Führen Sie für diese beiden Variablen eine lineare Regression des Volumens als Funktion des Stammdurchmessers durch. Bestimmen Sie die Steigung und den y-Achsenabschnitt. Plotten Sie die Daten mit der Regressionsgeraden.

e) Das sieht nicht schlecht aus. Erwarten Sie auch aus theoretischen Überlegungen einen linearen Zusammenhang zwischen Stammdurchmesser und Volumen?

f) Welches Modell aus der Vorlesung sollte aus theoretischen Gründen den Zusammenhang zwischen Stammdurchmesser und Volumen besser beschreiben? Wie müssen Sie dazu die Daten transformieren?

g) Führen Sie mit den transformierten Daten eine lineare Regression durch. Wie lauten die Regressionskoeffizienten? Bestimmen Sie daraus eine Kurve, die die Originaldaten besser als die Regressionsgerade approximieren sollte.

h) Da „Girth" eine Längenangabe ist, könnte man einen Zusammenhang 3. Potenz zwischen „Girth" und Volumen vermuten. Ist das der Fall? Wenn nicht, wie könnte man das erklären?

Lösungen:

Aufgabe R7.1 a) Menü Statistik|Deskriptive Statistik|Aktive Datenmatrix. Die berichtete minimale Körpergröße beträgt 148 cm, die gemessene nur 57 cm.

b) Die Werte für Körpergröße und Gewicht in Zeile 12 wurden vertauscht.

c) Datenmatrix bearbeiten , dann wie unter a).

Aufgabe R7.2 `P=2^(1:12); save.image("test.RData"); q().`
Dann R wieder starten und `load("test.RData"); P`.

Aufgabe R7.3 Schon im Text hatten wir für `sex=="F"` Werte erhalten, die auf den linearen Zusammenhang $G = 0.9078 \cdot G_{\text{berichtet}} + 17.293$ führen. Für `sex=="M"` erhalten wir $G = 0.9067 \cdot G_{\text{berichtet}} + 18.198$.

Aufgabe R7.4 a) Einen allometrischen Zusammenhang weight $= a \cdot$ height^b. Logarithmiert also $\log(\text{weight}) = b \cdot \log(\text{height}) + \log a$.

b) Der Exponent b wird in der logarithmierten Gleichung zum Steigungskoeffizienten (Intercept). Man erhält den Wert 2.932.

c) Für die Frauen erhält man den Wert 1.833, für die Männer 2.318. Im Streudiagramm sieht man, dass die Punktwolke für die Männer so in einer Weise oberhalb von der für die Frauen liegt, dass eine kombinierte Regressionsgerade deutlich steiler als die beiden separaten Regressionsgeraden sein muss.

Aufgabe R7.5 a) „Girth" = Stammdurchmesser (in Inches), Höhe in Fuß, Volumen in Kubikfuß. Es handelt sich um gefällte Schwarzkirschen.

b) z. B. mittels `summary(trees)`

c) Durchmesser und Volumen. Die Kenngröße ist der Korrelationskoeffizient `cor(trees)`, der in diesem Fall den Wert 0.9671194 annimmt.

d) y-Achsenabschnitt = −36.943, Steigung = 5.066. Den Plot kann man z. B. im R Commander oder mit folgenden Befehlen erzeugen:
`attach(trees);plot(Volume~Girth);abline(lm(Volume~Girth))`

e) Nein

f) Allometrie, Durchmesser und Volumen müssen logarithmiert werden.

g) Bei Benutzung des 10er-Logarithmus (`log10()`):
y-Achsenabschnitt = −1.022, Steigung = 2.200.
Bei Benutzung des natürlichen Logarithmus (`log()`):
y-Achsenabschnitt = −2.353, Steigung = 2.200.
Wenn die unter d) erzeugte Grafik noch geöffnet ist, kann man die angepasste allometrische Kurve mit `curve(x**2.200*exp(-2.353),add=TRUE,lty="dashed")` hinzufügen.

h) Nein. Zu den Gründen kann ich auch nur (auf die Daten gestützte!) Vermutungen anstellen: Alle Bäume haben Höhen zwischen 63 und 87 Fuß. Das scheint die „natürliche" Höhe von ausgewachsenen Schwarzkirschen zu sein. Dann hängt das Volumen tatsächlich nur vom Stammquerschnitt ab (das ist die Fläche, die ein waagerechter Schnitt durch den Baum ergibt), und damit vom Quadrat des Durchmessers.

R8 Datenim- und -export, Grafikexport

R8.1 Erstellen und Einlesen eigener Datensätze

In der folgenden Tabelle sind für fünf Altersklassen die Mediane von Gewicht (in Gramm) und Länge (in Millimeter) von Wandermuscheln *Dreissena polymorpha pallas* angegeben[5].

Altersklasse	Laenge	Gewicht
1	07.56	0.055
2	11.92	0.213
3	16.40	0.564
4	24.83	1.894
5	29.03	3.012

---

[5] Quelle: [8]

Einen so kleinen Datensatz liest man am schnellsten mit dem zu R gehörigen Daten-editor ein. Über das Menü Datenmanagement|Neue Datenmatrix des R Commanders gibt man einen Namen für die Datenmatrix ein, dann öffnet sich der Editor, und man kann sowohl die Daten als auch die Spaltenköpfe eintragen, siehe die Beschreibung des Befehls `data.entry` in Unterabschnitt R5.2. Lesen Sie nun die obigen Daten ein, und geben Sie der Datenmatrix den Namen „Muscheln".

Praktisch relevant ist aber auch die Situation, wo der Datensatz schon als Datei vorliegt, z. B. weil man ihn vorher mit einem Tabellenkalkulationsprogramm wie Microsoft Excel oder der Tabellenkalkulation von OpenOffice.org erstellt hat. Eine solche Tabelle muss zunächst als Textdatei (Endung `.txt`, `.csv`[6] oder auch `.dat`) abgespeichert werden. Dazu gibt es immer einen Menüpunkt Speichern unter... oder ähnlich. Beim Abspeichern sollte man darauf achten, wodurch aufeinanderfolgende Werte innerhalb einer Zeile getrennt werden. Günstig sind ein Semikolon(;) oder ein Tabulator(„Tab"), ungünstig natürlich ein Komma, denn das kann nicht vom Dezimalkomma unterschieden werden.

Nehmen wir nun an, Sie haben die Datei mit einem Tabellenkalkulationsprogramm erzeugt und unter dem Namen `Muscheln-Dat.csv` im Verzeichnis `Documents/R-Uebungen`[7] mit dem Feldtrenner „Tab" abgespeichert. Außerdem haben Sie sicher eine deutschsprachige Tabellenkalkulation und damit ein Dezimalkomma und keinen Dezimalpunkt verwendet. Sie können die Datei jetzt direkt nach R einlesen, z. B. in die Variable `Muscheln`:

```
> Muscheln=read.table("Documents/R-Uebungen/Muscheln-Dat.csv",
                    header=TRUE, dec=",")
```

Die Option `header=TRUE` gibt an, dass die erste Zeile der Datei die Namen der Variablen enthält, und mit `dec=","` wird mitgeteilt, dass ein Dezimalkomma verwendet wurde. Sollte man einen anderen Feldtrenner als „Tab" benutzt haben, z. B. ein Semikolon, so müsste man auch noch `sep=";"` angeben.

Wenn Sie die Datei auf Ihrem Desktop gespeichert haben, können Sie auch den kompletten Pfad einfach durch „Drag and Drop" in die Konsole kopieren. Dabei setzt R auch automatisch die Anführungszeichen (keine doppelten, sondern einfache, aber das ist egal).

Wie auch immer Sie die Datei eingelesen haben, durch einen Blick auf die Daten kontrollieren wir, dass der Import fehlerfrei war:

```
> Muscheln
  Altersklasse Laenge Gewicht
1            1   7.56   0.055
2            2  11.92   0.213
3            3  16.40   0.564
4            4  24.83   1.894
5            5  29.03   3.012
```

Etwas bequemer geht das alles mit dem R Commander. Im Menü Datenmanagement|Importiere Daten|from text file, clipboard, URL... gelangen Sie in einen Dialog, in dem Sie dem Datensatz einen Namen geben können – z. B. `Muscheln` wie oben – und in dem

---

[6] csv steht für „comma separated values", aber der Separator kann auch z. B. ein Semikolon sein.
[7] Die Syntax für die Angabe des Verzeichnispfades ist je nach Betriebssystem unterschiedlich.

Sie auch die obige Festlegungen zu den Spaltenköpfen, dem Dezimaltrenner und dem Feldtrennzeichen in Klartext vornehmen können. Versuchen Sie es!

Aufgabe R8.1 a) Stellen Sie die eben eingelesenen Daten grafisch dar.
b) Wir erwarten einen allometrischen Zusammenhang zwischen Gewicht und Länge der Form Gewicht = $a \cdot$ Länge^b. Also: Logarithmieren Sie beide Größen, stellen Sie die logarithmierten Größen grafisch dar und führen Sie an ihnen eine lineare Regression durch. Welchen Exponenten erwarten Sie im Idealfall? Welchen Exponenten liefert die Regression? Zeichnen Sie die Regressionsgerade in die Grafik ein.
c) Zeichnen Sie die angepasste Kurve in die Grafik mit den Daten ein.

Aufgabe R8.2 Die folgende Tabelle enthält (in dieser Reihenfolge) Durchschnittswerte der Körpergewichte (in kg) und des täglichen Kalorienbedarfs (in kJ) von Rindern, Menschen, Affen, Mäusen und Zwergspitzmäusen:

	Rinder	Menschen	Affen	Mäuse	Zwergspitzmäuse
Körpergewicht	600	70	4	0.02	0.004
Kalorienbedarf	30000	7000	800	14	13.6

a) Tragen Sie diese Daten in eine Tabellenkalkulation ein. Dabei sollten in einer Spalte die Körpergewichte und in einer anderen die Werte für den Kalorienbedarf stehen – also nicht zeilenweise wie hier im Text. Schreiben Sie in die erste Zeile diese Bezeichnungen und in die erste Spalte die jeweiligen Artennamen. (In das Feld A1 können Sie „Art" eintragen, oder Sie können es frei lassen.) Abhängig von Ihrem Tabellenkalkulationsprogramm könnten Sie auf folgendes Problem stoßen: Der Wert 0.004 wird eventuell (je nach Version des Programms) nicht vollständig angezeigt (und dann evtl. auch unvollständig abgespeichert). Das kann man z.B ändern, indem man die Anzahl der Nachkommastellen auf mindestens drei einstellt. Eventuell gibt es auch im Dialog, der sich zum Abspeichern öffnet, die Möglichkeit, das vollständige Abspeichern zu erzwingen.
b) Speichern Sie die Datei im .csv-Format.
c) Lesen Sie die Datei nach R ein und schauen Sie sie dort an. Achten Sie beim Einlesen auf die Angabe der Optionen zu den Spaltenköpfen, dem Dezimaltrenner und dem Feldtrennzeichen. (Experimentieren Sie ruhig damit, einige Angaben bewusst fort zu lassen. Die Datei sieht dann anders aus, und es ist wichtig, einen Blick dafür zu entwickeln, wann die Datei korrekt eingelesen worden ist.) Führen Sie das sowohl von der Kommandozeile als auch mit den Menüs des R Commander aus.
d) Mit welchem mathematischen Modell analysieren Sie die Daten?
e) Bestimmen Sie den Allometrie-Exponenten von Kalorienbedarf gegen Gewicht.

R8.2 Grafik-Export
Wenn Sie eine Grafik wie die in Aufgabe R8.2 erstellte für einen Praktikumsbericht ausdrucken oder abspeichern möchten, gehen Sie folgendermaßen vor: Zunächst teilen Sie R mit, dass ab sofort die Grafik-Ausgaben nicht mehr an den Bildschirm sondern an eine Datei gehen sollen. Wir entscheiden uns hier für das Grafik-Format png. Der gleichlautende R-Befehl png("Ausgabedatei.png") leitet die Ausgaben aller folgenden

Grafikbefehle in die Datei `Ausgabedatei.png` um, bis diese Einstellung wieder aufgehoben wird:

```
> png("Kalorienbedarf.png")
```

Die Datei finden Sie (je nach Betriebssystem) später in Ihrem persönlichen Ordner (home-Verzeichnis) oder auf dem Desktop.

```
> plot(Kalorienbedarf~Gewicht, data=Kalorien)
```

Durch diesen Befehl werden die Messungen geplottet, wenn Sie im Datensatz „Kalorien" stehen und die Variablen dort die Namen „Kalorienbedarf" und „Gewicht" tragen.

```
> curve(x^m*exp(b),add=TRUE)
```

Durch diesen Befehl wird die angepasste allometrische Kurve hinzugefügt, wenn die Steigung m und der y-Achsenabschnitt b vorher (mit dem Befehl `lm`) bestimmt worden sind.

```
> dev.off()
```

Mit diesem Befehl wird die Ausgabe in die png-Datei abgeschlossen. Die fertige Grafik steht jetzt in dieser Datei und kann z. B. leicht in ein Word-Dokument eingebunden werden.

Der R Commander bietet noch eine einfachere Möglichkeit, Grafiken zu speichern. Hat man eine Grafik erzeugt, so führt das Menü Grafiken|Speichere Abbildung in Datei auf einen Dialog, in dem man das gewünschte Grafik-Format und den Namen der Ausgabedatei angeben kann. Das funktioniert aber leider nur, wenn die Grafik direkt aus dem Menü des R Commanders erzeugt und der Grafikbefehl nicht per Hand geändert wurde.

Aufgabe R8.3 Erzeugen Sie eine Grafik und speichern Sie sie auf die beiden gerade beschriebenen Weisen ab.

Lösungen:

Aufgabe R8.1 a) Grafische Darstellung z. B. mit `plot(Muscheln[,2:3])`, mit `plot(Muscheln$Gewicht~Muscheln$Laenge)` oder mit dem Streudiagramm-Menü im R Commander. Bei der ersten Möglichkeit muss man genau hinschauen, ob die Länge auf der x-Achse und das Gewicht auf der y-Achse abgetragen ist.

b) `logGew=log(Muscheln$Gewicht); logLaenge=log(Muscheln$Laenge);`
`plot(logGew~logLaenge); (Reg=lm(logGew~logLaenge)); abline(Reg)`
Im Idealfall erwartet man den Exponenten 3, hier beobachtet man den Exponenten 2.976.

c) `plot(Muscheln$Gewicht~Muscheln$Laenge);`
`curve(exp(-8.917)*x^2.976,add=TRUE)`

Aufgabe R8.2 d) Mit dem Modell Kalorienbedarf $= a \cdot$ Gewicht^b (Allometrie).

e) Wir nehmen an, dass der Datensatz `Kalorien` heißt. Dann:
`logGew=log(Kalorien$Gewicht); logKal=log(Kalorien$Kalorienbedarf);`
`plot(logKal~logGew); (Reg=lm(logKal~logGew)); abline(Reg)`
Allometrie-Exponent $b = 0.6829$.

R9 Exponentielles Wachstum und Abklingen

R9.1 Zinseszins mit R als Taschenrechner

Ein im Alltag sehr relevantes Beispiel für exponentielles Wachstum in diskreter Zeit ist die Zins- und Zinseszinsrechnung.

Aufgabe R9.1 a) Ein Kapital von 13 000,– Euro wird 11 Jahre lang mit einem jährlichen Zinssatz von 5,7% verzinst. Auf welchen Wert ist es am Ende dieser Zeit angewachsen?

b) Eine Bank bietet an, ein zum 1.1.2011 eingezahltes Kapital so zu verzinsen, dass der Anleger am 1.1.2024 den doppelten Betrag zurück erhält. Wie hoch ist der jährliche Zinssatz bei diesem Angebot? Geben Sie den Zinssatz in Prozent mit zwei Stellen hinter dem Komma an! (Hier müssen Sie zuerst die Formel für exponentielles Wachstum geeignet umstellen, bevor Sie das ausrechnen können.)
Zusatzfrage: Warum kann man hier nicht die Formel für die Verdopplungszeit anwenden?

c) Welchen Betrag müssen Sie als Einmalzahlung bei einer Bank anlegen, um bei einer jährlichen Verzinsung von 5,5% nach 20 Jahren 100 000,– Euro ausgezahlt zu bekommen?

d) Ein Medikament werde im Körper mit einer Halbwertzeit von 14 Stunden exponentiell abgebaut. Wie lange dauert es, bis sich nur noch 5% der ursprünglichen Medikamentenmenge im Körper befinden?

R9.2 Exponentielles Wachstum – US-Bevölkerungsdaten

Wir lesen zunächst die US-Bevölkerungsdaten von 1790 bis 2000 ein:

```
> data(USPop,package="car")
> USPop
   year population
1  1790     3.929
2  1800     5.308
3  1810     7.240
4  1820     9.638
⋮   ⋮         ⋮
20 1980   226.542
21 1990   248.710
22 2000   281.422
```

Aufgabe R9.2 Stellen Sie die Daten von 1790–1890 grafisch dar – sowohl die Originaldaten, als auch in logarithmierter Form. (Achtung: Die Zeit, d. h. die Jahreszahlen, werden nicht logarithmiert!) Führen Sie dann eine lineare Regression durch (an den Original- oder an den logarithmierten Daten?) und bestimmen Sie die jährliche Wachstumsrate der Bevölkerung in dieser Zeitspanne. Fügen Sie auch die Regressionsgerade zur Grafik der logarithmierten Bevölkerungsgröße hinzu.

R9.3   Exponentieller Abbau – Medikamentenabbau im Körper

Die Datei `Indometh` (die als Beispieldatei unter R immer zur Verfügung steht) enthält Daten zum Abbau von Indomethacin im Körper. Wenn Sie die Datei im R Commander bearbeiten wollen, müssen Sie sie vorher als aktuelle Datenmatrix laden. Aus der Beschreibung entnimmt man:

This data frame contains the following columns:

Subject: an ordered factor with containing the subject codes. [Subject = Patient]
            The ordering is according to increasing maximum response.
time: a numeric vector of times at which blood samples were drawn (hr).
conc: a numeric vector of plasma concentrations of indomethicin (mcg/ml).

Aufgabe R9.3 Daten von wievielen Patienten sind in der Datei `Indometh` erfasst worden? Wieviele Messungen wurden pro Patient vorgenommen? Welches Modell für Medikamentenabbau schlagen Sie vor? Passen Sie die Parameter dieses Modells an die Daten an! Welche Abbaurate für das Medikament erhalten Sie?

Das Paket `car` enthält einen plot-Befehl, der nicht nur ein Streudiagramm zeichnet, sondern gleichzeitig auch Boxplots für die beiden Komponenten, die Regressionsgerade und auch eine Kurve, die sich besser als die Regressionsgerade an die Punkte annähert. Wenn Sie von der Geraden stark abweicht (wie hier), dann ist lineare Regression sicher nicht angemessen.

```
> library(car)
> attach(Indometh)
```

(Dieses Paket muss für den folgenden Befehl geladen sein!)

```
> scatterplot(log(conc)~time)
```

Ist der R Commander aktiviert, so ist das Paket `car` automatisch geladen, und der Befehl `library(car)` ist überflüssig.

Will man eine lineare Regression oder ein Streudiagramm nur für einzelne Patienten erzeugen – z. B. für den zweiten Patienten –, so fügt man den entsprechenden Befehlen `lm()` bzw. `plot()` bzw. `scatterplot()` einfach die Option `subset=(Subject==2)` hinzu. Hier ist ein Beispiel:

```
> lm(log(conc)~time,subset=(Subject==2))
Call:
lm(formula = log(conc) ~ time, subset = (Subject == 2))
Coefficients:
(Intercept)          time
     0.1822       -0.3703
> plot(log(conc)~time,subset=(Subject==2))
> scatterplot(log(conc)~time,subset=(Subject==2))
> detach(Indometh)
```

Das alles geht auch im R Commander. Dort wird, wie schon angemerkt, das Paket `car` automatisch dazugeladen. Nachdem man die Datei `Indometh` im R Commander aktiviert hat, findet man im Menü Grafiken|Streudiagramm... alle nötigen Einstellmöglichkeiten.

Aufgabe R9.4 Benutzen Sie den R Commander, um ein Punktediagramm für den fünften Patienten zu erstellen, bei dem zwar die Regressionsgerade, aber weder die Boxplots noch die zusätzliche Kurve gezeichnet werden sollen.

Lösungen:

Aufgabe R9.1 1. $\quad 13000 \cdot 1.057^{11} = 23920.39$

2. $\quad \text{Kap} \cdot (1 + p)^{13} = 2 \cdot \text{Kap}$, also $1 + p = 2^{1/13} = 1.054766$, d. h. $p = 5.48\%$. Die Formel für die Verdopplungszeit gilt nur bei exponentiellem Wachstum in stetiger Zeit.

3. $\quad \text{Kap}_0 \cdot 1.055^{20} = 100000$, also $\text{Kap}_0 = 100000/1.055^{20} = 34272.90$.

4. $\quad \frac{1}{2} = e^{-\lambda 14}$, also $\lambda = -\frac{1}{14} \log(\frac{1}{2})$, und $0.05 = \frac{1}{20} = e^{-\lambda T}$, also $T = -\frac{1}{\lambda} \log(\frac{1}{20}) = 14 \frac{\log 20}{\log 2} = 60.5$ Stunden.

Aufgabe R9.2 Wie immer gibt es viele Lösungsmöglichkeiten. Hier ist die wohl kürzeste:

```
> Daten=USPop[1:11,]
```

Dadurch werden die ersten 11 Jahrgänge des Datensatzes ausgewählt. Nach dem Komma folgen die ausgewählten Variablen (hier könnten es „year" und „population" sein). Da wir hier nichts angegeben haben, werden alle Variablen ausgegeben.

```
> Daten
   year population
1  1790      3.929
2  1800      5.308
3  1810      7.240
⋮    ⋮          ⋮
10 1880     50.189
11 1890     62.980
> plot(Daten)
> plot(Daten,log="y")
```

Vergleicht man beide Plots, so wird sofort klar, dass eine lineare Regression nur bei den logarithmierten Daten sinnvoll ist. Und das entspricht ja auch unserer Modellvorstellung von (unbegrenztem) Populationswachstum ...

```
> lm(log(population)~year,data=Daten)
Call:
lm(formula = log(population) ~ year, data = Daten)
Coefficients:
(Intercept)          year
  -48.75414       0.02803
> exp(0.02803)-1
[1] 0.02842654
```

Bei einer exponentiellen Wachstumsrate von 2.80% (in stetiger Zeit) beträgt der jährliche Bevölkerungszuwachs also 2.84%.

```
> abline(lm(log10(population)~year,data=Daten))
```

Für das Hinzufügen der Regressionsgeraden haben wir die Daten mit dem Zehner-Logarithmus transformiert, weil der obige Befehl `plot(Daten,log="y")` die Daten ebenfalls mit dem Zehner-Logarithmus transformiert.

Die Erstellung der Grafik und die lineare Regression kann man natürlich auch mit dem R Commander durchführen. Dazu muss man allerdings, nachdem man die Daten eingelesen hat, die Zeilen 12 bis 22 des Datensatzes entfernen (also alle Jahre nach 1890). Das kann man in einem Dialog machen, den man über das Menü Datenmanagement|Aktive Datenmatrix|Remove row(s) from active data set erreicht. (In der aktuellen Version des R Commanders ist hier die deutsche Übersetzung vergessen worden.)

Aufgabe R9.3 An sechs Patienten wurden je 11 Messungen dokumentiert. Ein einfaches naheliegendes Modell ist der exponentielle Abbau, d. h.

$$\text{conc} = a\,e^{-r\cdot\text{time}} \quad \text{bzw.} \quad \log(\text{conc}) = -r \cdot \text{time} + \log(a)$$

```
> plot(log(conc)~time,data=Indometh)
```

Dieser logarithmische Plot führt nicht auf einen überzeugenden linearen Zusammenhang. Trotzdem wollen wir (als „Trockenübung") die Koeffizienten des obigen Modells bestimmen:

```
> lm(log(conc)~time,data=Indometh)
Call:
lm(formula = log(conc) ~ time, data = Indometh)
Coefficients:
(Intercept)            time
   0.09288         -0.41910
```

Also: Abbaurate $r = 0.419$ und $\log(a) = 0.093$. Im folgenden Abschnitt werden wir ein Modell kennenlernen, das die Daten besser erklärt.

Aufgabe R9.4 Im Dialog Grafiken|Streudiagramm... wählt man time als X-Variable, conc als Y-Variable und setzt Häkchen *nur* in die Felder Log y-axis und Kleinste-Quadrat-Linie. Außerdem schreibt man Subject==5 in das Feld Anweisung für die Teilmenge.

R10   Nichtlineare Regression

Für die meisten etwas komplizierteren Wachstumsmodelle lässt sich die Anpassung der Parameter nicht auf eine lineare Regression zurückführen. Dafür steht in R der sehr mächtige Befehl `nls()` (**n**onlinear **l**east **s**quares) zur Verfügung, dessen Anwendung in diesem Abschnitt an ein paar Beispielen demonstriert wird. Da es im Allgemeinen keine Formeln für die zu bestimmenden Parameter gibt (wie das bei der linearen Regression der Fall ist), muss R die besten Werte durch eine intelligente „Versuch-und-Irrtum"-Strategie suchen. Dazu muss man in der Regel grobe Schätzwerte für die zu bestimmenden Parameter angeben, bei denen R die Suche beginnt. Für einige Anwendungen stellt R aber schon im Grundumfang sogenannte *Selbststartmodelle* zur Verfügung, die keine geschätzten Startwerte für das Parametersuchverfahren benötigen, sondern sich auch diese selbst beschaffen. Drei solcher Modelle werden hier vorgestellt.

R10.1 Logistisches Wachstum – US-Bevölkerungsdaten

Wir betrachten hier nicht nur die US-Bevölkerungsdaten von 1790–1890 wie in Unterabschnitt R9.2, sondern, wie in Unterabschnitt 6.1.3 den kompletten Datensatz mit den Werten von 1790–2000. Dort haben wir bereits mit dem Befehl `nls()` eine Anpassung des Modells $x(t) = \frac{K}{1+e^{-r(t-t_w)}}$ an die Daten vorgenommen, mussten dafür allerdings einige Vorbereitungen treffen. Mit dem Selbststartmodell `SSlogis()` geht das in einer Zeile:

```
> data(USPop,package="car")
> nls(population~SSlogis(year,K,tw,s),data=USPop)
Nonlinear regression model
  model:  population ~ SSlogis(year, K, tw, s)
   data:  USPop
      K        tw         s
 440.83  1976.63     46.28
 residual sum-of-squares: 457.8

Number of iterations to convergence: 0
Achieved convergence tolerance: 3.825e-06
```

Allerdings lautet hier das Modell $x(t) = \frac{K}{1+e^{-(t-t_w)/s}}$, d. h. der Parameter r wird durch den Parameter $s = \frac{1}{r}$ ersetzt. Die Werte für K, t_w und $r = \frac{1}{44.13} = 2.27\%$ stimmen mit den in Unterabschnitt 6.1.3 gefundenen überein.

Aufgabe R10.1 Auch für das Jahr 2010 liegt die Bevölkerungsgröße der USA vor: 308 400 408. Fügen Sie diese Angabe zum Datensatz `USPop` hinzu und führen Sie die Anpassung des logistischen Modells noch einmal durch. Welche Werte für K, t_w, s und r erhalten Sie jetzt?

R10.2 Biexponentielles Abklingen

In Aufgabe R9.3 haben wir gesehen, dass ein einfaches Modell des exponentiellen Abbaus die `Indometh`-Daten nur sehr schlecht erklären kann. Hier werden wir sehen, dass ein sogenanntes *biexponentielles Modell*

$$\text{conc} = a_1 e^{-r_1 \text{time}} + a_2 e^{-r_2 \text{time}}$$

wesentlich angemessener ist.[8]

Die Parameter a_1, a_2, r_1, r_2 dieses Modells lassen sich mit dem Befehl `nls()` anpassen. Dazu kann man das Selbststartmodell `SSbiexp()` benutzen.

```
> (Res=nls(conc ~ SSbiexp(time,a1,lr1,a2,lr2), data=Indometh))
Nonlinear regression model
  model:  conc ~ SSbiexp(time, a1, lr1, a2, lr2)
   data:  Indometh
      a1       lr1        a2       lr2
  2.7734    0.8864    0.6067   -1.0919
 residual sum-of-squares: 1.888

Number of iterations to convergence: 0
Achieved convergence tolerance: 3.303e-07
```

---

[8] Auch ein solches Modell lässt sich aus Differenzialgleichungen begründen, zum Beispiel dann, wenn mindestens ein weiterer Stoff eine wichtige Rolle im Abbauprozess spielt.

Allerdings liefert dieses Modell nicht r_1 und r_2, sondern deren natürliche Logarithmen. Deshalb habe ich die entsprechenden Parameter `lr1` bzw. `lr2` genannt. Wir müssen also noch transformieren:

```
> (C=coef(Res))
        a1          lr1          a2          lr2
2.7734071   0.8863545   0.6067352  -1.0919293
> (r=exp(C[c(2,4)]))
       lr1          lr2
2.4262685 0.3355685
```

Die Namen passen jetzt natürlich nicht mehr. Das können wir ändern:

```
> names(r)=c("r1","r2")
> r
        r1           r2
2.4262685 0.3355685
```

Wir erhalten dann folgende angepasste Gleichung

$$\text{conc} = 2.77e^{-2.43\text{time}} + 0.607e^{-0.336\text{time}}$$

```
> plot(Indometh$conc~Indometh$time)
> curve(C[1]*exp(-r[1]*x)+C[3]*exp(-r[2]*x),add=TRUE)
```

Diese Mischung zweier exponentieller Kurven scheint die Daten recht gut zu modellieren.

R10.3 Michaelis-Menten-Funktion

Wir schauen uns den Datensatz `Puromycin` an, der die Ergebnisse eines Experiments zur Bestimmung der Geschwindigkeit einer enzymatischen Reaktion in Abhängigkeit von der Substratkonzentration enthält, siehe Beispiel 6.5.2. Bei etwa der Hälfte der Versuche wurde das Enzym mit Puromycin behandelt, bei der anderen Hälfte nicht. Jede Zeile enthält daher die Substratkonzentration, die gemessene Reaktionsrate und einen Vermerk, ob das Enzym behandelt war.

```
> (Puro_tr=Puromycin[Puromycin$state=="treated", ])
    conc rate     state
1   0.02   76 treated
2   0.02   47 treated
3   0.06   97 treated
4   0.06  107 treated
⋮          ⋮
11  1.10  207 treated
12  1.10  200 treated
```

Mit dem letzten Befehl werden nur die Zeilen mit dem behandelten Enzym aus dem Datensatz herausgezogen.

Der funktionale Zusammenhang zwischen der Rate V und der Substratkonzentration s wurde in Beispiel 6.5.2 hergeleitet: $V(s) = V_{\max} \cdot \frac{s}{s+K_{\text{Mich}}}$. Das wird durch das Selbststartmodell `SSmicmen(s,Vmax,KMich)` beschrieben.

Aufgabe R10.2 Betrachten Sie den Datensatz `Puromycin`.
1. Bestimmen Sie $V_{\max}$ und K_{Mich} aus den Daten für das behandelte Enzym, also auf Basis des Datensatzes `Puro_tr`.

2. Erstellen Sie eine Grafik von `rate` gegen `conc` für die Fälle mit behandeltem Enzym, die die Originaldaten und die angepasste Kurve enthält.
3. Führen Sie die gleichen Schritte auch für die Daten zum unbehandelten Enzym durch.

Lösungen:

Aufgabe R10.1 Die zusätzlichen Zahlen (2010 und 308 400 408) können Sie z. B. mit der Funktion Datenmatrix bearbeiten des R Commanders an die Datei USPop anhängen. Dann ergibt derselbe `nls`-Befehl wie vorher: $K = 482,41$, $t_w = 1984.68$ und $s = 47.95$, also $r = \frac{1}{s} = 2.09\%$.

Aufgabe R10.2

1.
```
> nls(rate~SSmicmen(conc,Vmax,KMich),data=Puro_tr)
Nonlinear regression model
  model:  rate ~ SSmicmen(conc, Vmax, KMich)
   data:  Puro_tr
      Vmax       KMich
212.68371     0.06412
  residual sum-of-squares: 1195

Number of iterations to convergence: 0
Achieved convergence tolerance: 1.917e-06
```
   Damit sind die passendsten Werte für V_{max} und K_{Mich} bis auf einen Fehler von $1.917 \cdot 10^{-6}$ bestimmt.

2.
```
> plot(rate~conc,data=Puro_tr)
> curve(212.68371*x/(x+0.06412),add=TRUE)
```
   $\frac{Vmax \cdot x}{x + K}$

3. Ganz analog wie im behandelten Fall erhält man $V_{max} = 160.28012$ und $K_{Mich} = 0.04771$.

R11 Binomial-, Normal- und Poisson-Verteilung

R11.1 Die Binomialverteilung

In Unterabschnitt 9.2.2 wurden binomialverteilte Zufallsvariablen eingeführt: Eine Zufallsvariable X ist binomialverteilt mit Parametern N und p, falls

$$P[X = k] = \binom{N}{k} p^k (1-p)^{N-k} \quad (k = 0, 1, \ldots, N) .$$

Mit R werden die entsprechenden Wahrscheinlichkeiten folgendermaßen bestimmt:

- `dbinom(k,N,p)` steht für $P[X = k]$,
- `pbinom(k,N,p)` steht für $P[X \leqslant k]$,
- `1-pbinom(k,N,p)` steht für $P[X > k]$.

Aufgabe R11.1 Bei einer Testaussaat werden 50 Bohnen so ausgesät, dass ihre Keimungen unabhängig voneinander sind. Die Keimungsrate betrage 88%.

a) Wie groß ist die Wahrscheinlichkeit, dass nicht mehr als 40 Bohnen keimen?
b) Wie groß ist die Wahrscheinlichkeit, dass alle Bohnen keimen?
c) Wie groß ist die Wahrscheinlichkeit, dass weniger als 40 Bohnen keimen?
d) Wie groß ist die Wahrscheinlichkeit, dass mehr als 45 Bohnen keimen?

Im R Commander gibt es dafür auch ein Menü: Verteilungen|Diskrete Verteilungen|Binomial-Verteilung. Dort wählen Sie Wahrscheinlichkeiten der Binomial-Verteilung... aus, wenn Sie `dbinom()` bestimmen wollen (dann erhalten Sie eine Tabelle für alle $k = 0, \ldots, N$), und Wahrscheinlichkeiten der Grenzen der Binomial-Verteilung..., wenn es um `pbinom()` geht. Dabei lassen Sie das Kästchen Untere Grenze unverändert. Das ist eine schlechte Übersetzung von „lower tail" und bedeutet, dass tatsächlich die Wahrscheinlichkeit $P[X \leq k]$ bestimmt wird. Wählen Sie Obere Grenze, so erhalten Sie $P[X > k]$. Beachten Sie, dass hier ein striktes > steht.

Achtung: Wenn das Fenster des R Commanders zu nahe am rechten Bildschirmrand ist, öffnet sich das geschachtelte Menü nicht richtig. Ziehen Sie ggf. das Fenster an den linken Bildschirmrand.

Aufgabe R11.2 Bearbeiten Sie Aufgabe R11.1 noch einmal – jetzt mit dem Menü des R Commanders. Achten Sie darauf, dass Sie dieselben Ergebnisse erhalten – sonst steckt irgendwo ein Fehler!

R11.2 Die Normalverteilung

In Unterabschnitt 9.1.2 wurden standardnormalverteilte Zufallsvariablen X charakterisiert durch

$$P[X \leq x] = \frac{1}{\sqrt{2\pi}} \int_{-\infty}^{x} e^{-t^2/2} \, dt \, .$$

Eine solche Zufallsvariable X hat Erwartungwert 0 und Varianz 1. Sind μ und σ reelle Zahlen, so hat die Zufallsvariable $Y = \sigma X + \mu$ Erwartungswert μ und Varianz σ^2, und man sagt, Y ist normalverteilt mit Erwartungswert μ und Varianz σ^2 (oder auch Standardabweichung σ), siehe Unterabschnitt 9.5.2. Mit R berechnet man:

- `pnorm(x)`, das ergibt $P[X \leq x] = P[X < x]$,
- `pnorm(x,mu,sigma)`, das ergibt $P[Y \leq x] = P[Y < x]$.

Wieder finden Sie die entsprechenden Befehle im R Commander, jetzt im Menü Verteilungen|Stetige Verteilungen|Normalverteilung.

Aufgabe R11.3 Sei T eine normalverteilte Zufallsvariable mit Erwartungswert 5 und Standardabweichung 4.

a) Wie groß ist die Wahrscheinlichkeit, dass T einen negativen Wert annimmt?
b) Bestimmen Sie $P[0 < T < 8]$.

R11.3 Die Poisson-Verteilung

In Unterabschnitt 9.1.1 wurden Poisson-verteilte Zufallsvariablen eingeführt. Eine Zufallsvariable X, die als Werte die Zahlen $0, 1, 2, 3, \ldots$ annehmen kann, ist Poisson-verteilt mit Parameter λ, falls

$$P[X = k] = e^{-\lambda} \frac{\lambda^k}{k!} \quad (k = 0, 1, 2, 3, \ldots)$$

Mit R werden die entsprechenden Wahrscheinlichkeiten folgendermaßen bestimmt:

- `dpois(k,lambda)` ergibt $P[X = k]$,
- `ppois(k,lambda)` ergibt $P[X \leqslant k]$.

Die entsprechenden „Klicks" im R Commander werden Sie jetzt selbst finden – beachten Sie, dass die Poisson-Verteilung eine diskrete Verteilung ist.

Aufgabe R11.4 Sei X eine Poisson-verteilte Zufallsvariable mit Parameter $\lambda = 3$.

a) Wie groß ist die Wahrscheinlichkeit, dass X einen Wert größer als 5 annimmt?
b) Welches ist die kleinste Zahl k, für die die Wahrscheinlichkeit, dass X echt größer als k ist, höchstens 0.01 ist?

Aufgabe R11.5 Fluggesellschaften überbuchen üblicherweise ihre Flüge. Für Gesellschaft ABC fliegen z. B. nur Flugzeuge mit einer maximalen Kapazität von 223 Passagieren, es werden aber immer 230 Tickets verkauft, da man aus Erfahrung weiß, dass Fluggäste unabhängig voneinander nur mit einer Wahrscheinlichkeit von 95% den Flug auch tatsächlich wahrnehmen.

a) Berechnen Sie mit der Binomialverteilung die Wahrscheinlichkeit, dass ein Flugzeug nicht überbucht ist.
b) Approximieren Sie diese Wahrscheinlichkeit auch mit der Normalverteilung. (Warum wäre eine Abschätzung mit der Poisson-Verteilung nicht angebracht?)
c) Welche Kapazität müssten die Flugzeuge mindestens haben, damit die Fluggesellschaft mit einer Wahrscheinlichkeit von mindestens 99% nicht überbucht?

R11.4 Plotten von Dichten und Verteilungsfunktionen

Bilder von Dichten und Verteilungsfunktionen erzeugt man am einfachsten mit dem R Commander. In den oben angeführten Menüs finden Sie immer auch den Befehl Grafik der ...-Verteilung. Dort können Sie die Parameter der zu plottenden Verteilung eintragen, und Sie können angeben, ob Sie die Dichte oder die Verteilungsfunktion erzeugen möchten.

Aufgabe R11.6 Erzeugen Sie ein paar Bilder von Dichten und Verteilungsfunktionen.

Lösungen:

Aufgabe R11.1 a) `pbinom(40,50,0.88)`. Das ergibt 0.0707616.
b) `dbinom(50,50,0.88)`. Das ergibt 0.001675458.
c) `pbinom(39,50,0.88)`. Das ergibt 0.03249797.
d) `1-pbinom(45,50,0.88)`. Das ergibt 0.2679538.

Aufgabe R11.2 Siehe die vorherige Aufgabe.

Aufgabe R11.3 a) `pnorm(0,5,4)`, das ergibt 0.1056498.
b) `pnorm(8,5,4)-pnorm(0,5,4)`, das ergibt 0.6677229.
Beachten Sie, dass $P[0 < T < 8] = P[T < 8] - P[T \leq 0]$.

Aufgabe R11.4 a) `1-ppois(5,3)`. Das ergibt 0.08391794.
b) Das kann man durch Probieren herausfinden:

```
> 1-ppois(0:10,3)
 [1] 0.9502129316 0.8008517265 0.5768099189 0.3527681112 0.1847367555
 [6] 0.0839179420 0.0335085353 0.0119045039 0.0038029921 0.0011024881
[11] 0.0002923370
```

Man sieht: Für $k = 7$ ist das noch 0.01190 > 0.01, für $k = 8$ ist es 0.00380 < 0.01. Also ist $k = 8$ der gesuchte Wert. Mit dem Befehl `qpois()` geht es aber auch direkter, denn `qpois(p,lambda)` liefert das p-Quantil der Poisson-Verteilung zum Parameter λ, d. h. das kleinste k, für das $P[X \leq k] \geq p$ ist, äquivalent dazu ist $P[X > k] < 1 - p$. Hier sieht das so aus:

```
> qpois(1-0.01,3)
[1] 8
```

Aufgabe R11.5 a) `pbinom(223,230,0.95)`. Das ergibt 0.9442116, also ca. 94.4%.
b) `pnorm(223,230*0.95,sqrt(230*0.95*(1-0.95)))`. Das ergibt 0.9133143, also ca. 91.3%. Die benutzten Parameter $230 \cdot 0.95$ und $\sqrt{230 \cdot 0.95 \cdot (1 - 0.95)}$ sind der Erwartungswert bzw. die Standardabweichung der Zahl der zum Flug erscheinenden Passagiere. Da $\lambda = 230 \cdot 0.05 = 11.5 > 10$, ist die Poisson-Approximation nicht angezeigt.
c) 225 Sitze, das erhält man durch `qbinom(0.99,230,0.95)`.

R12 Binomialtest und Chi-Quadrat-Tests

R12.1 Die Binomlalverteilung und der Binomialtest

Wir betrachten eine Situation wie in Aufgabe R11.1: Bei einer Testaussaat werden 50 Bohnen so ausgesät, dass ihre Keimungen unabhängig voneinander sind. Die Keimungsrate p sei unbekannt.

Will man die Hypothese $H_0 : p \geqslant 0.85$ zum Niveau $\alpha = 0.05$ gegen die Alternative $H_1 : p < 0.85$ testen, und beobachtet man bei 50 Aussaaten 40 Keimungen, so berechnet man

```
> pbinom(40,50,0.85)
[1] 0.2089063
```

und stellt fest, dass dieser p-Wert größer als 0.05 ist, sodass die Hypothese akzeptiert werden muss. Etwas übersichtlicher und eleganter lässt sich dieser Test mit dem Befehl `binom.test()` durchführen:

```
> binom.test(40,50,0.85,alternative="less")
        Exact binomial test
data:   40 and 50
number of successes = 40, number of trials = 50, p-value = 0.2089
alternative hypothesis: true probability of success is less than 0.85
95 percent confidence interval:
 0.0000000 0.8872784
sample estimates:
probability of success
        0.8
```

Die Angabe des Konfidenzintervalls bedeutet: Mit 95%-iger Sicherheit können wir aus den Beobachtungen schließen, dass der wahre Parameter ≤ 0.8873 ist.

Will man $H_0 : p \leq 0.85$ gegen $H_1 : p > 0.85$ testen, so gibt man `alternative="greater"` an. Lässt man diese Angabe ganz weg oder gibt man `alternative="two.sided"` an, so geschieht folgendes:

```
> binom.test(40,50,0.85)
        Exact binomial test
data:   40 and 50
number of successes = 40, number of trials = 50, p-value = 0.321
alternative hypothesis: true probability of success is not equal to 0.85
95 percent confidence interval:
 0.6628169 0.8996978
sample estimates:
probability of success
        0.8
```

Hier wird also $H_0 : p = 0.85$ gegen $H_1 : p \neq 0.85$ getestet. Bei einem p-Wert von 0.321 muss die Nullhypothese akzeptiert werden. Wir verzichten hier auf eine präzise Definition dieses p-Wertes und stützen uns stattdessen auf das zweiseitige Konfidenzintervall: Mit mindestens 95%-iger Wahrscheinlichkeit liegt der wahre Parameter zwischen 0.6628 und 0.8997, was wiederum bedeutet, dass man die Hypothese $p = 0.85$ zum Niveau $\alpha = 0.05$ akzeptieren muss.

Aufgabe R12.1 a) Testen Sie $H_0 : p \geq 0.7$ gegen $H_1 : p < 0.7$ auf der Basis von 63 Erfolgen bei 100 Versuchen.

b) Testen Sie $H_0 : p \leq 0.2$ gegen $H_1 : p > 0.2$ auf der Basis von 20 Erfolgen bei 80 Versuchen.

c) Bestimmen Sie das 95%-Konfidenzintervall für den unbekannten Parameter p auf der Basis von 51 Erfolgen bei 75 Versuchen.

R12.2 χ^2-Tests

Die Aufgaben in diesem Abschnitt beziehen sich auf Abschnitt 10.2. Dort finden Sie die Hintergründe zum Test-Befehl `chisq.test()`, mit dem Sie hier arbeiten sollen.

Aufgabe R12.2 In dieser Aufgabe soll überprüft werden, ob ein Würfel gezinkt ist: Bei 100maligem Würfeln wurden folgende Ergebnisse gezählt:

Augen	1	2	3	4	5	6
Anzahl	18	9	17	15	13	28

Bei einem nicht gezinkten Würfel würde jede Augenzahl mit derselben Wahrscheinlichkeit 1/6 erscheinen.

a) Mit welchem Test überprüfen Sie die Hypothese, dass der vorliegende Würfel ungezinkt ist?
b) Testen Sie diese Hypothese zum Niveau $\alpha = 0.05$ auf Grundlage der obigen Beobachtungen.

Aufgabe R12.3 Bei einer Pflanze werden drei verschiedene Phänotypen unterschieden, die wir mit X, Y und Z bezeichnen wollen. In der Literatur wird behauptet, dass die drei Phänotypen mit folgenden Häufigkeiten auftreten:

Phänotyp	X	Y	Z
Häufigkeit	20%	30%	50%

In einer Stichprobe vom Umfang 75 zählen Sie:

Phänotyp	X	Y	Z
Anzahl	10	18	47

a) Mit welchem Test überprüfen Sie die Hypothese, dass die Angabe in der Literatur korrekt ist?
b) Testen Sie diese Hypothese zum Niveau $\alpha = 0.05$ auf Grundlage der obigen Beobachtungen.

Aufgabe R12.4 Patienten mit hohem Cholesterinwert werden mit drei Varianten eines Medikaments behandelt. Die Behandlung gilt als erfolgreich, wenn der Wert um mindestens 20 Punkte gesenkt werden konnte. Mit der ersten Variante wurden 63 Patienten behandelt, bei 47 stellte sich ein Erfolg ein. Bei der zweiten Variante waren es 32 Erfolge aus 56 und bei der dritten 52 Erfolge aus 75.

a) Mit welchem Test testen Sie die Hypothese, dass alle drei Varianten des Medikaments gleiche Erfolgswahrscheinlichkeit haben?
b) Testen Sie diese Hypothese zum Niveau $\alpha = 0.05$ auf Grundlage der obigen Beobachtungen.

Lösungen:

Aufgabe R12.1 a) Mit `binom.test(63,100,0.7,alternative="less")` erzeugt man eine Ausgabe, aus der man den p-Wert 0.07988 abliest. Da dieser Wert größer als 0.05 ist, muss die Hypothese akzeptiert werden.

b) Mit `binom.test(20,80,0.2,alternative="greater")` erzeugt man eine Ausgabe, aus der man den p-Wert 0.1634 abliest. Da dieser Wert größer als 0.05 ist, muss die Hypothese akzeptiert werden.

c) Mit `binom.test(51,75)` erzeugt man eine Ausgabe, aus der man das 95%-Konfidenzintervall [0.5622, 0.7831] abliest.

Aufgabe R12.2 a) Mit dem χ^2-Anpassungstest.

b) Mit `chisq.test(c(18,9,17,15,13,28))` erzeugt man eine Ausgabe, aus der man den p-Wert 0.03066 abliest. Da dieser Wert kleiner als 0.05 ist, kann die Hypothese abgelehnt werden, d.h. man kann davon ausgehen, dass der Würfel gezinkt ist. (Die Angabe `p=c(1/6,1/6,1/6,1/6,1/6,1/6)` konnten wir weglassen, da R bei fehlender Angabe von `p` immer identische Wahrscheinlichkeiten annimmt.)

Aufgabe R12.3 a) Mit dem χ^2-Anpassungstest.

b) Mit `chisq.test(c(10,18,47),p=c(0.2,0.3,0.5)` erzeugt man eine Ausgabe, aus der man den p-Wert 0.08319 abliest. Da dieser Wert größer als 0.05 ist, muss die Hypothese akzeptiert werden.

Aufgabe R12.4 a) Mit dem χ^2-Test für den Vergleich unabhängiger Stichproben.

b) Mit `prop.test(c(47,32,52),c(63,56,75))` erzeugt man eine Ausgabe, aus der man den p-Wert 0.1163 abliest. Da dieser Wert größer als 0.05 ist, muss die Hypothese akzeptiert werden, obwohl die Erfolgsquoten der drei Medikamente zwischen 57% und 75% variieren, wie ebenfalls aus der Ausgabe abzulesen ist. Aber das kann noch gut durch zufällige Schwankungen erklärt werden.

R13 Schätzen und Testen bei normalverteilten Beobachtungen

R13.1 Konfidenzintervalle bei normalverteilten Beobachtungen

Will man auf der t-Verteilung basierende Statistiken zur Datenauswertung benutzen, so sollte man sicher sein, dass die Beobachtungen tatsächlich normalverteilt sind, siehe Unterabschnitt 11.2.1. Betrachten wir also den folgenden Datensatz:

1.42 1.71 2.05 1.87 0.71 0.78 1.51 1.13 1.14 1.57

Hier sind zwei Möglichkeiten, seine Normalität zu überprüfen.

1. Man kann diese Daten so transformieren, dass sie, wenn sie normalverteilt sind, in einem geeigneten 2-dimensionalen Bild (einem „normalen QQ-Plot") annähernd auf einer Geraden liegen. Hier ist ein Beispiel, in dem die obigen Daten zum Vektor `x` zusammengefasst wurden:

```
> x=c(1.42,1.71,2.05,1.87,0.71,0.78,1.51,1.13,1.14,1.57)

> qqnorm(x)
```

Ein solcher Plot gibt zumindest einen ersten Eindruck von der (Nicht)Normalität der Stichprobe.

2. Es gibt auch diverse Tests für die Nullhypothese, dass die Stichprobe aus einer normalverteilten Grundgesamtheit stammt. Sehr bekannt ist der *Shapiro-Wilk-Test* auf Normalität:

```
> shapiro.test(x)
        Shapiro-Wilk normality test
data:  x
W = 0.9609, p-value = 0.7962
```

Die Null-Hypothese lautet hier, dass die Daten normalverteilt sind. Bei einem p-Wert größer als 0.05 müssen wir die Hypothese der Normalität also annehmen.

Will man einen aktiven Datensatz im R Commander auf Normalität testen, so findet man den QQ-Plot unter Grafiken|Quantile-comparison plot... und den Shapiro-Wilk Test unter Statistik|Deskriptive Statistik|Shapiro-Wilk Test auf Normalverteilung... Sie sehen, dass der R Commander den Befehl qqPlot() (und nicht qqnorm()) benutzt, und dass dieser Befehl zusätzlich einen Bereich in der Grafik produziert, innerhalb dessen die Datenpunkte liegen sollten, um die Normalitätshypothese anzunehmen. Der Befehl qqPlot() gehört zum Paket car und ist nicht im Grundumfang von R enthalten. Dieses Paket wird aber mit dem R Commander automatisch geladen.

Wenn wir nun keinen Grund haben, die Normalität der Stichprobe ernsthaft in Frage zu stellen, können wir ein Konfidenzintervall für den Mittelwert der zugrunde liegenden Normalverteilung bestimmen:

```
> t.test(x)
        One Sample t-test
data:  x
t = 9.8748, df = 9, p-value = 3.973e-06
alternative hypothesis: true mean is not equal to 0
95 percent confidence interval:
1.070803 1.707197
sample estimates:
mean of x
   1.389
```

(Da wir nicht wirklich testen, spielen die ersten Zeilen keine Rolle.) Wollen wir ein anderes Konfidenzniveau, so müssen wir das explizit verlangen, z. B.:

```
> t.test(x,conf.level=0.9)
        One Sample t-test
data:  x
t = 9.8748, df = 9, p-value = 3.973e-06
alternative hypothesis: true mean is not equal to 0
90 percent confidence interval:
```

```
1.131153 1.646847
sample estimates:
mean of x
    1.389
```

Das Konfidenzintervall wird dadurch kleiner, die Schätzung auf den ersten Blick also genauer, aber die Fehlerwahrscheinlichkeit ist dafür mit 10% jetzt doppelt so hoch wie vorher.

Aufgabe R13.1 Die folgenden Werte (in Gramm) wurden bei Versuchen zum Wachstum einer Kulturpflanze gemessen:

4.17 5.58 5.18 6.11 4.50 4.61 5.17 4.53 5.33 5.14

a) Testen Sie die Hypothese, dass diese Messwerte normalverteilt sind. Schauen Sie sich auch einen normalen QQ-Plot an.
b) Wenn das der Fall ist, bestimmen Sie ein 90%-Konfidenzintervall für den Mittelwert.

Aufgabe R13.2 Eine im Labor schwierig zu messende Größe wird „sicherheitshalber" von fünf Mitarbeitern an fünf verschiedenen Tagen unabhängig voneinander gemessen. Dabei wird darauf geachtet, dass bei allen fünf Messungen die gleichen Versuchsbedingungen herrschen. Die Ergebnisse sind:

2.38 2.29 2.34 2.35 2.32.

Da eigentlich immer dieselbe Größe gemessen werden sollte, erklärt man die Abweichungen durch unvermeidliche Messfehler, die man als normalverteilt annimmt (üblich bei Messfehlern). Überprüfen Sie die Annahme der Normalität und bestimmen Sie ein 98%-Konfidenzintervall für die zu messende Größe.

R13.2   Ein-Stichproben-t-Test

Beim Ein-Stichproben-t-Test werden normalverteilte unabhängige Beobachtungen (mit unbekanntem Erwartungswert μ und unbekannter Varianz σ^2) darauf getestet, ob sie aus einer Normalverteilung mit vorgegebenem Erwartungswert μ_0 stammen. Es wird also die Hypothese $H_0 : \mu = \mu_0$ getestet. Wir betrachten die Daten x aus dem ersten Abschnitt, die wir dort bereits auf Normalität untersucht hatten, und testen die Hypothese $H_0 : \mu = 1$ zum Niveau $\alpha = 0.05$, d. h. zum Konfidenzniveau $1 - \alpha = 0.95$.

```
> t.test(x,mu=1,conf.level=0.95)
        One Sample t-test
data:  x
t = 2.7655, df = 9, p-value = 0.02191
alternative hypothesis: true mean is not equal to 1
95 percent confidence interval:
1.070803 1.707197
sample estimates:
mean of x
    1.389
```

Da der p-Wert kleiner als 5% ist, können wir diese Hypothese ablehnen. In der Tat ergibt sich das 95%-Konfidenzintervall $(1.07, 1.71)$ für das wahre μ.

Aufgabe R13.3 Testen Sie an den Daten aus Aufgabe R13.2 die Hypothese $H_0 : \mu = 2.3$ zum Niveau $\alpha = 0.05$.

a) Welcher p-Wert ergibt sich?
b) Können Sie die Hypothese ablehnen?

R13.3   Zwei-Stichproben-*t*-Test – verbundene Strichproben

Beim Zwei-Stichproben-*t*-Test mit verbundenen Stichproben handelt es sich eigentlich um einen Test an einer einzigen zweidimensionalen Stichprobe, nicht wirklich an zweien. Hier ist eine typische Situation: An sieben verschiedenen Patienten wird die Körpertemperatur vor und nach der Behandlung mit einem Medikament gemessen:

vor	36.9	36.4	37.2	37.3	36.8	37.2	37.1
nach	37.1	37.4	37.1	37.5	37.0	36.9	37.6

Man fragt sich, ob die Medikation eine signifikante Änderung der Körpertemperatur hervorruft, und testet daher die Hypothese, dass das nicht der Fall ist. Wenn die Daten normalverteilt sind, kann man dazu die Differenzen bilden und testen, ob sie Erwartungswert null haben: Das geht am direktesten, mit dem *t-Test für zwei verbundene Stichproben*.

```
> vor.Med=c(36.9,36.4,37.2,37.3,36.8,37.2,37.1)
> nach.Med=c(37.1,37.4,37.1,37.5,37.0,36.9,37.6)
```

Bevor wir den Test durchführen, stellen wir zunächst sicher, dass die Differenzen tatsächlich als normalverteilt angenommen werden können:

```
> shapiro.test(nach.Med-vor.Med)
        Shapiro-Wilk normality test
data:  nach.Med - vor.Med
W = 0.9306, p-value = 0.5559
```

Der p-Wert ist größer als 0.05, also können wir den *t*-Test durchführen:

```
> t.test(nach.Med,vor.Med,level=0.05,paired=TRUE)
        Paired t-test
data:  nach.Med and vor.Med
t = 1.5308, df = 6, p-value = 0.1767
alternative hypothesis: true difference in means is not equal to 0
95 percent confidence interval:
 -0.1453473  0.6310616
sample estimates:
mean of the differences
              0.2428571
```

Wichtig: Mit der Option `paired=TRUE` wählt man den *t*-Test für verbundene Stichproben! Da der p-Wert größer als 0.05 ist, müssen wir die Hypothese, dass beide Stichproben denselben Erwartungswert haben, akzeptieren (obwohl die beobachteten Mittelwerte eine Differenz von 0.243 haben, wie wir der letzten Zeile der Ausgabe entnehmen können).

Fragt man sich, ob die Medikation die Körpertemperatur erhöht, so testet man die Hypothese, dass das nicht der Fall ist, dass also die „erwartete Körpertemperatur nach Behandlung" nicht größer als die „erwartete Körpertemperatur vor Behandlung" ist. Da die Alternative dann „größer" lautet, geht das so:

```
> t.test(nach.Med,vor.Med,paired=TRUE,alternative="greater",
   mu=0,conf.level=0.95)
      Paired t-test
data:  nach.Med and vor.Med
t = 1.5308, df = 6, p-value = 0.08835
alternative hypothesis: true difference in means is greater than 0
95 percent confidence interval:
-0.06542991      Inf
sample estimates:
mean of the differences
         0.2428571
```

Bei einem p-Wert von 0.088 kann die Hypothese, dass die Körpertemperatur gesenkt wird, also nicht verworfen werden, d. h., die Daten erlauben nicht zu schließen, dass die Medikation die Körpertemperatur hebt, obwohl wir einen durchschnittlichen Anstieg um 0.243 Grad beobachten.

Aufgabe R13.4 Bei einem Versuch mit 10 Hunden (gleiche Rasse, gleiches Geschlecht, gleiches Alter) wurde der Blutdruck gemessen. Nach Gabe eines Pharmakons über einen gewissen Zeitraum wurde der Blutdruck ein zweites Mal gemessen.

vor Medikation	80	85	110	120	70	90	110	110	95	120
nach Medikation	75	80	115	100	60	85	110	100	85	110

Untersuchen Sie, ob das Pharmakon blutdrucksenkende Eigenschaften hat.

R13.4 Statistik zur linearen Regression
Aufgabe R13.5 Schauen Sie sich noch einmal Aufgabe R7.5 an. Die dort an den logarithmisch transformierten Baum-Daten durchgeführte lineare Regression soll jetzt noch einmal mit statistischer Interpretation wiederholt werden.

a) Führen Sie die lineare Regression durch, die zur Bestimmung des Allometrie-Exponenten nötig ist. Dazu sollten die logarithmierten Daten normalverteilt sein. Überprüfen Sie auch das. Speichern Sie das Ergebnis der Regression in einer Variablen, z. B. in `Reg`.
b) Schauen Sie sich jetzt mit `summary(Reg)` das detaillierte Ergebnis der Regression an. Geben Sie sich Rechenschaft über die Bedeutung der vielen Teilergebnisse.

Lösungen:

Aufgabe R13.1 Sei `y` der Datenvektor.
a) `qqnorm(y)` (oder `qqPlot(y)` nach Eingabe von `library(car)`) erzeugt den QQ-Plot, `shapiro.test(y)` ergibt einen p-Wert von 0.7475, d. h. wir können von der Normalität der Stichprobe ausgehen.
b) Mit `t.test(y,conf.level=0.9)` erhält man das Konfidenzintervall (4.69, 5.37).

Aufgabe R13.2 Der Shapiro-Wilk-Test ergibt einen p-Wert von 0.9937, also kann man von Normalität ausgehen. Das 98%-Konfidenzintervall ist (gerundet): (2.28, 2.39).

Aufgabe R13.3 Sei z der Datenvektor.

a) `t.test(z,mu=2.3)` ergibt den p-Wert 0.07479.

b) Nein, denn der p-Wert ist größer als 0.05.

Aufgabe R13.4 Seien μ_{ohne} und μ_{mit} die erwarteten Blutdruckwerte vor bzw. nach Medikation. Die zu testende Hypothese lautet $H_0 : \mu_{ohne} \leq \mu_{mit}$. Können wir sie ablehnen, so ist uns der Nachweis für die blutdrucksenkende Wirkung des Pharmakons gelungen. Die Alternative ist daher $\mu_{ohne} > \mu_{mit}$.

Der Shapiro-Wilk-Test auf Normalität liefert einen p-Wert von 0.4403, Normalität kann daher angenommen werden. Ein t-Test mit Alternative „greater" angewandt auf „vor Medikation" als erste und „nach Medikation" als zweite Stichprobe liefert einen p-Wert von 0.0048, d. h. die Hypothese kann abgelehnt werden, und wir haben statistische Evidenz für das Vorliegen der Alternative, d. h. für die blutdrucksenkende Wirkung. (Das gleiche Ergebnis erhält man natürlich, wenn man die Reihenfolge von „vor Medikation" und „nach Medikation" vertauscht und dann die Alternative „less" wählt.)

Aufgabe R13.5 a) Mit `shapiro.test(log(trees$Girth))` Überprüft man die log-Normalität der Variablen Girth, entsprechend verfährt man mit Volume. Die p-Werte sind größer als 0.05.

b) Siehe Abschnitt 12.2.

R14 Sequence Alignment

R14.1 Die Datenbank Genbank

Zu den wichtigsten Datenbanken für Gen-Informationen zählt *Genbank*, eine Datenbank, die vom National Institute of Health der USA unterhalten wird. Ihre Homepage hat die Adresse `http://www.ncbi.nlm.nih.gov/Genbank`. Gehen Sie dort hin, und öffnen Sie das Menü Entrez. Für uns ist unter den vielen Punkten auf der sich dann öffnenden Seite momentan nur der Punkt Protein von Interesse. Wenn Sie ihn wählen, öffnet sich eine neue Seite, und Sie können per Stichwort (das kann auch eine Zahl sein) nach Einträgen suchen.

Die Homepage von Genbank wird ständig fortentwickelt und bietet zur Zeit (Anfang 2010) eine ganze Reihe komfortabler Online-Analysemöglichkeiten, die hier jedoch nicht diskutiert werden sollen.

Geben Sie z. B. `pongo pygmaeus insulin` ein. Sie erhalten dafür (zurzeit) 4 Einträge. Der Eintrag AAM76641 ist derjenige, aus dem wir eine Sequenz beziehen wollen. Klicken Sie auf diesen Eintrag, und Sie erhalten umfangreiche Informationen zu dieser Sequenz. Die Sequenz selbst steht ganz am Ende des Eintrags. Um die Sequenz zur weiteren Verarbeitung auf den eigenen Rechner zu laden, gehen Sie in das Menü Send to oben rechts auf der Seite, wählen File als Destination und FASTA als Format. (Das ist eine komprimierte Form der Information, die außer einer Kopfzeile mit den wesentlichen Daten zur Sequenz nur die eigentliche Sequenz enthält.) Dann können Sie mit Create File die Datei auf Ihren Rechner herunterladen. Eventuell wird die Datei immer unter demselben Namen `sequences.fasta` auf Ihrer Arbeitsfläche (Desktop) gespeichert. Dann müssen Sie sie umbenennen, bevor Sie die nächste Datei herunterladen.[9]

Zur Vorbereitung einer Aufgabe im nächsten Abschnitt laden Sie nun sieben Dateien herunter. Es handelt sich um Proteinsequenzen für Insulin der in Abschnitt 13.4 aufgelisteten Arten. Sie haben gesehen, dass, wenn Sie beispielsweise `pongo pygmaeus insulin` eingeben, eine ganze Reihe von Einträgen erscheinen. Besser ist es, den entsprechenden Gen-Identifikator als Suchbegriff einzugeben. Hier sind die Identifikatoren:

Bos taurus: 187762637
Homo sapiens: 386828
Mus musculus: 71051638
Ovis aries: 405982
Octodon degus: 202472
Pongo pygmaeus: 22901146
Rattus norvegicus: 204948

Aufgabe R14.1 . Lesen Sie die oben angegebenen Sequenzen ein und speichern Sie sie in Ihrem Home-Verzeichnis oder auf Ihrem Desktop unter den Namen `bos.fasta`, `homo.fasta` usw. ab.

R14.2 Die Bereitstellung von Sequenzen für R

In diesem Abschnitt soll das Paket `Biostrings`[10] benutzt werden, um Alignments der gefundenen Sequenzen herzustellen. Die umfangreichen Meldungen, die beim Aufruf des Pakets ausgegeben werden, sind für uns im Detail nicht wichtig.

```
> library(Biostrings)
Lade nötiges Paket: IRanges
Attache Paket: 'IRanges'
...
```

Wir beginnen damit, die Proteinsequenzen von Octodon degus und Rattus norvegicus zu vergleichen. Der Vergleich soll die Substitutionsmatrix BLOSUM62 benutzen, die im Paket `Biostrings` enthalten ist, aber vor Benutzung aktiviert werden muss:

```
> data(BLOSUM62)
```

Nun werden die beiden im FASTA-Format vorliegenden Sequenzdateien `octodon.fasta` und `rattus.fasta` eingelesen. Dazu gibt es den speziellen Befehl `readFASTA()`. Wir nennen die Variablen, in denen die Sequenzen in R gespeichert werden, `octodon` bzw. `rattus`. Achtung: Sie müssen natürlich den Pfad und die Namen eingeben, unter denen *Sie* die Dateien gespeichert haben. Der Befehl `readLines()` sollte hier nicht angewandt werden, denn er ist nur dazu geeignet, reine Zeichenketten einzulesen.

```
> (octodon=readFASTA("MeinPfad/octodon.fasta"))
[[1]]
[[1]]$desc
```

---

[9] Die Homepage von Genbank wird ständig weiter entwickelt, und es ist gut möglich, dass sich einige der hier beschriebenen Details bei Erscheinen dieses Buches geändert haben.

[10] Zur Installation des Pakets siehe S. 157.

```
[1] "gi|202472|gb|AAA40590.1|insulin [Octodon degus]"
[[1]]$seq
[1] "MAPWMHLLTVLALLALWGPNSVQAYSSQHLCGSNLVEALYMTCGRSGFYRPHDRRELEDLQVE
QAELGLEAGGLQPSALEMILQKRGIVDQCCNNICTFNQLQNYCNVP"
```

Eine evtl. zusätzlich ausgegebene Warnmeldung ist für uns irrelevant.

```
> (rattus=readFASTA("MeinPfad/rattus.fasta"))
[[1]]
[[1]]$desc
[1] "gi|9506815|ref|NP_062002.1|insulin 1 [Rattus norvegicus]"
[[1]]$seq
[1] "MALWMRFLPLLALLVLWEPKPAQAFVKQHLCGPHLVEALYLVCGERGFFYTPKSRREVEDPQV
PQLELGGGPEAGDLQTLALEVARQKRGIVDQCCTSICSLYQLENYCN"
```

Schließlich ziehen wir aus diesen FASTA-Informationen die reinen Sequenzen heraus:

```
> (octodon=octodon[[1]]$seq)
[1] "MAPWMHLLTVLALLALWGPNSVQAYSSQHLCGSNLVEALYMTCGRSGFYRPHDRRELEDLQVE
QAELGLEAGGLQPSALEMILQKRGIVDQCCNNICTFNQLQNYCNVP"
> (rattus=rattus[[1]]$seq)
[1] ""MALWMRFLPLLALLVLWEPKPAQAFVKQHLCGPHLVEALYLVCGERGFFYTPKSRREVEDPQ
VPQLELGGGPEAGDLQTLALEVARQKRGIVDQCCTSICSLYQLENYCN"
```

R14.3 Needleman-Wunsch-Algorithmus für Protein-Sequenzen

Der Needleman-Wunsch-Algorithmus aus Abschnitt 13.3 kann auf dieses Paar von Sequenzen folgendermaßen angewandt werden:

```
> (nw=pairwiseAlignment(octodon,rattus,
     substitutionMatrix=BLOSUM62,gapOpening=-3,gapExtension=-1))
Global PairwiseAlignedFixedSubject (1 of 1)
pattern: [1] MAPWMHLLTVLALLALWGPNSVQAY...QKRGIVDQCCNNICTFNQLQNYCN
subject: [1] MALWMRFLPLLALLVLWEPKPAQAF...QKRGIVDQCCTSICSLYQLENYCN
score: 346
```

Hier wurden – recht willkürlich – Gap Penalties von 3 und 1 gewählt. (Wenn man in diesem Befehl die Minuszeichen vor den Gap Penalties fortlässt, erhält man das gleiche Ergebnis. R interpretiert die penalties in jedem Fall als negative Zahlen.)

Da die Sequenzen sehr lang sein können, werden sie nicht voll angezeigt, sodass man die beim Alignment entstandenen Lücken nicht sehen kann. Eine grafische Darstellung des Vergleichs beider Sequenzen liefert der Befehl `compareStrings`:

```
> compareStrings(nw)
[1] "MA?WM??L??LALL?LW?P???QA???QHLCG??LVEALY??CG??GF-Y?P??RRE?ED?QV?
     Q?ELG--?EAG?LQ??ALE???QKRGIVDQCC??IC???QL?NYCN"
```

Hier werden Lücken durch einen Strich und Mismatches durch ein Fragezeichen symbolisiert.

Die Länge des optimalen Alignments erhalten wir durch

```
> nchar(nw)
[1] 110
```

den Score, der oben ja schon angegeben war, durch

```
> score(nw)
[1] 346
```

Viele weitere Details findet man in einer erweiterten Dokumentation zu diesen Befehlen, die im Internet leicht zu finden ist.[11].

Standardmäßig wird mit `pairwiseAlignment()` ein globales Alignment berechnet, aber man kann auch andere Typen von Alignments berechnen, z. B. ein lokales:

```
> (nwloc=pairwiseAlignment(octodon,rattus,
    substitutionMatrix=BLOSUM62,gapOpening=-3,gapExtension=-1,
    type="local"))
Local PairwiseAlignedFixedSubject (1 of 1)
pattern: [1] MAPWMHLLTVLALLALWGPNSVQA...QKRGIVDQCCNNICTFNQLQNYCN
subject: [1] MALWMRFLPLLALLVLWEPKPAQA...QKRGIVDQCCTSICSLYQLENYCN
score: 351
> nchar(nwloc)
[1] 110
```

Aufgabe R14.2 Vergleichen Sie die Sequenzen von Homo sapiens und Bos taurus mit Gap-opening Penalty 1 und Gap-extension Penalty 1 und der Substitutionsmatrix BLOSUM50. Bestimmen Sie den optimalen Score und die Länge des optimalen Alignments.

R14.4 Gleichzeitiger Vergleich mehrerer Sequenzen

Wir vergleichen nun alle sieben Sequenzen untereinander. Dazu nehmen wir an, dass sie als `bos`, `homo`,...,`rattus` zur Verfügung stehen, siehe Aufgabe R14.1. Vergewissern Sie sich, dass wie am Ende von Unterabschnitt R14.2 die Deskriptoren von allen sieben Sequenzen entfernt wurden.

Zunächst erzeugen wir einen Vektor `SEQ`, in den alle sieben Sequenzen geschrieben werden.

```
> SEQ=matrix(nrow=7,ncol=1)
```

Außerdem werden wir eine 7×7 - Matrix benötigen, in der wir alle paarweisen Vergleiche abspeichern.

```
> Vergleich=matrix(nrow=7,ncol=7)
```

Die Zeilen und Spalten von `SEQ` und `Vergleich` sollen die Namen der sieben Arten bekommen:

```
> Arten=c("bos","homo","mus","octodon","ovis","pongo","rattus")
> rownames(SEQ)=colnames(Vergleich)=rownames(Vergleich)=Arten
```

Nun speichern wir die sieben Sequenzen im Vektor `SEQ`:

```
> for (Name in Arten) {SEQ[Name]=eval(parse(text=Name))}
```

Schließlich führen wir alle paarweisen Vergleiche durch. Als Ergebnis interessieren uns dabei aber nicht jeweils der paarweise Score, sondern der prozentuale Anteil der Mismatches, da der ein – wenn auch etwas naives – Maß für die Ähnlichkeit zweier Sequenzen ist. Dazu definieren wir die Funktion `f` wie folgt:

```
> f=function(a){nmismatch(a)/nchar(a)}
```

`nchar()` und `nmismatch()` sind Funktionen, die die Länge bzw. die Zahl der Mismatches eines Alignments angeben, sodass `f()` tatsächlich den prozentualen Anteil der

---

[11] Zur Zeit unter `http://bioconductor.org/packages/2.5/bioc/vignettes/Biostrings/inst/doc/Alignments.pdf`

Mismatches bestimmt. Mit dieser Funktion erzeugen wir nun die Vergleichsmatrix. Wie schon bei der Erstellung des Vektors SEQ benutzen wir dazu eine for-Schleife, genauer sogar zwei ineinander geschachtelte for-Schleifen – eine für die Zeilen und eine für die Spalten:

```
> for (Name1 in Arten) {for (Name2 in Arten)
  {Vergleich[Name1,Name2]=f(pairwiseAlignment(SEQ[Name1],
   SEQ[Name2],substitutionMatrix=BLOSUM62,gapOpening=-3,
   gapExtension=-1))}}
> Vergleich
```

Die Ausgabe ist die in Abschnitt 13.4 abgedruckte Matrix, aus der man die „Entfernungen" zwischen den Arten im Sinne des Anteils der Mismatches bei einem optimalen Alignment ablesen kann. Solche Tabellen werden oft, wie dort geschehen, durch *Cluster-Dendrogramme* visualisiert:

```
> plot(hclust(as.dist(Vergleich)))
```

Mit as.dist wird die Matrix zunächst in eine etwas andere Form übergeführt. Mit hclust wird dann eine *hierarchische Clusteranalyse* durchgeführt, deren Ergebnis eine Datenstruktur ist, die das Cluster Dendrogramm aus Abbildung 13.3 beschreibt und die mit plot schließlich in diese Abbildung umgesetzt wird.

Lösungen:

Aufgabe R14.2 Der optimale Score ist 613, die Länge des optimalen Alignments 110. Diese Lösung erhalten Sie, wenn Sie die Schritte data(BLOSUM50), readFASTA(), Extraktion der reinen Sequenz, pairwiseAlignment() und nchar() für die Dateien homo.fasta und bos.fasta durchführen.

Verzeichnisse

R-Codes zu ausgewählten Abbildungen

Abbildung 1.1
```
Zeit=c(0,1,2,3,4,5,6,7,8)
Zellzahl=c(1000,1900,3000,6000,15000,24000,45000,85000,172000)
plot(Zeit,Zellzahl)
curve(1000*1.9^x,from=0,to=8,add=TRUE)
```

Abbildung 3.2
```
A=expression((exp(x)-x^3)/(1+x^2))
A1=D(A,"x")
A2=D(A1,"x")
curve({function(x) eval(A)}(x),xlim=c(-2,2),
    ylim=c(-3,3),lty="dashed",ylab="f(x),f'(x),f''(x)")
curve({function(x) eval(A1)}(x),add=TRUE,lty="dotted")
curve({function(x) eval(A2)}(x),add=TRUE,lty="dotdash")
curve(0*x,add=TRUE)
```

Abbildung 4.3
```
Cholesterin <-read.table("MeinPfad/Cholesterin.dat",
    header=TRUE, sep="", na.strings="NA", dec=".", strip.white=TRUE)
library(lattice)
histogram(~ Cholesterin$Chol | Cholesterin$Alter)
```
Mit dem ersten Befehl werden die Daten eingelesen und mit dem zweiten wird eine library geladen, die grafisch aufwändigere Histogramme ermöglicht. Der Befehl histogram() erzeugt schließlich die Histogramme der Cholesterinwerte getrennt nach Alter.

Abbildung 4.4
```
boxplot(rivers)
```

Abbildung 4.5
```
library(car)
scatterplot(Breite~Laenge, reg.line=lm, smooth=FALSE,
    labels=FALSE, span =0.5, data=Muscheln)
```

Abbildung 4.7
```
c1<-lm(formula = Breite ~ Laenge, data = Muscheln)$coefficients
c2<-lm(formula = Laenge ~ Breite, data = Muscheln)$coefficients
plot(380:540,380:540,type="n",xlab="",ylab="")
points(Muscheln$Laenge,Muscheln$Breite)
points(Muscheln$Breite,Muscheln$Laenge,pch="+")
curve(c1[1]+x*c1[2],lty="dashed",add=TRUE)
curve(c2[1]+x*c2[2],lty="dashed",add=TRUE)
curve(1*x,add=TRUE)
```
Vorausgesetzt wird, dass der Datensatz Muscheln die Spalten Laenge und Breite enthält.

Abbildung 4.8

```
plot(Bachforellen)
Regr=lm(Masse~Laenge,data=Bachforellen)
abline(Regr)
plot(Bachforellen,log="xy")
LogRegr=lm(log10(Masse)~log10(Laenge),data=Bachforellen)
abline(LogRegr,untf=FALSE)
```

Abbildung 4.9

```
Regr=lm(Masse~Laenge,data=Bachforellen);Regr
LogRegr=lm(log10(Masse)~log10(Laenge),data=Bachforellen)
plot(Bachforellen)
abline(Regr,lty="dashed")
g=function(x) 10^coef(LogRegr)[1]*x^(coef(LogRegr)[2])
curve(g,add=TRUE)
```

Abbildung 5.1

```
Sonnenblume=read.table("Documents/MMSfN/r/Sonnenblume.dat",
  header=TRUE)
plot(Sonnenblume)
Regr=lm(Hoehe~Tag, data=Sonnenblume)
abline(Regr)
```

Abbildung 5.2

```
data(USPop,package="car")
plot(USPop[1:11,],ylab="Bevoelkerung in Mio")
```

Abbildung 5.3

```
Zeit=c(0,1,2,3,4,5,6,7,8)
Zellzahl=c(1000,1900,3000,6000,15000,24000,45000,85000,172000)
scatterplot(Zellzahl~Zeit,log="y",reg.line=lm,smooth=FALSE,
  boxplots=FALSE)
```

Abbildung 5.4

```
data(USPop,package="car")
plot(USPop[1:11,],log="y",ylab="Bevoelkerung in Mio")
Regr=lm(log10(USPop[1:11,]$population)~USPop[1:11,]$year)
abline(Regr,untf=FALSE)
plot(USPop[1:11,],ylab="Bevoelkerung in Mio")
g=function(x) {10^(coef(Regr)[1]+x*coef(Regr)[2])}
curve(g,add=TRUE)
```

Abbildung 6.3

```
library(deSolve)
r=0.5
K=1000
F<-function(t,x,parms=c(r,K)){as.list(r*x*(1-x/K))}
X<-ode(func=F,y=10,times=seq(0,20,0.4),parms=c(r,K))
Y<-ode(func=F,y=500,times=seq(0,20,0.4),parms=c(r,K))
matplot(X[,"time"],cbind(X[,2],Y[,2]),type="p",pch=c(5,21),
  xlab="Zeit",ylab="Bev")
curve(K/(1+exp(-r*x)),add=T)
curve(K/(1+exp(-r*x)*(K/10-1)),add=T)
```

Abbildung 6.4

```
data(USPop,package="car")
plot(USPop)
f=function(t,K,r,tw){K/(1+exp(-r*(t-tw)))}
start=list(K=300, r=0.02, tw=1900)
A=nls(population~f(year,K,r,tw),start,data=USPop)
C=coef(A)
curve(f(x,C[1],C[2],C[3]),add=TRUE)
```

Abbildung 6.5

```
data(USPop,package="car")
f=function(t,K,r,x0){K/(1-exp(-r*t)*(1-K/x0))}
start=list(K=300, r=0.02, x0=10)
A=nls(population~f(year-1790,K,r,x0),start,data=USPop)
plot(USPop$year,residuals(A),ylab="Residuen in Mio.",xlab="Jahr")
abline(0,0)
```

Abbildung 6.8

```
library(deSolve)
r=0.3
K=1000
a=15
F<-function(t,x,parms=c(r,K,a)){as.list(r*x*(1-x/K)-a)}
X<-ode(func=F,y=50,times=seq(0,10,0.05),parms=c(r,K,a))
Y<-ode(func=F,y=500,times=seq(0,10,0.05),parms=c(r,K,a))
matplot(X[,"time"],cbind(X[,2],Y[,2]),ylim=c(0,K),type="l",lt=1,
        xlab="Zeit",ylab="Bev")
abline((r+sqrt(r^2-4*r*a/K))/(2*r/K),0,lty="dashed")
abline((r-sqrt(r^2-4*r*a/K))/(2*r/K),0,lty="dashed")
```

Abbildung 6.9

```
F=function(x){r*x*(1-x/K)-a*x^2/(b^2+x^2)}
r=0.48
a=3
b=3
K=23;plot(F,xlim=c(0,20),ylim=c(-1,0.5),axes=FALSE)
K=24;curve(F,add=TRUE)
axis(1,pos=0); axis(2,pos=0)
```

Das ist nur der Code für die rechte Grafik in Abbildung 6.9.

Abbildung 6.10

```
library(deSolve)
r=0.3    # Parameter
K=500    # Parameter
F<-function(t,y,parms=c(r,K))
{{if (t<tau)  dy=r*y*(1-y/K)
       else dy=r*lagvalue(t-tau)*(1-lagvalue(t-tau)/K)}
       as.list(dy)}
tau=3
X<-dede(func=F,y=300,times=seq(0,75,0.1),parms=c(r,K))
tau=6
Y<-dede(func=F,y=300,times=seq(0,75,0.1),parms=c(r,K))
matplot(X[,"time"],cbind(X[,2],Y[,2]),type="l",lt=1,xlab="Zeit",
    ylab="Anzahl")
```

Abbildung 6.11

```
kplus=0.5; kminus=0.1; a0=10; b0=4; c0=0
r=-kplus*(b0-a0)-kminus
M=kminus*(a0+c0)
C=atanh(sqrt(4*kplus*M+r^2)/(2*a0*kplus-r))*2/sqrt(4*kplus*M+r^2)
a=function(t){(r+sqrt(4*kplus*M+r^2)/tanh((t+C)/2*sqrt(4*kplus*M+r^2)
    ))/(2*kplus)}
curve(a(x),xlim=c(0,2),ylim=c(0,a0), axes=FALSE,ylab="a(t), b(t) und
    c(t)",xlab="t")
axis(1,pos=0)
axis(2,pos=0)
curve(a(x)+b0-a0,add=TRUE,lty="dashed")
curve(-a(x)+a0-c0,add=TRUE,lty="dotted")
```

Abbildung 7.2

```
p=(1:200)/200
x=p^2
z=(1-p)^2
f=function(T){r=T[1]*wAA+T[2]*wAa+T[3]*waa;  c(T[1]*wAA,T[2]*wAa,T[3]
    *waa)/r}
g=function(T){p=T[1]+T[2]/2;  q=1-p;  c(p^2,2*p*q,q^2)}
N=60
curve(1-x,xlim=c(0,1),ylim=c(0,1),axes=FALSE,ylab="z",xlab="x")
axis(1,pos=0)
axis(2,pos=0)
lines(x,z,lty="dashed")
wAA=0.75; wAa=0.3; waa=0.5
T=matrix(c(0.1,0.6,0.3),nrow=1)
for (n in 1:N){T1=f(T[nrow(T),]); T=rbind(T,T1,g(T1)); T}
points(T[,-2],type="o")
```
Das ist nur der Code für die Grafik links oben in Abbildung 7.2.

Abbildung 7.3

```
f=function(p){(wAA*p^2+wAa*p*(1-p))/(wAA*p^2+2*wAa*p*(1-p)+waa*
    (1-p)^2)}
wAA=0.75; wAa=0.95; waa=0.6
pfix=1/(1+(wAa-wAA)/(wAa-waa))
curve(1*x,xlim=c(0,1),ylim=c(0,1),xaxs="i",yaxs="i",lty="dashed",
    xlab="p",ylab="f(p)")
curve(f(x),xlim=c(0,1),add=TRUE,)
points(pfix,pfix,pch=19)
```
Das ist nur der Code für die linke Grafik in Abbildung 7.3.

Abbildung 8.4

```
library(deSolve)
F=function(t,x,p)
    {list(c(-p[1]/p[4]*x[1]*x[2],p[1]*x[2]*(x[1]/p[4]-(p[2]+p[3])/
    p[1])))}
Zeitpunkte=seq(0,100,by=0.1)
Iini=1000; N=1000000; x_start=c(N-Iini,Iini)
%%% Parameter: Trägerkapazitäten a=4, b+c=1
```

```
Par=c(4,0.9,0.1,N)
x=ode(y=x_start,times=Zeitpunkte,func=F,parms=Par)
plot(x[,2],x[,3],type="l",col="red",xlab="S",ylab="I",ylim=c(0,N))
xpt=ypt=seq(0.001,N,length.out=30)
X=(matrix(xpt,nrow=30,ncol=30))
Y=t(X)
Fx=Vectorize(function(u,v){unlist(F(0,c(u,v),Par))[1]})
Fy=Vectorize(function(u,v){unlist(F(0,c(u,v),Par))[2]})
FeldX=outer(xpt,ypt,FUN=Fx)
FeldY=outer(xpt,ypt,FUN=Fy)
FeldXnorm=FeldX/sqrt(FeldX^2+FeldY^2)
FeldYnorm=FeldY/sqrt(FeldX^2+FeldY^2)
Skala=N/40
arrows(X,Y,X+Skala*FeldXnorm,Y+Skala*FeldYnorm,code=2,length=0.03)
```

Abbildung 9.1

```
H=hist(rnorm(2000,0,1),freq=FALSE,xlim=c(-4,4),
    ylim=c(0,0.4),density=8,angle=60,xlab="",ylab="")
curve(dnorm(x,0,1),xlim=c(-4,4),add=TRUE,col="red")
```

Abbildung 12.1

```
data(anscombe)
lm1=lm(y1~x1,data=anscombe)
lm2=lm(y2~x2,data=anscombe)
lm3=lm(y3~x3,data=anscombe)
lm4=lm(y4~x4,data=anscombe)
par(mfrow=c(2,2))
plot(y1~x1,data=anscombe,xlim=c(4,19),ylim=c(3,13)); abline(lm1)
plot(y2~x2,data=anscombe,xlim=c(4,19),ylim=c(3,13)); abline(lm2)
plot(y3~x3,data=anscombe,xlim=c(4,19),ylim=c(3,13)); abline(lm3)
plot(y4~x4,data=anscombe,xlim=c(4,19),ylim=c(3,13)); abline(lm4)
```

Literatur

1. F. Anscombe. Graphs in statistical analysis. *The American Statistician*, 27:17–21, 1973.
2. N. Britton. *Essential Mathematical Biology*. Springer Verlag London Ltd, 2003.
3. G. Craciun, Y. Tan, and M. Feinberg. Understanding bistability in complex enzyme-driven reaction networks. *Proceedings of the National Academy of Sciences*, 103(23):8697–8702, 2006.
4. N. Harris, G. Taylor, and J. Taylor. *Startwissen Mathematik und Statistik (Ein Crash-Kurs für Studierende der Biowissenschaften und Medizin)*. Elsevier GmbH, München, 2007.
5. B. Haubold and T. Wiehe. *Introduction to Computational Biology*. Birkhäuser Verlag Basel, 2006.
6. M.T. Hütt and M. Dehnert. *Methoden der Bioinformatik – Eine Einführung*. Springer-Verlag Berlin Heidelberg, 2006.
7. R.M. May. Thresholds and breakpoints in ecosystems with a multiplicity of stable states. *Nature*, 269, 6 October 1977.
8. N. Schulz. Die Wandermuschel im Keutschacher See. *Carinthia II*, 170/90:549, 1980.
9. A. Steland. *Mathematische Grundlagen der empirischen Forschung*. Springer-Verlag Berlin Heidelberg, 2004.
10. W. Timischl. *Biomathematik (Eine Einführung für Biologen und Mediziner)*. Springer-Verlag, 2. Auflage, 1995.

Sachregister

Kursiv gesetzte Seitenzahlen verweisen auf die R-Übungen.

Index der R-Befehle

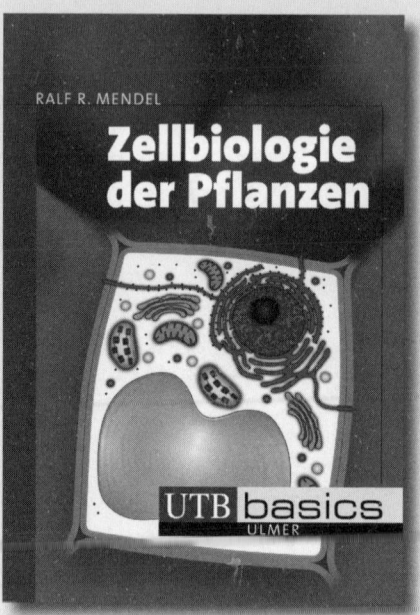